U0314685

普通高等教育“十三五”规划教材

激光材料加工及其应用

刘其斌　周　芳　徐　鹏　编著

北　京
冶　金　工　业　出　版　社
2023

内 容 提 要

全书共分5章，主要内容包括：激光产生的基本原理及其发展历程；激光材料加工的技术基础；激光与材料交互作用的理论基础；激光相变硬化（激光淬火）；激光熔覆与合金化。内容由浅入深，循序渐进，结构严谨，理论联系实际。

本书可供激光材料专业的师生使用，也可供从事相关专业的工程技术人员参考。

图书在版编目(CIP)数据

激光材料加工及其应用/刘其斌，周芳，徐鹏编著.—北京：冶金工业出版社，2018.4（2023.6重印）
普通高等教育“十三五”规划教材
ISBN 978-7-5024-7733-2

Ⅰ.①激…　Ⅱ.①刘…　②周…　③徐…　Ⅲ.①激光材料—加工—高等学校—教材　Ⅳ.①TN244

中国版本图书馆CIP数据核字（2018）第046290号

激光材料加工及其应用

出版发行　冶金工业出版社　**电　　话**　(010)64027926
地　　址　北京市东城区嵩祝院北巷39号　**邮　　编**　100009
网　　址　www.mip1953.com　**电子信箱**　service@mip1953.com

责任编辑　郭冬艳　美术编辑　吕欣童　版式设计　禹　蕊
责任校对　石　静　责任印制　禹　蕊
三河市双峰印刷装订有限公司印刷
2018年4月第1版，2023年6月第4次印刷
787mm×1092mm　1/16；10.5印张；253千字；158页
定价30.00元

投稿电话　(010)64027932　投稿信箱　tougao@cnmip.com.cn
营销中心电话　(010)64044283
冶金工业出版社天猫旗舰店　yjgycbs.tmall.com
(本书如有印装质量问题，本社营销中心负责退换)

前　言

激光是20世纪最伟大的发明之一。它一经出现就深刻地改变了人们对世界的认识，引领着人们利用激光创造了一个又一个奇迹。从激光制导炸弹到激光核聚变，从激光切割、激光焊接、激光打孔、激光打标、激光清洗、激光表面改性到激光增材制造再到激光3D打印，从激光测量到激光美容，从激光催陈到激光育种等等，激光技术已经逐步渗透到军事、工业、农业、医疗、食品安全以及人们生活的方方面面，可以预料，激光将在21世纪助推我国从世界“制造大国”向世界“智造强国”迈进。

激光材料加工是一种高度柔性和智能化的先进制造技术，被誉为“21世纪的万能加工工具”，“未来制造技术的共同加工手段”。激光材料加工技术正以前所未有的速度向航空航天、机械制造、石化、船舶、冶金、电子、信息等领域扩展，并深刻影响着各国科技水平的发展。

激光材料加工技术是一门综合性的高技术，它交叉了光学、材料科学与工程，机械制造、数控技术及电子等学科，是当前国内外科技界和产业界共同关注的热点。由于激光固有的四大特性（高的单色性、方向性、相干性和高能量密度)，它被广泛地应用于工业、农业、国防、医学、科学实验和娱乐诸多方面，并发挥着十分重要的作用。

激光材料加工技术主要包括激光打孔、激光焊接、激光相变硬化、激光熔覆与合金化、激光标记、激光雕刻等。本书第1章主要介绍了激光的基本知识，激光材料加工的特点，国内外发展状况及趋势。第2章主要介绍了激光材料加工的技术基础以及各种激光器的功能，尤其是现在迅速崛起的光纤激光器和半导体激光器。第3章主要介绍了激光与材料的交互作用原理、固态相变以及熔池流动特性，它是本书的基础理论部分。许多激光加工的技术问题都与此相关，均能在此找到答案或获得启迪。第4章主要介绍了激光相变硬化（激光淬火）的原理、强化机制及应用。第5章则分别介绍了激光合金化与熔覆的原理，激光熔覆制备各种功能涂层的方法及应用，还介绍了当前十分流行的激光3D打印技术及其应用领域。

本书作者长期从事激光材料加工技术的教学、科研以及产业化推广应用工作，本书中许多内容都是作者科研成果的真实反映。特别是在产业化过程中，作者对激光材料加工的应用领域有一些自己的独到认识，已将这些认识体现在本书中，以使后人从事产业化少走弯路或者从中获得某些启迪。

本书目的在于向广大读者介绍激光材料加工技术的基础知识和应用领域，力争做到条理清楚，概念准确，通俗易懂。本书适于从事这一新兴领域的教师、工程技术人员以及研究生和高年级的大学生选用。

在编写过程中始终得到贵州大学党政领导的关心和支持，得到我的研究生的无私帮助，尤其是研究生刘文成同学认真细致的检查和校对，在此一并向他们表示诚挚的谢意。

由于激光材料加工技术是一门快速发展的新型交叉学科，诸多理论和工艺尚处在不断发展中，同时由于作者交叉学科的知识有限，书中难免出现不当之处，欢迎广大读者批评指正。

作　者

2017年11月

目　　录

1 绪　论

激光是 20 世纪最伟大的发明之一，它一经出现就深刻地改变了人们对世界的认识，引领着人们利用激光创造了一个又一个的奇迹。从激光制导炸弹到激光核聚变，从激光切割、激光焊接、激光打孔、激光打标、激光清洗、激光表面改性到激光增材制造再到激光 3D 打印，从激光测量到激光美容，从激光催陈到激光育种等等，激光技术已经逐步渗透到军事、工业、农业、医疗、食品安全以及我们生活的方方面面，可以预料，激光将在 21 世纪助推我国从世界“制造大国”向世界“智造强国”迈进。

本章重点介绍激光产生的基本原理，激光的四大特性，激光发展的历程，激光材料加工技术的特点和发展趋势等。

1.1　激光产生的基本原理及其发展历程

1.1.1　激光产生的基本原理

激光是受激辐射而产生的增强光。受激辐射与自发辐射有本质的区别。光的受激辐射是指高能级 E_2的粒子，受到从外部入射的频率为 ν 的光子的诱发，辐射出一个与入射光子一模一样的光子，而跃迁回低能级的过程，如图 1-1 所示。

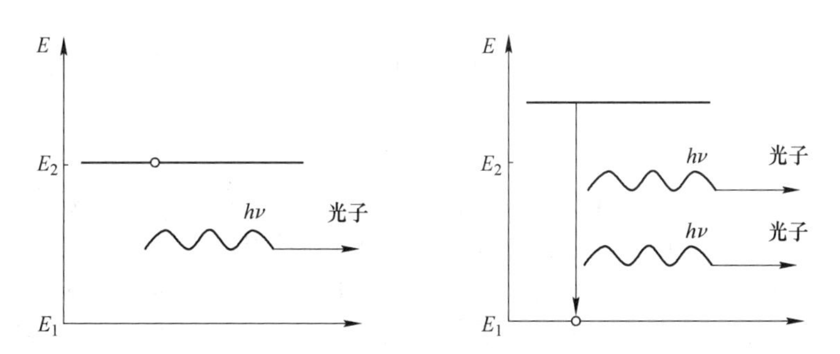

图 1-1　光的受激辐射

受激辐射光有三个特征：

(1) 受激辐射光与入射光频率相同，即光子能量相同；

(2) 受激辐射光与入射光相位，偏振和传播方向相同，所以两者是完全相干的；

(3) 受激辐射光获得了增强。

激光形成的物理过程是产生激光的工作物质受激发造成粒子反转状态，并不断增强至占优势的过程。将受激的工作物质放在两端有反射镜的光学谐振腔中，并提供外界光辐射，如氙灯、氪灯或辉光放电等，则受激辐射将会不断产生激光光子。在此产生的光子中，其运动方向与光腔轴线方向不一致的光子，都从侧面逸出腔外并转换为热能，没有激光输出。只有运动方向与光腔轴线方向一致的光子，被两面反射镜不断地往返反射，来回振荡，从而得到放大。当这种光放大超过腔内损耗（包括散射、衍射损耗等），即光放大超出腔内的阈值时，则会在激光腔的输出端产生激光辐射——激光束。

由上述激光原理可知，任何类型的激光器都包括三个基本要素：

（1）可以受激发的激光工作物质；

（2）工作物质要能够实现粒子数反转；

（3）光学谐振腔。

1.1.2 激光的发展历史

1960 年，世界上第一台激光器是由美国科学家梅曼（T. H. Maiman）研究成功的。1960 年 7 月 7 日，*NewYork Times* 发表了梅曼研制成功的第一台激光器的消息，随后又在英国 *Nature* 和 *British Commum* 发表，第二年其详细论文在 *Physical Review* 上刊出。其实，Einstein 在 1916 年便提出了一种现在称之为光学感应吸收和光学感应发射的观点（又叫受激吸收和发射），有谁能想到，这一观点后来竟成为激光器的主要物理基础。1952 年，马里兰大学的 Weiber（韦伯）开始运用上述概念去放大电磁波，但其工作没有进展，也没有引起广泛的注意，后来激光的发明人汤斯（C. Towes）向韦伯索要了论文，继续这一工作，才打开了一个新的领域。汤斯的设想是：由四个反射镜围成一只玻璃盒，盒内充以铊，盒外放一盏铊灯，使用这一装置便可以产生激光。汤斯的合作者肖洛（A. Schawlow）擅长于光谱学，对于原子光谱及两平行反射镜的光学特性十分熟悉，便对汤斯的设想提出两条修改意见：

（1）铊原子不可能产生光放大，建议改用钾（其实钾也不易产生激光）。

（2）建议用两面反射镜便可以形成光的振荡器，不必沿用微波放大器的封闭盒子作为谐振器。

直到现在，尽管激光器种类很多，但汤斯和肖洛的这一设想仍为各类激光器的基本结构。

1958 年 12 月 *Physical Review* 发表了汤斯和肖洛的文章后，引起了物理界的关注，许多学者参加了这一理论和实验研究，都力争自己能造出第一台激光器。汤斯和肖洛都没有取得成功，原因是汤斯遇到了无法解决的铯和钾蒸气对反射镜的污染问题，而肖洛在实验研究后却误认为红宝石不能产生激光。可是，在一年多后，在世界上出现的第一台激光器正是梅曼用红宝石研制的。尽管世界上第一台红宝石激光器不是由汤斯和肖洛研制出来的，但是他们所提出的基本概念和构想却被公认是对激光领域划时代的贡献。

（1）1962 年，出现了半导体激光器。

（2）1964 年，C. Patel（帕特尔）发明了第一台 CO_2激光器。

（3）1965 年，发明了第一台 YAG 激光器。

（4）1968 年，发展高功率 CO_2激光器。

（5）1971 年出现了第一台商用 1kW CO_2激光器。

上述一切，特别是高功率激光器的研制成功，为激光加工技术应用的兴起和迅速发展创造了必不可少的前提条件。

我国激光研究起步之快，发展之迅速令我们骄傲和自豪。

（1）1961年9月，王之江领导研制的第一个固体红宝石激光装置在长春光机所成功运行。

（2）1963年7月，邓锡铭领导建立的第一台气体激光器（氦管）在长春光机所成功运行。

其后，在该所相继由王乃弘建立了钾砷半导体激光器，刘颂豪、沃新能用所里生产的晶体建立了氟化钙激光器，干福熹等建立了钕玻璃激光器，刘顺福建立了含钕钨酸钙晶体激光器；吕大元、余文炎建立了转镜Q开关激光器。

1.2　激光的特性

1.2.1　激光的高亮度

$$B = P/(S \cdot \Omega) \quad (\mathrm{W/(cm^2 \cdot Sr)})$$

太阳光的亮度值约为 $2\times10^3\mathrm{W/(cm^2 \cdot Sr)}$。气体激光器的亮度值为 $10^8\mathrm{W/(cm^2 \cdot Sr)}$，固体激光器的亮度更高达 $10^{11}\mathrm{W/(cm^2 \cdot Sr)}$。这是由于激光器的发光截面（$S$）和立体发散角（$\Omega$）都很小，而输出功率（$P$）都很大的缘故。

1.2.2　激光的高方向性

激光的高方向性主要是指其光束的发散角小。光束的立体发散角为：

$$\Omega = \theta_2 \approx (2.44\lambda/D)^2$$

式中，λ 为波长；D 为光束截面直径。

一般工业用高功率激光器输出光束的发散角为毫拉德量级。对于基模或高斯模，光束直径和发散角最小，其方向性也最好，这在激光切割和激光焊接中是至关重要的。

1.2.3　激光的高单色性

单色性用 $\Delta\nu/\nu = \Delta\lambda/\lambda$ 来表征，其中 ν 和 λ 分别为辐射波的中心频率和波长，$\Delta\nu$、$\Delta\lambda$ 是谱线的线宽。原有单色性最好的光源是 Kr^{86}灯，其 $\Delta\nu/\Delta\lambda$ 值为 10^{-6}量级，而稳频激光器的输出单色性 $\Delta\nu/\Delta\lambda$ 可达 $10^{-10} \sim 10^{-13}$ 量级，要比原有的 Kr^{86}灯高几万倍至几千万倍。

1.2.4　激光的高相干性

相干性主要描述光波各个部分的相位关系。其中：空间相干性S描述垂直光束传播方向的平面上各点之间的相位关系；时间相干性 Δt 则描述沿光束传播方向上各点的相位关系。相干性完全是由光波场本身的空洞分布（发散角）特性和频率谱分布特性（单色性）所决定的。由于激光的 θ 和 $\Delta\nu$、$\Delta\lambda$ 都很小，故其 $S_{相干} = \dfrac{\lambda}{\theta}$ 和相干长度 $L_{相干} = C \cdot \Delta t_{相干} = \dfrac{C}{\Delta\nu}$ 都很大。

正是由于激光具有如上所述四大特点，才使其得到了广泛的应用。激光在材料加工中的应用就是其应用的一个重要领域。

1.3　激光材料加工的特点

由于激光具有四大特点，因此给激光加工带来了如下传统加工所不具备的可贵特点：

（1）由于它是无接触加工，并且高能量激光的能量及其移动速度均可调，因此可以实现多种加工的目的。

（2）它可以对于多种金属、非金属加工，特别是可以加工高硬度、高脆性及高熔点的材料。

（3）激光加工过程中无“刀具”磨损，无“切削力”作用于工件。

（4）激光加工的工件热影响区小，工件热变形小，后续加工量小。

（5）激光可通过透明介质对密闭容器内的工件进行各种加工。

（6）激光束易于导向。聚焦实现各方向变换，极易与数控系统配合，对于复杂工件进行加工，因此，它是一种极为灵活的加工方法。

（7）生产效率高，加工质量稳定可靠，经济效益和社会效益显著。

1.4　激光材料加工的发展及应用现状

1.4.1　国外激光材料加工的发展及应用

迄今为止，全球已形成了以美国、欧盟、日本等国家为领头羊的激光加工市场，激光材料加工正以前所未有的速度成为21世纪先进加工及制造技术，并已经在全球形成了一个新兴的高技术产业。

（1）激光器市场的发展。目前，激光加工所用设备主要为CO_2激光器、Nd：YAG激光器（掺钕钇铝石榴石激光器）、光纤激光器以及半导体激光器等，针对不同的材料加工，现已开发出多种激光器应用于工业加工，如准分子激光器、皮秒激光器、飞秒激光器等。

（2）激光加工工艺的发展。激光加工工艺从最早的激光淬火到激光合金化，激光熔覆再到当前的激光加工组合工艺，已形成一套完整的工艺制度。

（3）激光加工应用市场。目前，激光加工已广泛应用于航空航天、机械、冶金、化工、矿业、造船等行业。随着激光加工技术的不断推广应用，它必定会进一步向其他领域迈进。在激光加工服务方面，美国约有1500家激光加工站（Job Shop），欧洲约有1600家，日本约有1000家，其规模大小不等，有的只承担单一工种的加工，有的则可以承担各种要求的加工。所有这些激光加工站都具有良好的经济效益以及很强的生命力。

1.4.2　我国激光材料加工的发展及应用

我国第一台激光器在1961年便研制成功，1963年研制成功激光打孔机，1965年正式在拉丝和手表宝石轴承上采用激光打孔。以后相继采用CO_2激光器，钕玻璃激光器，YAG激光器对于不同材料、不同零件进行打孔。

我国自改革开放以来，通过“六五”、“七五”、“八五”三个五年计划的攻关，高功率激光器的研制水平日臻成熟。在激光热处理、激光焊接、激光打孔、激光切割等方面已取得了巨大的经济效益和社会效率。从2005～2015年，激光加工年产值以42%的速度递增，目前，全国大约已建立了2000家Job Shop。

（1）在激光器的研制方面。我国现在已能自己生产从低功率到高功率的CO_2激光器，YAG激光器并能稳定运行。半导体激光器，光纤激光器已经研发成功并已运用于激光切割、激光焊接、激光表面改性和激光3D打印中。碟片式激光器和准分子激光器尚处于研制中，主要从国外进口这些设备进行产业化。

（2）激光工艺研究和开发方面。激光淬火工艺已经成熟应用。

激光熔覆工艺有的已经成熟应用于生产，有的则处于研究之中，其中关键技术是熔覆材料的研发，激光切割和焊接的复合工艺已在积极的研究之中。

（3）激光加工应用市场。

1）在汽车行业，主要是激光淬火汽车的发动机曲轴、凸轮轴、缸体、缸套等。

2）在冶金行业，主要是大型轧辊的激光合金化与熔覆。

3）在机械行业，主要是报废贵重模具的激光熔覆修复。

4）在电子行业，主要是手机电池和集成电路激光焊接。

1.5 激光材料加工的发展趋势

目前，激光材料加工的发展趋势主要体现在以下几点：

（1）激光器方面。激光器研发正朝高智能化、高功率、高光束质量、高可靠性、低成本和全固态等方向发展。高亮度半导体激光器、光纤与碟片激光器、超快超短脉冲皮秒和飞秒激光器等将成为工业用激光器的发展主流并主导市场，新的光源技术的发展将会引领一批新的应用领域。

（2）材料方面。针对激光熔覆修复工件的材料种类，分别研制出不同材料的激光熔覆修复材料。例如目前已研制出中碳、低碳钢激光熔覆修复用材料，用于铸铁类零件激光修复的材料正在研制之中。

（3）工艺控制方面。对于激光熔覆工艺而言，其发展趋势是开发一套基于激光熔覆的在线监控系统，对激光熔覆过程进行实时监控。研制与激光熔覆相配套的复合工艺使熔覆过程中避免工件的开裂趋势。

（4）加工过程的智能化与机器人化。为了提高激光材料加工的工作效率，智能化机器人已逐步得到应用。

复 习 题

1-1 简要介绍激光产生的物理过程。

1-2 产生激光的三大条件是什么？

1-3 什么是激光的四大特性？

1-4 激光制导炸弹与激光四大特性中的哪一个相关联？激光测量厚度与激光四大特性中的哪一个相关联？

1-5 简述我国激光器发展的历程。

1-6 激光材料加工技术的特点是什么？

1-7 激光材料加工技术的发展趋势是什么？

2 激光材料加工的技术基础

激光材料加工成套设备包括激光发生器、冷水机组、外光路、数控系统、加工机床，这构成了激光材料加工柔性制造系统。要想娴熟地掌握这套柔性加工系统，必须认真学习该系统中的每一项内容，即必须掌握激光材料加工的技术基础。

2.1 激光材料加工用激光器

尽管激光器的种类繁多，但适用于激光材料加工用的激光器还只有高功率 CO_2 激光器和掺钕钇铝石榴石（YAG）激光器两种。据统计，在国际商用激光加工系统的产值中，CO_2 激光加工系统约占三分之二，YAG 激光加工系统约占三分之一，但是，近年来随着光纤激光器的快速运用，光纤激光器创造的产值大有超越 CO_2 激光器之势。

2.1.1 高功率二氧化碳激光器系统

CO_2 激光器的重要特点是：

（1）高功率，其最大连续输出功率已达 25kW。

（2）高效率，其总效率为 10%左右，比其他加工用激光器的效率高得多。

（3）高光束质量，其模式较好且较稳定。

所用这些优点都是激光加工所需要的。

2.1.1.1 横向流动型 CO_2 激光器

横向流动型 CO_2 激光器的工作气体沿着与光轴垂直的方向快速流过放电区以维持腔内有较低的气体温度，从而保证有高功率输出。单位有效谐振腔长度的输出激光功率达 10kW/m，商用器件的最大功率可达 25kW。但其缺点是光束质量较差，在好的情况下可以得到低价模输出，否则为多模输出。这种类型的激光器广泛应用于材料的表面改性加工领域，如激光表面淬火、激光合金化、激光熔覆、激光表面非晶化等。

2.1.1.2 快速轴流 CO_2 激光器

快速轴流 CO_2 激光器是由工作气体沿放电管轴向流动来实现冷却，且气流方向同电场方向和激光方向一致，其气流速度一般大于 100m/s，有的甚至可以达到亚音速。其结构主要由细放电管、谐振腔、高压直流放电系统、高速风机（罗茨泵）、热交换器及气流管道等部分组成，该激光器的主要特点有：

（1）光束质量好（基模或 TEM_{01} 模）；

（2）功率密度高；

（3）电光效率高，可达 26%；

（4）结构紧凑；

(5) 可以连续和脉冲双制运行。因此，这类激光器使用范围很广。

2.1.2 固体激光器系统

YAG激光器的特点为：

(1) 输出的波长为1.06μm，恰好比CO_2激光波长10.6μm小一个数量级，因而使其与金属的耦合效率高，加工性能良好（一台800W的YAG激光器的有效功率相当于3kW的CO_2激光器的功率）。

(2) YAG激光器能与光纤耦合，借助时间分割和功率分割多路系统能方便地将一束激光传输给多个工位或远距离工位，便于激光加工实现柔性化。

(3) YAG激光器能以脉冲和连续两种方式工作，其脉冲输出可通过调Q和锁模技术获得短脉冲及超短脉冲，从而使其加工范围比CO_2激光更大。

(4) 结构紧凑、质量轻、使用简单可靠、维修要求较低，故其应用前景看好。

固体激光器的基本结构如图2-1所示，包括激光工作物质、谐振腔、光泵浦灯和聚光腔。

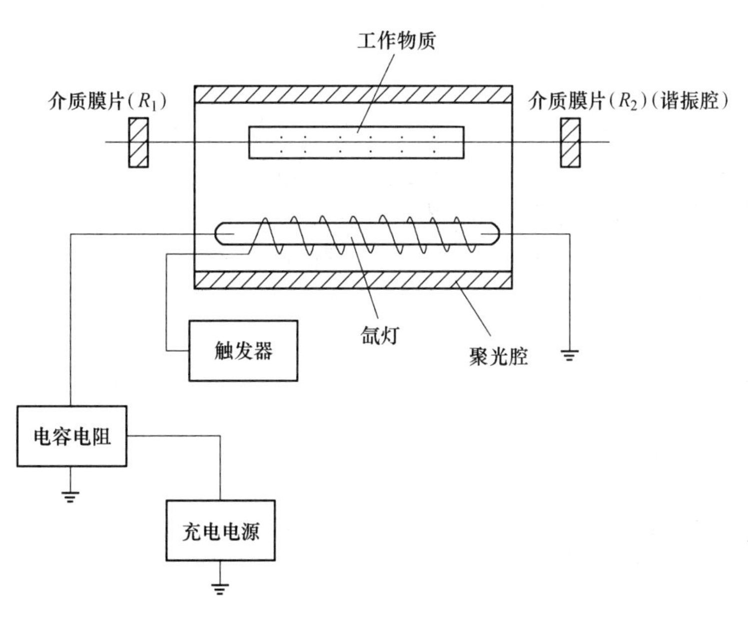

图2-1 固体激光器的基本结构

2.1.2.1 工作物质（激光棒）

工作物质有晶体和玻璃两大类：

(1) 晶体：掺钕钇铝石榴石和红宝石晶体等。

(2) 玻璃：钕玻璃。

工作物质应具有较高的荧光量子效率，较长的亚稳态寿命，较宽的吸收带和较大的吸收系数，较高的掺杂浓度及内损耗较小的基质，也就是说具有增益系数（$G(\nu)$）高，阈值（$\Delta N_{阈}$）低的特性。

激光工作物质还应具有光学均匀性和物理特性好的特点，即棒无杂质颗粒、气泡、裂纹、残余应力等缺陷。

由于 Nd^{3+}：YAG 具有荧光量子效率高、阈值低、热导率高等优点，是这三种固体激光器中唯一能够连续运转的激光器。

2.1.2.2 谐振腔

激光谐振腔是由两块平面或球面反射镜按一定方案组合而成的。其中一个端面是全反射膜片，另一个端面是具有一定透过率的部分反射膜片。

谐振腔是决定激光输出功率、振荡模式、发散角等激光输出参数的重要光学器件。谐振腔膜片一般是通过在玻璃基片上镀多层介质膜得到的。每层介质膜的厚度为特定激光波长的1/4。介质膜的层数越多，发射率就越高。全反射膜片的介质膜一般有17~21层。

2.1.2.3 泵浦灯

在固体激光器中，激光工作物质内的粒子数反转是通过光泵的抽运实现的。目前常用的为光泵源脉冲氙灯和连续氪灯。

2.1.2.4 聚光腔

为了提高泵浦效率，使泵浦灯发出的光能有效地汇聚，并均匀地照射在棒上，可在激光棒和泵浦灯外增加一个聚光腔。早期的聚光腔常见的形式有单、双椭圆腔、圆形腔、紧裹形腔。

2.1.2.5 Q 开关技术

为了压缩脉宽，提高峰值功率，在脉冲激光器中使用 Q 开关技术。

所谓 Q 开关技术，是指一种基于激光谐振腔的品质因数，Q 值愈高，激光振荡愈容易，Q 值愈低，激光振荡愈难的原理技术。即在光泵浦开始时，使谐振腔内的损耗增大，降低腔内 Q 值，以让尽量多的低能态粒子抽运到高能态去，达到粒子数反转。由于 Q 值低，故不会产生激光振荡。当激光上能级粒子数达到最大值（饱和值）时，设法突然使腔的损耗变小，Q 值突增，这时激光振荡迅速建立。

目前在激光加工中采用的有电光调 Q、声光调 Q、染料调 Q、机械调 Q 等。但最多的是电光调 Q 和声光调 Q。

2.1.3 准分子激光器

所谓准分子，是指在激发态结合为分子、基态离解为原子的不稳定缔合物。工作物质有 XeCl、KrF、ArF 和 XeF 等气态物质。

激光波长属紫外波段，波长范围为 193~351nm，如 XeCl 为 308nm，KrF 为 248nm。准分子激光器的基本结构与 CO_2 激光器相同。

目前准分子激光器主要为脉冲工作方式，商品化的平均功率为 100~200W，最高功率已达到 750W。

2.1.4 光纤激光器

光纤激光器（Fiber Laser）是指用掺杂稀土元素的玻璃光纤作为增益介质的激光器，光纤激光器是在光纤放大器的基础上开发出来的：在泵浦光的作用下光纤内极易形成高功率密度，造成激光工作物质的激光能级“粒子数反转”，当适当加入正反馈回路（构成谐振腔）便可形成激光振荡输出。20 世纪 60 年代初，美国光学公司的（斯尼泽）Snitzer 首次提出光纤激光器的概念。进入 21 世纪后，高功率双包层光纤激光器的发展突飞猛进，最高输出功率记录在短时间内接连被打破，目前单纤输出功率（连续）已达到 6000W 以上。

光纤激光器的工作原理是：光纤是以 SiO_2 为基质材料拉成的玻璃实体纤维，其导光原理是利用光的全反射原理，即当光以大于临界角的角度由折射率大的光密介质入射到折射率小的光疏介质时，将发生全反射，入射光全部反射到折射率大的光密介质，折射率小的光疏介质内将没有光透过。普通裸光纤一般由中心高折射率玻璃芯、中间低折射率硅玻璃包层和最外部的加强树脂涂层组成。光纤按传播光波模式可分为单模光纤和多模光纤。单模光纤的芯径较小，只能传播一种模式的光，其模间色散较小。多模光纤的芯径较粗，可传播多种模式的光，但其模间色散较大。按折射率分布的情况，可分为阶跃折射率（SI）光纤和渐变折射率（GI）光纤。

以稀土掺杂光纤激光器为例，掺有稀土离子的光纤芯作为增益介质，掺杂光纤固定在两个反射镜间构成谐振腔，泵浦光从 M_1 入射到光纤中，从 M_2 输出激光（参见图 2-2）。

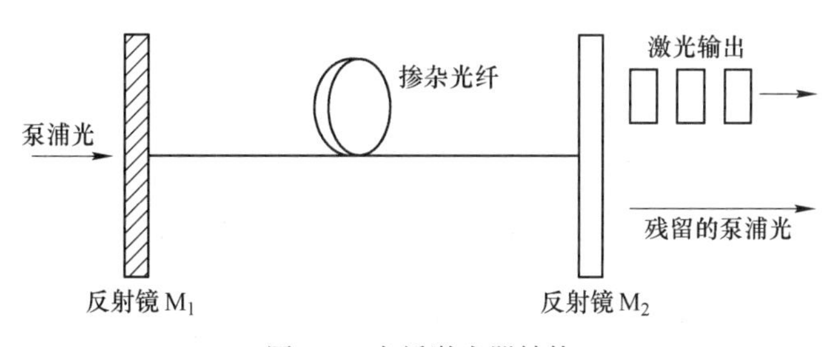

图 2-2　光纤激光器结构

当泵浦光通过光纤时，光纤中的稀土离子吸收泵浦光，其电子被激励到较高的激发能级上，实现了离子数反转。反转后的粒子以辐射形成从高能级转移到基态，输出激光。图 2-2 的反射镜谐振腔主要用以说明光纤激光器的原理。实际的光纤激光器可采用多种全光纤谐振腔。

图 2-3 为采用 2×2 光纤耦合器构成的光纤环路反射器及由此种反射器构成的全光纤激光器，图 2-3a 表示将光纤耦合器两输出端口联结成环，图 2-3b 表示与此光纤环等效的用分立光学元件构成的光学系统，图 2-3c 表示两只光纤环反射器串接一段掺稀土离子光纤，构成全光纤型激光器。以掺 Nd^{3+} 石英光纤激光器为例，应用 806nm 波长的 AlGaAs（铝镓砷）半导体激光器为泵浦源，光纤激光器的激光发射波长为 1064nm，泵浦阈值约 470μW。

利用 2×2 光纤耦合器可以构成光纤环形激光器。如图 2-4a 所示，将光纤耦合器输入端 2 连接一段稀土掺杂光纤，再将掺杂光纤连接耦合器输出端 4 而成环。泵浦光由耦合器端 1 注入，经耦合器进入光纤环而泵浦其中的稀土离子，激光在光纤环中形成并由耦合器端口 3 输出。这是一种行波型激光器，光纤耦合器的耦合比越小，表示储存在光纤环内的能量越大，激光器的阈值也越低。典型的掺 Nd^{3+} 光纤环形激光器，耦合比不大于 10%，利用染料激光器 595nm 波长的输出进行泵浦，产生 1078mn 的激光，阈值为几个毫瓦。上述光纤环形激光腔的等效分立光学元件的光路安排如图 2-3b 所示。

利用光纤中稀土离子荧光谱带宽的特点，在上述各种激光腔内加入波长选择性光学元

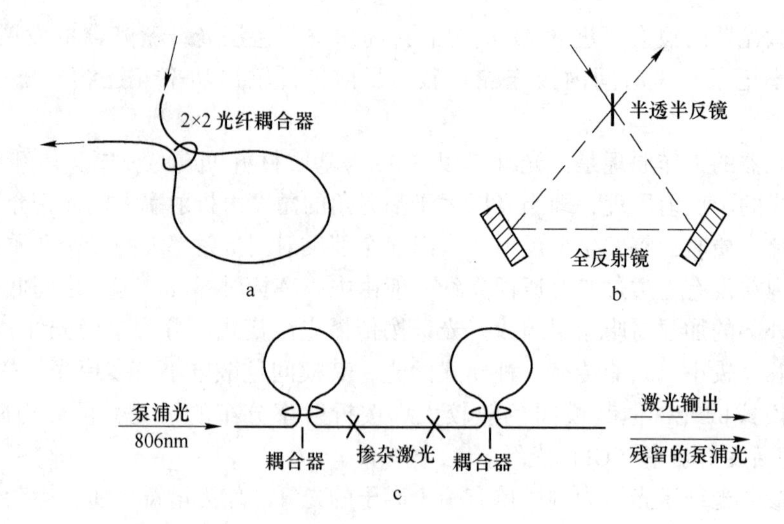

图 2-3 全光纤激光腔的构成示意图

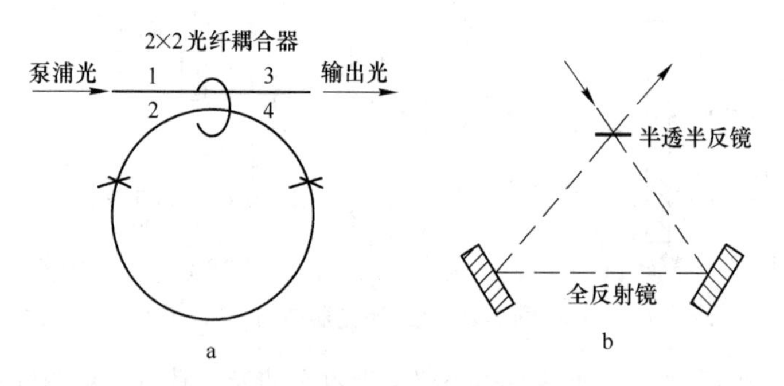

图 2-4 光纤环形激光器示意图

件，如光栅等，可构成可调谐光纤激光器，典型的掺 Er^{3+} 光纤激光器在 1536mm 和 1550nm 处可调谐 14nm 和 11nm。

如果采用特别的光纤激光腔设计，可实现单纵模运转，激光线宽可小至数十兆赫，甚至达 10kHz 的量级。光纤激光器在腔内加入声光调制器，可实现调 Q 或锁模运转。调 Q 掺 Er^{3+} 石英光纤激光器，脉冲宽度 32ns，重复频率 800Hz，峰值功率可达 120W。锁模实验，得到光脉冲宽度 2. 8ps 和重复频率 810MHz 的结果，可望用作孤子激光源。

稀土掺杂石英光纤激光器以成熟的石英光纤工艺为基础，因而损耗低和精确的参数控制均得到保证。适当加以选择可使光纤在泵浦波长和激射波长均工作于单模状态，可达到高的泵浦效率，光纤的表面积与体积之比很大，散热效果很好，因此，光纤激光器一般仅需低功率的泵浦即可实现连续波运转。光纤激光器易于与各种光纤系统的普通光纤实现高效率的接续，且柔软、细小，因此不但在光纤通信和传感方面，而且在医疗、计测以及仪器制造等方面都有极大的应用价值。

光纤激光器种类有很多，可按如下方式进行分类。

按照光纤材料的种类，光纤激光器可分为：

（1）晶体光纤激光器。工作物质是激光晶体光纤，主要有红宝石单晶光纤激光器和 Nd^{3+}：YAG 单晶光纤激光器等。

（2）非线性光学型光纤激光器。主要有受激喇曼散射光纤激光器和受激布里渊散射光纤激光器。

（3）稀土类掺杂光纤激光器。光纤的基质材料是玻璃，向光纤中掺杂稀土类元素离子使之激活，从而制成光纤激光器。

（4）塑料光纤激光器。向塑料光纤芯部或包层内掺入激光染料而制成光纤激光器。

按增益介质可分为：

（1）晶体光纤激光器。工作物质是激光晶体光纤，主要有红宝石单晶光纤激光器和 Nd^{3+}：YAG 单晶光纤激光器等。

（2）非线性光学型光纤激光器。主要有受激喇曼散射光纤激光器和受激布里渊散射光纤激光器。

（3）稀土类掺杂光纤激光器。向光纤中掺杂稀土类元素离子使之激活（Nd^{3+}、Er^{3+}、Yb^{3+}、Tm^{3+}等，基质可以是石英玻璃、氟化锆玻璃、单晶），而制成光纤激光器。

（4）塑料光纤激光器。向塑料光纤芯部或包层内掺入激光染料而制成光纤激光器。

按谐振腔结构可分为：F-P 腔、环形腔、环路反射器光纤谐振腔以及“8”字形腔、DBR 光纤激光器、DFB 光纤激光器等。

按光纤结构可分为：单包层光纤激光器、双包层光纤激光器、光子晶体光纤激光器、特种光纤激光器。

按输出激光特性可分为：连续光纤激光器和脉冲光纤激光器，其中脉冲光纤激光器根据其脉冲形成原理又可分为调 Q 光纤激光器（脉冲宽度为 ns 量级）和锁模光纤激光器（脉冲宽度为 ps 或 fs 量级）。

根据激光输出波长数目可分为：单波长光纤激光器和多波长光纤激光器。

根据激光输出波长的可调谐特性可分为：可调谐单波长激光器，可调谐多波长激光器。

按激光输出波长的波段可分为：S-波段（1460~1530nm）、C-波段（1530~1565nm）、L-波段（1565~1610nm）。

按照是否锁模，可分为：连续光激光器和锁模激光器。通常的多波长激光器属于连续光激光器。

按照锁模器件而言，可分为：被动锁模激光器和主动锁模激光器。其中被动锁模激光器又有：等效/假饱和吸收体：非线性旋转锁模激光器（“8”字型，NOLM 和 NPR）真饱和吸收体：SESAM 或者纳米材料（碳纳米管，石墨烯，拓扑绝缘体等）。

光纤激光器近几年受到广泛关注，这是因为它具有其他激光器所无法比拟的优点，主要表现在：

（1）光纤激光器中，光纤既是激光介质又是光的导波介质，因此泵浦光的耦合效率相当的高，加之光纤激光器能方便地延长增益长度，以便使泵浦光充分吸收，从而使总的光-光转换效率超过 60%。

（2）光纤的几何形状具有很大的表面积/体积比，散热快，它的工作物质的热负荷相当小，能产生高亮度和高峰值功率，已达 140mW/cm。

（3）光纤激光器的体积小，结构简单，工作物质为柔性介质，可设计得相当小巧灵活，使用方便。

（4）作为激光介质的掺杂光纤，掺杂稀土离子和承受掺杂的基质具有相当多的可调参数和选择性，光纤激光器可在很宽光谱范围内（455~3500nm）设计运行，加之玻璃光纤的荧光谱相当宽，插入适当的波长选择器即可得到可调谐光纤激光器，调谐范围已达80nm。

（5）光纤激光器还容易实现单模，单频运转和超短脉冲。

（6）光纤激光器增益高，噪声小，光纤到光纤的耦合技术非常成熟，连接损耗小且增益与偏振无关。

（7）光纤激光器的光束质量好，具有较好的单色性、方向性和温度稳定性。

（8）光纤激光器所基于的硅光纤的工艺现在已经非常成熟，因此，可以制作出高精度，低损耗的光纤，大大降低激光器的成本。

由于光纤激光器具有上述优点，它在通信、军事、工业加工、医疗、光信息处理、全色显示、激光印刷等领域具有广阔的应用前景。

2.1.5 半导体激光器

半导体激光器又称激光二极管，是用半导体材料作为工作物质的激光器。由于物质结构上的差异，不同种类产生激光的具体过程比较特殊。常用的工作物质有砷化镓（GaAs）、硫化镉（CdS）、磷化铟（InP）、硫化锌（ZnS）等。激励方式有电注入、电子束激励和光泵浦三种形式。半导体激光器件，可分为同质结、单异质结、双异质结等几种。同质结激光器和单异质结激光器在室温时多为脉冲器件，而双异质结激光器室温时可实现连续工作。

半导体二极管激光器是最实用最重要的一类激光器。它体积小、寿命长，并可采用简单的注入电流的方式来泵浦其工作电压和电流与集成电路兼容，因而可与单片集成。并且还可以用高达GHz的频率直接进行电流调制以获得高速调制的激光输出。由于这些优点，半导体二极管激光器在激光通信、光存储、光陀螺、激光打印、测距以及雷达等方面获得了广泛的应用。

半导体激光器的工作原理是：根据固体的能带理论，半导体材料中电子的能级形成能带。高能量的为导带，低能量的为价带，两带被禁带分开。引入半导体的非平衡电子-空穴对复合时，把释放的能量以发光形式辐射出去，这就是载流子的复合发光。

一般所用的半导体材料有两大类：直接带隙材料和间接带隙材料，其中直接带隙半导体材料如GaAs（砷化镓）比间接带隙半导体材料如Si有高得多的辐射跃迁几率，发光效率也高得多。

半导体复合发光达到受激发射（即产生激光）的必要条件是：

（1）粒子数反转分布分别从P型侧和n型侧注入到有源区的载流子密度十分高时，占据导带电子态的电子数超过占据价带电子态的电子数，就形成了粒子数反转分布。

（2）光的谐振腔在半导体激光器中，谐振腔由其两端的镜面组成，称为法布里-珀罗腔。

（3）高增益用以补偿光损耗。谐振腔的光损耗主要是从反射面向外发射的损耗和介质的光吸收。

半导体激光器是依靠注入载流子工作的，发射激光必须具备三个基本条件：

（1）要能产生足够的粒子数反转分布，即高能态粒子数足够的大于处于低能态的粒子数。

（2）有一个合适的谐振腔能够起到反馈作用，使受激辐射光子增生，从而产生激光震荡。

（3）要满足一定的阈值条件，以使光子增益不小于光子的损耗。

半导体激光器工作原理是激励方式，利用半导体物质（即利用电子）在能带间跃迁发光，用半导体晶体的解理面形成两个平行反射镜面作为反射镜，组成谐振腔，使光振荡、反馈，产生光的辐射放大，输出激光。

半导体激光器优点：体积小、质量轻、运转可靠、耗电少、效率高等。

2.1.6 激光材料加工用其他激光器

在激光加工中，除了上述常用的 CO_2 激光器、Nd^{3+}：YAG 激光器及准分子激光器外，另外还有 CO 激光器和铜蒸气激光器等。

CO 激光器的波长是 CO_2 激光器波长的一半，因此，光束的聚焦特性和材料的吸收特性优于 CO_2 激光器。例如 3kW CO 激光器的切割能力与 5kW CO_2 激光器相同。CO_2 激光器的最大功率可达 20kW，但商品化程度还很低。

另外，铜蒸气激光器是用于微细加工的一种激光器，它可用来作倍频 YAG 激光器的替代器件。其输出波为 511~578nm 的可见光，脉宽为 20~60nm，重复频率在 2~32kHz 之间，目前实用器件的激光功率为 10~120W，大于 750W 的器件还在研究阶段。

2.1.7 正确选用材料加工用激光器

在实际加工中如何正确选用合宜的激光器？这是一个很重要的问题。

第一，要对目前工业激光器有较全面的了解。目前工业上激光加工用激光器的性能列于表 2-1。

表 2-1 加工用激光器的主要性能

性能 \ 激光器	CO_2 激光器	CO 激光器	YAG 激光器	（KrF）准分子激光器
波长/μm	10.6	5.3	1.06	0.249
光子能量/eV	0.12	0.23	1.16	4.9
最高（平均）功率	25000	10000	1800	250
调制方式	气体放电	气体放电	光电调 Q 声光调 Q	气体放电
脉冲功率/kW	<10		$<10^3$	$<2\times10^3$
脉冲频率/kHz	<5	<1（闪光灯） <50（声光调 Q）	<1	
模式	基模或多模		多模	多模
发散角/mrad	1~3		5~20	1~3
总效率/%	12	8	3	2

第二，根据加工要求，合理决定被选用激光器的种类；重点是考虑其输出激光波长、

功率和模式。

第三，要考虑在生产现场的环境条件下运行的可靠性、调整和维修的方便性。

第四，投资和运行费用的比较。

第五，设备销售商的经济和技术实力，可信程度。

第六，设备易损件补充来源是否有保障，供应渠道是否畅通等。

2.2 激光材料加工成套设备系统

2.2.1 激光加工机床

若要完成激光加工操作，必须要有激光束与被加工工件之间的相对运动。在这一过程中，不但要求光斑相对工件按要求做轨迹运动，而且要求自始至终激光光轴要垂直于工件表面。

加工机床按用途可分为通用加工机和专用加工机。

2.2.2 激光加工成套设备系统及国内外主要厂家

激光加工成套设备系统包括激光发生器、冷水机组、数控系统、加工机床。这构成了激光加工柔性制造系统。

国内外主要厂家：

（1）德国：

1）TRUMPF（通快）公司：以 CO_2 和 YAG 激光成套设备为主；

2）Rofin-sina 公司：以 CO_2、YAG、光纤、半导体激光器为主。

（2）美国：

1）PRC 激光公司：以 CO_2 激光和固体激光器为主；

2）光谱物理公司：以固体激光器为主；

3）相干公司：以小功率设备为主。

（3）中国：

1）深圳大族激光集团公司：CO_2 激光加工成套设备，光纤激光切割、焊接成套设备；

2）武汉楚天激光集团公司：生产固体和气体低功率激光加工系统，光纤激光切割成套设备；

3）武汉华中科大激光工程公司：生产高功率气体激光加工系统和固体激光器；

4）武汉锐科激光技术有限公司：生产不同功率的光纤激光器；

5）西安钜光激光技术有限公司：生产不同功率的半导体激光器。

2.3 激光材料加工用光学系统

2.3.1 激光器窗口

激光器窗口主要分为固体窗口和气动窗口两大类。根据常见的 CO_2 激光器谐振腔结构及工作原理，其中固体窗口有分为激光耦合输出窗口和激光输出窗口。窗口又分为单折或单通道激光器谐振腔与窗口和多折或双通道激光器谐振腔与窗口（见图 2-5）。

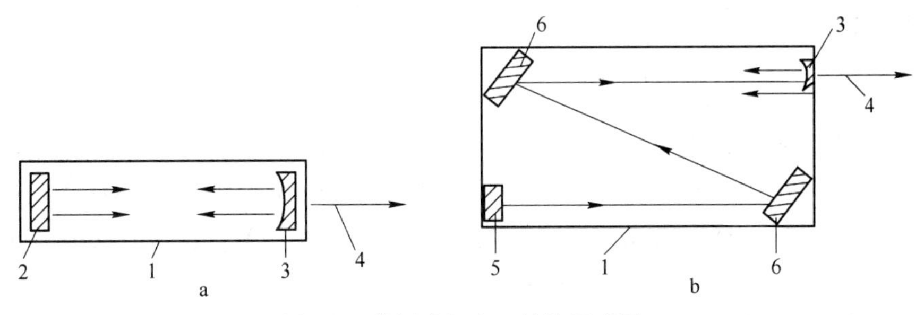

图 2-5 谐振腔与窗口结构示意图

a—谐振腔；b—窗口结构

1—谐振腔；2—全反射镜；3—耦合输出窗口；4—激光束；5—反射镜；6—转折镜

以上由反射镜或转折镜与耦合输出窗口组成的谐振腔均属稳定腔结构，其中后腔全反射镜及转折镜大多由金属材料制成。前腔耦合输出窗口利用红外光学材料为基底，通过镀膜做到一面部分反射参加耦合振荡，另一面达到全部输出激光。

2.3.2 导光聚焦系统及光学元部件（激光加工外围设备）

导光聚焦系统简称导光系统，它是将激光束传输到工件被加工部位的设备。

2.3.2.1 激光传输与变化

目前，适用于生产的激光传输手段有光纤和反射镜两种。光纤多用于 YAG 激光器，传输距离可达 20m（≤400W），是由光学玻璃或石英拉制成型。

反射镜多用于 CO_2 激光器，其基本材料为铜、铝、钼、硅等，经光学镜面加工，在反射镜上镀高反射率膜，使激光损耗降至最低。

2.3.2.2 光路及机械结构的合理设计

在光路设计中应尽可能减少反射镜的数量。

2.3.2.3 各种类型的导光聚焦系统

激光束通过传输到工件表面前，必须使光束聚焦，并调整光斑尺寸使其达到所需的功率密度，才能满足不同类型工件加工的要求。

2.4 激光束参量测量

激光束参量、自动化加工机床的技术保证、工艺数据库合理可靠，这三大要素是构成激光加工优势的首要问题，决定着激光加工的结果。

激光束参量测量的目的，就是用来判定光源光束质量的好坏。它包括光束波长、功率、能量、模式、束散角、偏振态、束位稳定度、脉宽及峰值功率、重复频率及平均输出功率等 9 个主要方面。

2.4.1 激光束功率、能量参数测量

功率、能量是激光束的主参量，它直接决定加工工艺的结果。激光束功率、能量测量

是通过激光功率、能量计接收激光束，并显示其量值实现测量的。常用的激光功率、能量计主要分为热电型、光电型两种。

2.4.2 激光束模式测量

2.4.2.1 模式的识别和划分

激光束的空间形状是由激光器的谐振腔决定的，且在给定的边界条件下，通过解波动方程来决定谐振腔内的电磁场分布，在圆形对称腔中具有简单的横向电磁场的空间形状。

正如前述，腔内的横向电磁场分布称为腔内横模，用 TEM_{mn} 表示，其中，m、n 为垂直光束平面上 x、y 两个方向上的模序数。

m 或 n 的序数判断，习惯上以 x、y 方向上能量（功率）分布曲线中谷（节点）的个数来定。那么，m 序数就是 x 方向趋近零的节点个数；n 即为 y 方向上趋近零的节点个数（见图 2-6）。

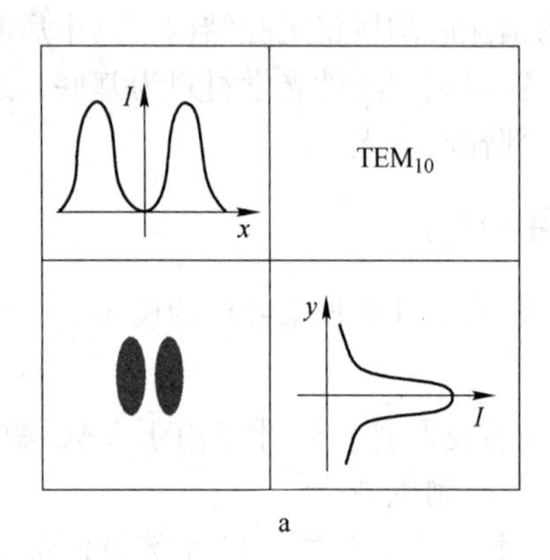

a

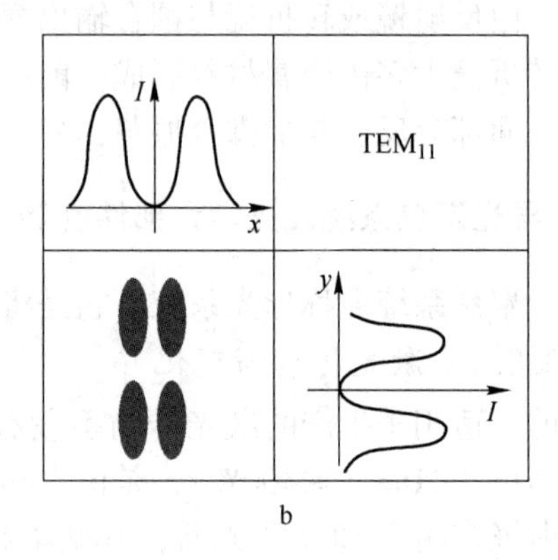

b

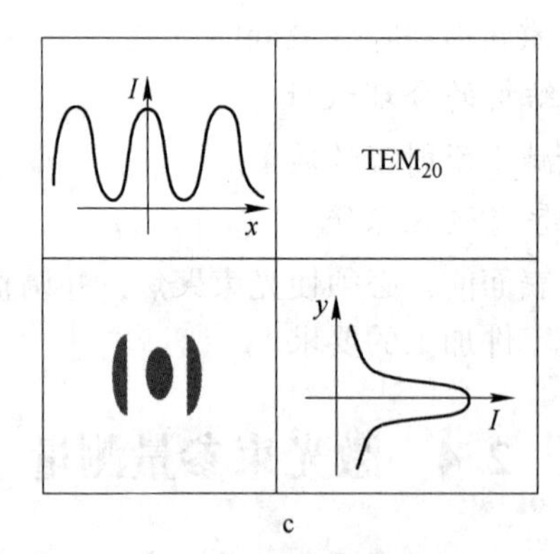

c

图 2-6 轴对称模

a—TEM_{10}；b—TEM_{11}；c—TEM_{20}

模式又可以分为平面对称和旋转对称。当图形以 x 或 y 轴为对称平面，就是轴对称。如图 2-6 以及图 2-7 中的 a~d 均为轴对称；旋转对称是以图形中心为轴，旋转后图形可以得到重合，如图 2-7 中的 e~h。

2.4.2.2 激光加工中常用的模式

激光加工中常用的模式有：

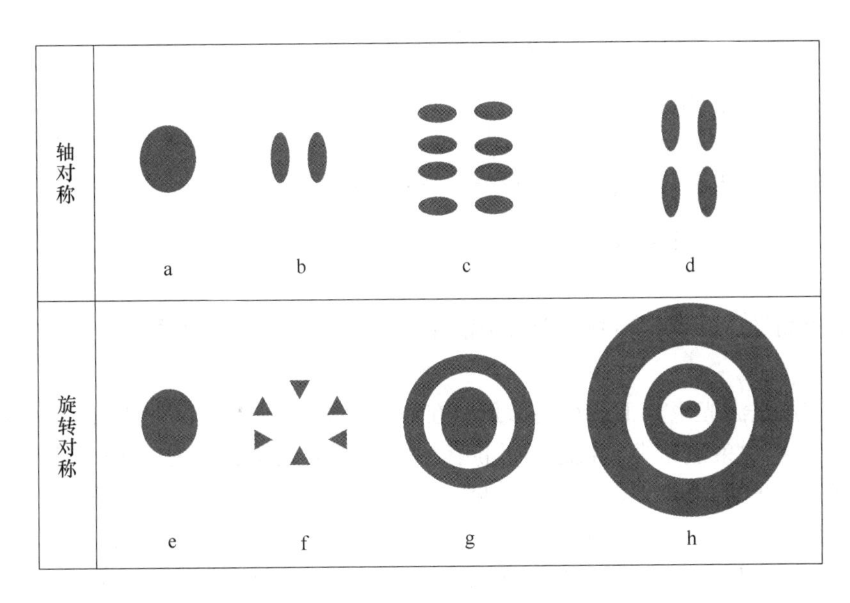

图 2-7 轴对称和旋转对称模式

a，e—TEM_{00}；b，g—TEM_{10}；c—TEM_{13}；d—TEM_{11}；f—TEM_{03}；h—TEM_{20}

（1）TEM_{00}基模。

（2）TEM_{01}^*单环模，也叫准基模。由虚共焦腔产生，或由 TEM_{01}+TEM_{10}模简并而成。为表明聚焦性能常给出环径占束径的比值。为区别 TEM_{01}对称模，单环模要用星号注别。

（3）TEM_{01}模。

（4）TEM_{10}模。

（5）TEM_{20}模。

（6）多模。多模分圆光斑和板条光斑两种。

2.4.2.3 大功率激光束模式测量

大功率激光束的模式测量有：

（1）大功率激光束标准模式测量仪。

（2）几种适用的模式观测法：1）烧斑法；2）红外摄像法；3）紫外荧光暗影法。

2.4.3 激光束束宽、束散角及传播因子测量

2.4.3.1 相关参量的符号和定义

相关参量的符号和定义为：

（1）束宽 $d_{\sigma x}$、$d_{\sigma y}$ 或束径 d_σ：$d_{\sigma x}(z)=4\sigma_x(z)$，$d_{\sigma y}(z)=4\sigma_y(z)$，$d_\sigma(z)=2\sqrt{2}\sigma(z)$。

（2）束腰位置 z_o 或 z_{ox}、z_{oy}（非轴向对称）：光束光轴上束宽最小值的位置。

（3）腰径：$d_{\sigma o}$ 或腰宽：$d_{\sigma ox}$和 $d_{\sigma oy}$（非轴向对称光束）。

（4）束散角：（远场发散角）θ_σ 或 $\theta_{\sigma x}$和 $\theta_{\sigma y}$（非轴向对称光束）。

（5）光束传播因子：K 或 K_x 和 K_y（非轴向对称光束）。

K 与腰径 $d_{\sigma o}$和束散角 θ_σ 的关系式为：

$$K = \frac{4\lambda_0}{\pi} \cdot nd_{\sigma o} \cdot \theta_\sigma$$

式中，λ_0 为波长；n 为折射比。

（6）束散角公式：$\theta_\sigma = \frac{4\lambda_0}{\pi d_{\sigma f}}$（$d_{\sigma f}$为聚焦光斑直径）。

2.4.3.2 束径、束散角测量

（1）重要性：

1）束径测量是实现准确测定光束束散角、传播因子的必要手段。束径实测的技术难点是测腰径 $d_{\sigma o}$。

2）束散角是激光束加工的重要参量。在设计激光谐振腔时，束散角成为必须考虑的几何参量。可以说束散角小模式趋于低价；多阶模则束散角必定大。所以，束散角小的转换含义就是加工时的聚焦光斑小，也容易实现聚焦。功率密度也高。这进一步说明束散角大小是关系着加工效率和加工工艺好坏的重要参量。

（2）束径、腰位、束散角二阶矩测算法。若不考虑窗口镜片的热变形因素，平常所称正束散角的腰径大多是在谐振腔内，所称负束散角的腰径位置大多在腔外。

（3）束径、束腰、束散角直接测量法。本方法是通过可以分辨 0.01mm 束径的“标准束径测量仪”配合用长焦距聚焦器对光束进行人造束腰实现束散角的直接测量的。

2.4.4 激光束偏振态测量

激光是横向电磁波，它由互相垂直并与传播方向垂直的电振荡和磁振荡组成。如图 2-8 所示。

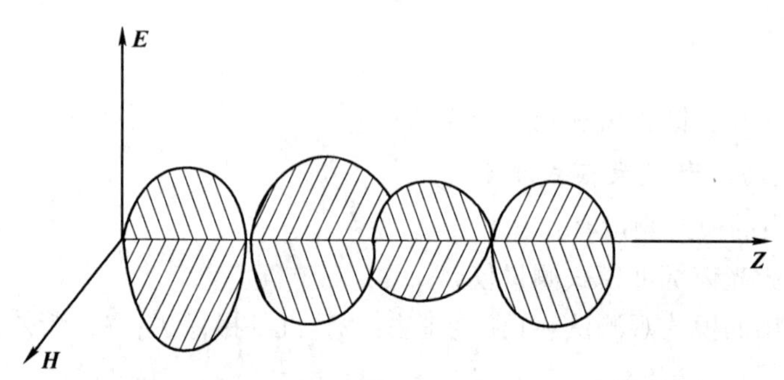

图 2-8 矢量 **E** 在 X 平面内振荡；矢量 **H** 在 Y 平面内振荡

在电磁场中，电场矢量 **E** 的取向决定着激光束的偏振方向。如果电矢量在同平面内振动，称为平面偏振光或称为线偏振光。激光是线偏振光，而自然光可看作是非偏振光。两束偏振面相互垂直的线偏振光迭加，当相位差固定时，则成为椭圆偏振光。加工用激光束多为椭圆偏振光。对有一定厚度的铁板用激光束切一个圆，会看到切缝正面为圆；背面为椭圆。为了避免激光束偏振对加工带来的影响，就要使上述两束光的强度相等，可通过使其位相差为 $\pi/2$ 或 $3\pi/2$，这样就得到圆偏振光。圆偏振激光束经过任何固定点时，瞬时电场矢量的取向效应相同，具备非偏振光同等效应。这正是加工所需要的光束。

激光的偏振状态对材料加工的效率与质量均有重大影响。材料对激光束的吸收比不仅由材料本身的光学性质决定，还与光束入射角和激光束的偏振状态有直接关系。

激光加工中遇到的偏振测量，基本基于两个方面：一个是对激光束偏振状态测量；一个是对圆偏振镜的圆偏振性能检测。

激光束偏振状态测量用起偏器、检测器测量。

2.4.5 激光束的光束质量及质量因子的概念

激光束的光束质量是激光器输出特性中的一个重要指标参数。

1988 年，A. E. Siegman 利用无量纲的量——光束质量因子 M^2 较科学合理地描述了激光束质量，并为国际标准组织（ISO）所采纳。

质量因子 M^2：

$$M^2 = \frac{\text{实际光束束腰宽度和远场发散角的乘积}}{\text{基模高斯光束束腰宽度和远场发散角的乘积}}$$

对于基模（TEM_{00}）高斯光束，有 $M^2 = 1$，光束质量好，实际光束 M^2 均大于 1，表征了实际光束衍射极限的倍数。光束质量因子 $M^2 = \pi D_0 \theta / (4\lambda)$，式中，$D_0$ 为实际光束束腰宽度；θ 为光束远场发散角。

M^2 参数同时包含了远场和近场的特性，能够综合描述光束的品质，且具有通过理想介质传输变换时不变的重要性质。

复 习 题

2-1 简述横流和快轴流 CO_2 激光器的内部结构及其工业应用。

2-2 简述 YAG 激光器的工作原理。

2-3 简述光纤激光器的分类、工作原理及其应用领域。

2-4 简述半导体激光器工作原理及其应用领域。

2-5 简述 CO_2、CO、YAG、光纤、准分子激光器的波长范围。

2-6 什么是激光的模式？画出 TEM_{01}、TEM_{11}、TEM_{21}、TEM_{22} 在 x、y 轴上的能量分布及其在平面上的投影图。

2-7 大功率激光束模式测量方法有哪些？

2-8 简述激光柔性加工系统包含哪些内容。

3 激光与材料交互作用的理论基础

顾名思义，激光材料加工就是研究激光与材料之间的相互作用，这就需要我们搞清楚激光与材料之间的相互作用机理，换句话说，必须搞清楚不同材料对激光的吸收率、激光与材料交互作用的物理过程，只有掌握了激光与材料的交互作用的理论基础之后，才能更好地理解激光表面改性（激光淬火、激光熔覆与合金化）、激光切割、激光打孔、激光焊接、激光打标及激光清洗等技术的内涵和本质。

3.1 材料对激光吸收的一般规律

3.1.1 吸收系数与穿透深度

激光照射在材料表面，一部分能量被材料表面反射，其余部分进入材料内部后一部分被材料吸收，另一部分将透过材料。

入射的总激光能量：
$$E_0 = E_r + E_a + E_t \tag{3-1}$$
式中 E_r——被材料表面反射的激光能量；

E_a——被材料吸收的激光能量；

E_t——透过材料后的激光能量。

按朗伯定律，进入材料内部的激光，随穿透距离的增加，光强按指数规律衰减，深入表层以下 Z 处的光强
$$I_{(Z)} = (1 - R)I_0 e^{-\alpha Z} \tag{3-2}$$
式中 R——材料表面对激光的反射率；

I_0——入射激光的强度；

$(1-R)I_0$——表面（$Z=0$）处的透穿光强；

α——材料的吸收系数，cm^{-1}。

α 对应的材料特征值是吸收指数 K，两者之间的关系为：
$$\alpha = 4\pi K/\lambda \tag{3-3}$$
吸收指数 K 是材料的复折射率 n_c 的虚部，即
$$n_c = n + iK \tag{3-4}$$
可见 α 除与材料的种类有关外，同时还与激光的波长有关。例如 GaAs 对于可见光是不透明的，但对于 CO_2 激光器和 Nd：YAG 激光器输出的红外光则是透明的，将 α 与 λ 有关的这种吸收称为选择吸收。

如果把光强降至 I_0/e 时，激光所透过的距离定义为穿透深度，则有
$$l_\alpha = \lambda/4\pi K \tag{3-5}$$
由式（3-5）可知：（1）在弱吸收材料中，激光束穿过材料的深度通常小于材料的厚

度，材料中能量的吸收将取决于材料的厚度。(2) 在强吸收材料中，如金属，$K>1$，穿透深度小于激光波长。除了极薄的箔之外，穿透深度远远小于材料的厚度。穿透到材料中的激光能量完全被吸收，吸收与材料的厚度无关。

3.1.2 激光垂直入射时的反射率和吸收率

从光学薄膜材料，如空气或材料加工时的保护气氛（其折射率接近于1）到具有折射率为 $n_c = n + iK$ 的材料的垂直入射光，在界面处的反射率

$$R = \left|\frac{n_c - 1}{n_c + 1}\right|^2 = \frac{(n-1)^2 + K^2}{(n+1)^2 + K^2} \tag{3-6}$$

反射率描述了入射光功率（能量）被反射的部分。在没有透射的情况下（$E_t = 0$），被材料吸收的激光功率部分可以通过 R 求得，即

$$A = 1 - R = \frac{4n}{(n+1)^2 + K^2} \tag{3-7}$$

但是，如果材料的厚度小于穿透深度或处于穿透深度的数量级，则不能通过式（3-7）来计算吸收率，因为吸收率与光束的路径有关。在这种情况下，使用材料的吸收率和反射率系数更合适。

3.1.3 吸收率与激光束的偏振和入射角的依赖关系

激光束垂直入射时，吸收率与激光束的偏振无关。但是当激光束倾斜入射时，偏振对吸收的影响变得非常重要。

按平面的法线测量，在某一入射角为 θ 时，假设 $\theta \leqslant 90°$，且

$$n^2 + K^2 \gg 1 \tag{3-8}$$

则偏振方向平行于入射角的线偏振光和垂直于入射面的线偏振光在材料表面的反射率分别为：

$$R_p(\theta) = \frac{(n^2 + K^2)\cos^2\theta - 2n\cos\theta + 1}{(n^2 + K^2)\cos^2\theta + 2n\cos\theta + 1} \tag{3-9}$$

$$R_v(\theta) = \frac{(n^2 + K^2) - 2n\cos\theta + \cos^2\theta}{(n^2 + K^2) + 2n\cos\theta + \cos^2\theta} \tag{3-10}$$

对于非透明的材料而言，吸收率与偏振和角度的依赖关系为

$$A_p(\theta) = 1 - R_p(\theta) = \frac{4n\cos\theta}{(n^2 + K^2)\cos^2\theta + 2n\cos\theta + 1} \tag{3-11}$$

$$A_v(\theta) = 1 - R_v(\theta) = \frac{4n\cos\theta}{(n^2 + K^2) + 2n\cos\theta + \cos^2\theta} \tag{3-12}$$

图3-1为非透明材料吸收率与偏振和入射角的依赖关系，即式（3-12）的图解表示。对于平行偏振光，吸收率与入射角的依赖关系表现为在布儒斯特角时吸收率具有最大值，而在0°和90°时有最小值，垂直偏振光则相反，随着入射角的增大，吸收率持续下降。

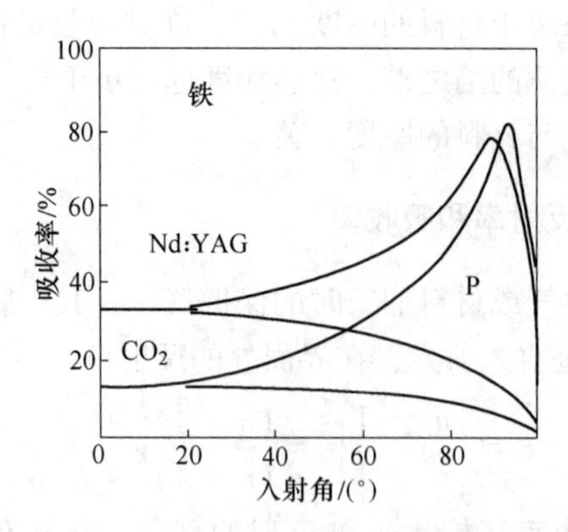

图 3-1　吸收率与偏振及入射角的依赖关系

3.2　激光束与金属材料的交互作用

激光束与金属材料交互作用所引发的能量传递与转换，以及材料化学成分和物理特征的变化是认识激光热处理的基础。

3.2.1　交互作用的物理过程

研究目的是为了说明激光束热处理时，高能束将光能或电能传递给材料及其转化为热能的规律的机理。激光束照射金属材料时，其能量转化仍要遵循能量守恒法则，即：

$$E_0 = E_r + E_t + E_a \tag{3-13}$$

金属材料对激光束而言，是束流不能穿透的材料，其 $E_t = 0$，将式（3-13）分别除以 E_0，则金属材料的能量转化式为：

$$1 = (E_r/E_0) + (E_t/E_0) = R + \alpha \tag{3-14}$$

由式（3-14）可见，高能束粒子照射金属材料时，其入射能量 E_0 最终分解为两部分：一部分被金属反射掉，另一部分则被金属表面所吸收。

当金属材料表面吸收了外来能量后，将形成造成点阵结点原子的激活，进而使激光束转化为热能，并向表层内部进行热传导和热扩散，以完成表面加热过程。

当激光照射到金属材料时，其能量分解为两部分：一部分被金属反射，另一部分被金属吸收。对于各向异性的均匀物质来说，光强 I 的入射激光通过厚度为 $\mathrm{d}x$ 的薄层后，其激光强度的相对减小量为 $\mathrm{d}I/I$，$\mathrm{d}I/I$ 与吸收层厚度 $\mathrm{d}x$ 成正比：

$$\mathrm{d}I/I \propto \mathrm{d}x$$

即

$$\mathrm{d}I/I = \alpha \mathrm{d}x \tag{3-15}$$

式中，α 为光的吸收系数。

设入射到表面的激光强度 I_0，将式（3-15）从 0 到 x 积分，即可得到激光入射到距表面为 x 的激光强度 I：

$$I = I_0 \mathrm{e}^{-\alpha x} \tag{3-16}$$

上式说明了以下两点：

第一，随着激光入射到材料内部深度的增加，激光强度将以几何级数减弱。

第二，激光通过厚度为 $1/\alpha$ 的物质后，其强度减少到 I_0/e，这说明材料吸收激光的能力取决于吸收系数 α 的数值。

α 除取决于不同的材料的特性外，还与激光的波长、材料的温度和表面状况等有关。

表 3-1 是材料吸收率与不同激光器（波长）的关系。

表 3-1 材料吸收率与激光器波长的关系

材料＼激光器	Ar^+ $\lambda=448nm$	红宝石 $\lambda=694nm$	YAG $\lambda=1.06\mu m$	CO_2 $\lambda=10.6\mu m$
Al	0.09	0.11	0.08	0.019
Cu	0.56	0.17	0.10	0.015
Au	0.58	0.07	0.053	0.017
Fe	0.68	0.64	0.35	0.035
Ni	0.58	0.32	0.26	0.03
Pt	0.21	0.15	0.11	0.036
Ag	0.05	0.04	0.04	0.014
Sn	0.20	0.18	0.19	0.034
Ti	0.48	0.45	0.42	0.08
W	0.55	0.50	0.41	0.026
Zn	—	—	0.16	0.027

由表 3-1 可知，波长越短，吸收率越高。故进行钢铁零件的激光淬火时，采用波长为 $10.6\mu m$ CO_2的激光，因其吸收率低，需要对表面进行预处理，以提高吸收率。而采用 $1.06\mu m$ 的 YAG 激光，则因吸收率高而不进行表面预处理。材料对激光的吸收率随温度而变化，变化趋势是随温度升高，吸收率增大。在室温时，吸收率很小；接近熔点时，其吸收率将升高至 40%～50%；如果温度接近沸点，其吸收率高达 90%。并且激光输出功率越大，金属的吸收率越高。

金属的吸收率 α 与激光波长 λ、金属的直流电阻率 ρ 存在如下关系式：

$$\alpha = 0.365\sqrt{\rho/\lambda} \tag{3-17}$$

又因 ρ 值随温度升高而升高，故 α 与温度 T 之间存在如下线性关系式：

$$\alpha(\lambda) = \alpha(20℃) \times [1 + \beta(T - 20)℃] \tag{3-18}$$

式中，β 为常数。

以上有关温度的影响是在真空条件下建立的，实际上，在空气中进行激光处理，由于金属随着温度的升高，表面氧化加重，也会增大激光的吸收率。

材料表面状态对激光吸收率的影响是表面粗糙度愈大，其吸收率愈大。

3.2.2 固态交互过程

激光束与金属材料固态交互作用主要为热作用。激光光子的能量向固体金属的传输或迁移过程就是固体金属对激光光子的吸收和被加热的过程。由于激光光子的吸收而产生的热效应即为激光的热作用。

对固体金属而言，其晶体点阵是由金属键结合而成的，当激光光子入射到金属晶体上，且入射激光的强度不超过一定阈值时，即不完全破坏金属晶体结构时，入射到金属晶体中的激光光子将与公有化电子发生非弹性碰撞，使光子被电子吸收。金属材料中质量为

M_2的原子，在与载能光子碰撞之前其能量为 E_2 可近似认为零。在外来光子的碰撞下，它可以获得最大能量为：

$$E_2(\max) = E_1 \frac{4M_1M_2}{(M_1 + M_2)^2} \tag{3-19}$$

式中，E_1为光子的能量，M_1为光子的质量。由此可确定原子中的电子吸收光子后，其能量的变化情况。由于激光光束同一状态光子数高达 10^{17}，即在一个量子状态里有 10^{17}个光子，故一个原子受到众多光子的作用，式（3-19）应当考虑其积分效应。

对于大多数金属而言，金属直接吸收光子的深度都小于 0.1μm，吸收了光子处于高能态的电子强化了晶格的热振荡，使金属表层温度迅速增加，并以此热量向材料表面下方传热。这就完成了光的吸收并转换为热，向内部传输的过程。对于光子的吸收及其转化为热过程在 10^{-11}～10^{-10} s 的时间间隔内完成。而热向基体内部的传输或传导时间取决于激光与金属的交互作用时间的长短，10^{-3}～10^{0}s 之间。

在激光束与固体金属的交互作用过程中，只要激光或电子束的有效功率密度 q 不大于某一阈值，则可利用这种热作用，对具有马氏体型相变过程的金属材料实施相变硬化处理。

3.2.3 液态交互作用

当激光照射金属，只要能量密度足够高且激光作用时间足够长，激光作用区表面吸收的光能转换成热能必将超过材料的熔化潜热，使表面处于液体状态。同时高温度液体通过液-固界面将热量传递给相邻的固体，使固体温度升高并形成相应的温度梯度，一旦激光停止照射，取决于熔池的寿命，其液-固界面将相应地向固体方向推移一定的距离，直至熔化区凝固。显然，只要激光的入射能量超过液体的反应能量，并且其作用时间不断地延长，则液-固界面向固体的深度和宽度方向扩展，而使液体区域不断扩大。

激光与液体金属相互作用时，仍然有激光的反射与吸收。与固体金属相比，液体金属的吸收率明显提高，几乎是全吸收。

3.2.4 气态的交互作用

激光与气态材料的交互作用主要是指物理气相反应和光化学气相反应。

激光本质也是一种电磁波，多年来对电磁场与气体相互作用已有广泛的研究。当激光照射气体介质时，仍将有普通光与气体相互作用的一般特性。如激光的反射、折射、吸收、衍射、干涉等等。在多种激光热处理工艺中，激光合金化、熔覆，特别是激光化学气相沉积等工艺均涉及激光与气态交互作用的问题，它主要在两方面：第一，激光加热金属时，一旦在激光作用区域形成等离子体，由于它对激光吸收有屏蔽作用，将降低激光功率的有效利用率和影响工艺质量。第二，是要弄清气体对激光的吸收率。只有能够吸收激光的气体才能够发生光化学反应。否则，不能实现激光化学气相沉积的工艺目的。

3.2.5 激光诱导等离子体现象

在强激光的作用下，首先是固体表面温度升高。当表面向内部传递的热量远低于表层的含热量时，表层温度将继续升高至开始蒸发（升华）。从开始蒸发这一瞬间开始，表面层的温度将由蒸发机制来控制，向内层热扩散不再起显著作用。此后是不断地形成蒸汽。不同物质形成蒸汽的最小激光能量 $E_{最小}$ 是不同的。对于金属类物质来说，其 $E_{最小}=10^6$ W/cm^2。当激光能量密度 $E_{最小}$，而且光子能量不足以使蒸汽击穿电离化，则蒸汽对激光束来说可视为一种透明物质。随着激光作用的不断继续进行，整个蒸发过程可以看成是蒸汽波阵面的变化而类似燃烧过程，所以，形成等离子体的条件是激光光子的能量足以击穿蒸汽使之电离，即形成蒸汽并被击穿形成等离子体是一个连续的过程。一旦形成了等离子体，要使它维持离子态，只需要入射激光强度不低于引发该物质形成等离子体的激光强度。等离子体形成以后，继续激光作用，等离子体将吸收激光而升温，升温到一定程度，等离子体中将出现电子热传导性。这时，等离子体的温度、密度和等离子体速度将出现再分布。

3.3 激光束作用下的传热与传质

3.3.1 传热过程

3.3.1.1 固态传热过程

在激光束热处理时，可以把金属表面的吸收层视为一个表面热源。在表面不熔化的条件下，表面热源通过固体传热机制向基体内部传递热能，使基体材料被加热。本节所讨论的传热过程实际上就是讨论固体传热过程。

在建立固体传热过程之前，首先假定：

（1）材料为一维半无限大固体；

（2）作用功率为常数；

（3）冷却仅依靠导热进行；

（4）忽略相变潜热对温度场的影响；

（5）热物理参数均不随温度变化。

利用 H. S. Carslaw 等人提出的传热模型，即满足经典的 Fourier 热传导方程的固态传热方程，可给出激光束加热的微分方程如下：

$$c_p \cdot \rho \cdot \frac{\partial T(x,\ t)}{\partial t} = \lambda \frac{\partial^2 T(x,\ t)}{\partial x^2} + g(x,\ t) \tag{3-20}$$

式中，ρ 为材料的密度；λ 为热导率；c_p 为质量定压热容；α 为热扩散系数（$\alpha=\frac{\lambda}{\rho c_p}$）；$g(x,\ t)$ 为输入热流的表达式，可进一步表示为：

$$g(x,\ t) = q_0 \cdot \delta(x) \cdot H(\tau - t)$$

式中，q_0为有效的载能束的功率密度；τ 为能束与金属表面作用的总时间；$\delta(x)$ 为 delta 函数；$H(\tau - t)$ 为 Heavicide 函数。

$\delta(x)$ 函数的引入表明能束作用时，仅在材料表面存在一个表面热源。而 $H(\tau - t)$ 函数的引入表明当能束的加热时间小于预定的总时间 τ 时，材料表面存在一个加热源。

利用积分变换，可以解出式（3-20）。则一维瞬态温度场的数字描述为：

加热过程：

$$T_h(x, t) = \frac{q_0}{\lambda}\left[\sqrt{\frac{4\alpha t}{\pi}}\exp\left(-\frac{x^2}{4\alpha t}\right) - x\mathrm{erfc}\left(\frac{x}{4\sqrt{\alpha t}}\right)\right] + T_0 \tag{3-21}$$

冷却过程：

$$T_c(x, t) = T_h(x, t) - \frac{q_0}{\lambda}\left[\sqrt{\frac{4\alpha\gamma}{\pi}}\exp\left(-\frac{x^2}{4\alpha\gamma}\right) - x\mathrm{erfc}\left(\frac{x}{2\sqrt{\alpha\gamma}}\right)\right] + T_0 \tag{3-22}$$

其中，$\mathrm{exf}(x)$ 为误差函数，$\mathrm{erf}(x) = \frac{2}{\sqrt{\pi}}\int_0^x e^{-\mu^2}d\mu$。$\mathrm{erfc}(x)$ 为余项误差函数，$\mathrm{erfc}(x) = 1 - \mathrm{erf}(x)$ 。T_0 为基材温度，$\gamma = T - \tau$ 为冷却时间。

由式（3-21）可得，令 $x=0$，可以得到表面温度 T_{sarf} 的表达式：

$$T_{sarf} = \frac{q_0}{\lambda}\left(\frac{4\alpha t}{\pi}\right)^{1/2} + T_0 \tag{3-23}$$

由式（3-23）可推出在高能束作用下金属表面不熔化的最大允许功率密度为：

$$q_0' = \frac{0.886 \cdot \lambda \cdot T_m}{\sqrt{\alpha t}} \tag{3-24}$$

相应地，金属表面能够淬火强化的最低功率密度为：

$$q_0'' = \frac{0.886 \cdot \lambda \cdot A_c}{\sqrt{\alpha t}} \tag{3-25}$$

式（3-24）和式（3-25）可以用来确定特定材料的临界高能束功率密度。在高能束淬火时，总是希望高能束的有效功率密度 q 在 $q''<q<q'$ 之间。

同理，可以得到金属表面不熔化的最长加热时间：

$$\tau_c' = \frac{0.785 \cdot T_m^2 \cdot \lambda^2}{q_0^2 \cdot \alpha} \tag{3-26}$$

相应地，可以得到金属表面能够淬火的最低加热时间：

$$\tau_c'' = \frac{0.785 \cdot A_c^2 \cdot \lambda^2}{q_0^2 \cdot \alpha}$$

对于高能束固态强化而言，q_0 和 τ 是两个极重要的工艺指标。q_0'、q_0''、τ_c'、τ_c'' 给出了工艺参数的设计依据，由此可以设计能束功率 P，扫描速度，束斑 D 的取值范围。工艺参数间的关系为 $q_0 = \frac{4P}{\pi D^2}$，$\tau = \frac{D}{V}$。

对式（3-21）做进一步分析，首先引入余误差函数的一次积分表达式：

$$i\mathrm{erfc}(x) = \frac{1}{\sqrt{\pi}}\exp(-x^2) - x[\ \mathrm{erfc}(x)\ ]$$

则式（3-21）可改写成：

$$T(x, t) = \frac{q_0\sqrt{4\alpha t}}{\lambda} \cdot i\mathrm{erfc}\left(\frac{x}{\sqrt{4\alpha t}}\right) + T_0 \tag{3-27}$$

因为

$$i\mathrm{erfc}(0) = \frac{1}{\sqrt{\pi}}$$

所以
$$T(0,\ t)=\frac{q_0}{\lambda}\sqrt{\frac{4\alpha t}{\pi}}$$

则
$$\frac{T(x,\ t)}{T(0,\ t)}=\sqrt{\pi}\,\mathrm{ierfc}\left(\frac{x}{4\alpha t}\right) \tag{3-28}$$

令高能束的固态相变硬化深度为 Z，且有 $T(0,\ t)=T_{\mathrm{m}}$，$T(z,\ t)=A_{\mathrm{c}}$，故

$$\frac{A_{\mathrm{m}}}{T_{\mathrm{m}}}=\sqrt{\pi}\,\mathrm{ierfc}\left(\frac{Z}{\sqrt{4\alpha t}}\right) \tag{3-29}$$

由于余误差函数可以通过查有关的专门函数表求得，则：

$$Z=M_1\cdot t^{1/2} \tag{3-30}$$

式中，M_1为一个由材料的加热温度和其扩散率综合决定的参数。

式（3-30）揭示了这样一个对高能束固态加热具有实际意义的规律，即当被处理工件用激光或电子辐射时，离表面 Z 深处的温度达到了相变下限温度时，高能束的淬硬深度 Z 和其作用时间的平方根成比例关系。

如果将 $q_0=\dfrac{4P}{\pi D^2}$ 代入式（3-26）和式（3-27）则

$$T(0,\ t)-T(x,\ t)=\frac{8\sqrt{\alpha t}P}{\pi D^2\lambda}\left[\frac{1}{\sqrt{\pi}}-\mathrm{iefc}\left(\frac{x}{\sqrt{4\alpha t}}\right)\right]$$

将式（3-28）代入上式，有下式成立：

$$T(0,\ t)-T(x,\ t)=\frac{8\sqrt{\alpha t}P}{\pi D^2\lambda}\left[\frac{1}{\sqrt{\pi}}-\frac{1}{\sqrt{\pi}}\frac{T(0,\ t)}{T(x,\ t)}\right]$$

即
$$\frac{Pt^{1/2}}{D^2}=\frac{[T(0,\ t)-T(x,\ t)]\cdot\pi^{3/2}\cdot\lambda}{8\sqrt{\alpha}[1-T(x,\ t)/T(0,\ t)]}$$

令 $T(0,\ t)=T_{\mathrm{m}}$，$T(x,\ t)=A_{\mathrm{c}}$，则

$$\frac{Pt^{1/2}}{D^2}=\frac{(T_{\mathrm{m}}-A_{\mathrm{c}})\cdot\pi^{3/2}\cdot\lambda}{8\sqrt{\alpha}(1-A_{\mathrm{c}}/T_{\mathrm{m}})} \tag{3-31}$$

从式（3-31）可以看出，P、D、τ 或者 V 之间是相互制约的。其综合作用决定了能束加热的温度和深度。将式（3-31）稍加变换，可得到能束功率密度和作用时间的关系。

$$q_0\cdot t^{1/2}=\sqrt{\frac{\pi}{4\alpha}}\cdot\frac{\lambda(T_{\mathrm{m}}-A_{\mathrm{c}})}{1-A_{\mathrm{c}}/T_{\mathrm{m}}} \tag{3-32}$$

上式又揭示了一个在高能束热处理中具有实际意义的规律，即高能束热处理的 q_0 与其作用时间 τ 的平方根成反比。这说明高能束作用的功率密度越大，其淬硬深度越浅。

注意：以上全部分析与讨论是基于一维半无限大的固体发生固态相变。对于尺寸较小或高能束处理工件的边缘和棱角时，如刀具、冲裁模、丝杆、凸轮轴等、一维半无限大模型失效。

对于高能束作用下的温度场的求解，已有了众多的研究成果。下面简要讨论一下高能束作用下的温度场特征。

（1）沿层深的温度分布及其变换。由表→里，$T\downarrow$，当 $T_{\mathrm{sarf}}\downarrow$，其次表层的温度还继续升高。这反映出高能束处理过程中热量由表→里的滞后传递。材料的传热系数越小，这

种滞后效应越明显。

（2）沿扫描方向上的温度分布及其变化。当激光束以恒定速度扫描运动时，表面的最高峰值温度不是在光束的中心位置，而是偏离了中心一定距离，其偏离程度随着光束的扫描速度的增加而增加。前侧的温度梯度相对较低，而后侧的温度梯度则变陡，即冷却速度大，显然，激光的扫描速度越快，其基体的冷却速度越大。

当束斑直径较小时，例如1mm，则视为点热源；当直径较大时，例如4mm，则处理为面热源，且面热源的作用区截面内的等温线曲率较小，Z 方向的传热大于 Y 方向的，故可处理沿垂直方向的一维传热。

3.3.1.2 *液态传热过程*

在金属熔池内存在熔体的对流运动，即存在Marangoni效应，在金属熔化过程中，这种效应为一种瞬态效应。其流体的运动是非常稳定的。从某种意思上讲，研究高能束作用下的熔体传热过程实际上是研究熔体的流动过程。

总的来说，金属熔体的自由表面（interface of solid phase and vapouring phase）的表面张力是其熔体成分和温度的函数，即

$$\theta = \theta_0 - ST \tag{3-33}$$

恒压条件下：

$$T\mathrm{d}s = c_p \mathrm{d}T \tag{3-34}$$

得：

$$\frac{\partial \sigma}{\partial T} = - S - T\frac{\mathrm{d}s}{\mathrm{d}T} \tag{3-35}$$

$$\frac{\partial \sigma}{\partial T} = - S - c_p \tag{3-36}$$

又因为

$$\int_{s_0}^{s} \mathrm{d}s = \int_{T_0}^{T} c_p \cdot \frac{\mathrm{d}T}{T} \tag{3-37}$$

所以：

$$S = c_p \cdot \ln T/T_0 + S_0 \tag{3-38}$$

又因为

$$\frac{\partial \sigma}{\partial x} = \frac{\partial \sigma}{2T} \cdot \frac{2T}{\partial x} \tag{3-39}$$

如果忽略 S_0，则有：

$$\frac{\partial \sigma}{\partial x} = - c_p\left(1 + \ln\frac{T}{T_0}\right)\frac{\partial T}{\partial x} \tag{3-40}$$

式中，σ 为表面张力值；S 为表面熵；S_0 和 σ_0 分别为固体刚熔化时（$T_0 = T_m$）的表面熵值和表面张力值；c_p 为比热容；T 为熔池表面的加热温度。

对金属熔体，其表面张力场的分布规律为炉池中心表面附近的表面张力值最低，而炉池边缘附近的表面张力值较高。

在激光束作用下的金属熔池的表面存在表面张力梯度。正是这个表面张力梯度构成了金属熔体流动的主要驱动力。

在激光束与金属材料相互作用的有效功率密度小于 $10^6 \mathrm{W/cm^2}$ 时，金属熔池内的传热和传质主要是由表面张力梯度和浮力能所导致的对流运动决定的。实质上，它们是由连续方程、能量方程和运动方程，再加上其特定的边界条件所共同决定。

利用笛卡尔坐标系统，根据流体力学原理，激光作用下的熔体传热模型为：

$$\frac{\partial T}{\partial t} + \left(u\frac{\partial T}{\partial X} + v\frac{\partial T}{\partial Y} + w\frac{\partial T}{\partial Z}\right) = K\nabla^2 T \tag{3-41}$$

式（3-41）为熔体运动的能量方程，相应地，其连续方程和运动方程分别为：

连续方程：

$$\frac{\partial U}{\partial X} + \frac{\partial V}{\partial Y} + \frac{\partial W}{\partial Z} = 0 \tag{3-42}$$

$$\boldsymbol{u} = u\boldsymbol{i} + v\boldsymbol{j} + w\boldsymbol{k}$$

运动方程：

$$\frac{\partial U}{\partial t} + \left(u\frac{\partial U}{\partial X} + v\frac{\partial U}{\partial Y} + w\frac{\partial U}{\partial Z}\right) = -\frac{1}{P}\cdot\frac{\partial P}{\partial X} + \gamma\nabla^2 u$$

$$\frac{\partial V}{\partial t} + \left(u\frac{\partial V}{\partial X} + v\frac{\partial V}{\partial Y} + w\frac{\partial V}{\partial Z}\right) = -\frac{1}{P}\cdot\frac{\partial P}{\partial Y} + \gamma\nabla^2 v$$

$$\frac{\partial W}{\partial t} + \left(u\frac{\partial W}{\partial X} + v\frac{\partial W}{\partial Y} + w\frac{\partial W}{\partial Z}\right) = -\frac{1}{P}\cdot\frac{\partial P}{\partial Y} + \gamma\nabla^2 w$$

为了求解上述方程组，组建相应的边界条件。对于平面而言，其边界条件为：

$$Y = 0$$

$$V = 0$$

$$U\frac{\partial U}{\partial Y} = -\frac{\partial T}{\partial X}\cdot\frac{\partial V}{\partial T} \tag{3-43}$$

$$U\frac{\partial W}{\partial Y} = -\frac{\partial T}{\partial Z}\cdot\frac{\partial V}{\partial T}$$

由上式可知，熔体的温度梯度 $\frac{\partial T}{\partial X}$、$\frac{\partial T}{\partial Z}$ 或表面张力的温度系数 $\frac{\partial \theta}{\partial T}$，材料的黏度 R、μ 及 ρ 都将影响熔体的能量传递特征。

上述方程组中各字母的物理意义如表 3-2 所列。

表 3-2 传热模型中各字母的物理含义

字母	单位	含　义
$\boldsymbol{\mu}$	mm/s	速度矢量
u	mm/s	μ 的 X 分量
v	mm/s	μ 的 Y 分量
w	mm/s	μ 的 Z 分量
$\boldsymbol{i}$、$\boldsymbol{j}$、$\boldsymbol{k}$		在坐标系中，X、Y、Z 的单位矢量
∇^2		laplacion 算子
ρ	kg/m^3	密度
p	N/m^3	压力
R	m^2/s	运动黏度
μ	Pa · s	黏度
K	m^2/s	热扩散率
$\frac{\partial \sigma}{\partial T}$	N/(m · K)	表面张力的温度系数
t	s	时间
T	K	热力学温度

A　二维模型

C. Chan 和 J. Mazumder 最早建立了激光作用下，金属熔池的瞬态二维流动模型。其解题技巧是利用流体力学中无因次量纲参数。如 Pecler 数、Prandtl 数和表面张力数等简化传热方程组。同时利用 SDLA 程序进行计算。由二维传热模型可以得出若干具有指导意义的结论：

（1）熔池内的冷却速度的分布是不均匀的，其值是变化的，且在其他工艺参数恒定的情况下激光的辐射时间愈短，其冷却速度的变化幅度愈大。

（2）熔池的集合形态随 Prandtl 数，即不同材料的成分变化而变化。

（3）在熔池表面上的熔体流动速度比激光的扫描速度高 1~2 个数量级。

上述解没有考虑熔化潜热的影响。

一般而言，二维瞬态传热模型可以较好地描述脉冲激光和脉冲电子束作用下的传热过程。

B　三维模型

建立熔池的三维模型有助于人们全面深刻地理解连续激光作用下熔体的传热过程。基于熔池表面的表面张力和熔池内的浮力的综合作用。S. Kou 建立了激光熔池的三维模型。目前在其解的过程中，为了简化其计算，人们往往还是引入了若干假设，从而使三维模型二维化。

三维模型了解发现，在熔池的表面，其温度梯度具有不同的三个领域：

（1）在熔池中心区域，其温度梯度近似为零。

（2）沿熔池中心向外，其温度梯度逐渐增大，然后下降。

（3）在熔池边缘附近，其温度梯度再次增大。表面张力梯度驱动的熔体流动传热在上述第二个区域内占主导，它倾向使熔池的表面温度趋于一致。

另一方面，三维模型的解同样得出冷速度或温度梯度在熔池内是变化的结论。规律为：在熔池的中心冷却速度最大，在熔池的边缘冷却速度甚小，在熔池的表面的冷却速度极大而在熔池的底部冷却速度极小。

3.3.1.3　熔池边界的传热过程

从图 3-2 可知，当 $t=0$ 时，则 S-L 界面的位置在 Z_0 处，其温度梯度极限（曲线Ⅰ）。在 t_1 时刻，其温度曲线变成Ⅱ。根据能量守恒定理，其 S-L 界面必然向 $+Z$ 方向移动，则 $Z>Z_0$。在 t_2 时刻，其温度曲线为Ⅲ，S-L 界面继续向 $+Z$ 方向移动，$Z=Z_{max}$。随着冷却时间增加，合金体内的温度越来越低，相应地，其温度梯度越来越平坦，在 t_2 之后，若再有一个时间增量 δt（$t_3=t_2+\delta t$），由于 t_3 时合金熔体的温度曲线变为Ⅳ，则使合金熔体局部获得了过冷

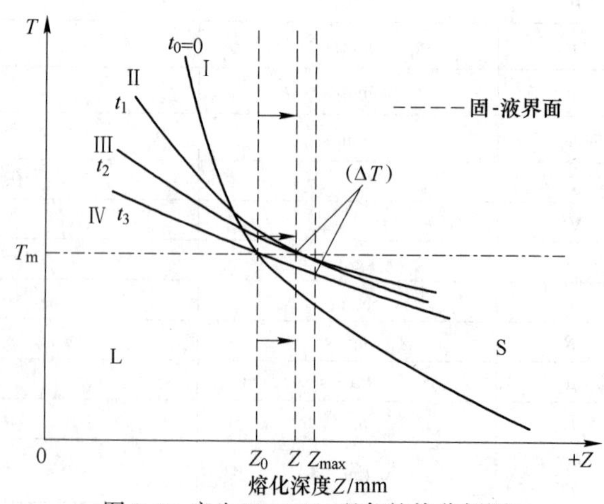

图 3-2　产生 $Z_{max}>Z_0$ 现象的热分析图

t_0—能束加热停止，冷却开始；
t—冷却时间；$t_0<t_1<t_2<t_3$

度。在满足结晶的热力学条件下，真实凝固从此开始，S-L 界面向 Z 方向移动。

3.3.1.4 固态传热与液态传热的比较

H. S. Carslaw 等人在 20 世纪 50 年代提出了传热模型，即满足经典的 Fouricer 热导理论的一个显而易见的基本前提——固态条件下的传热；另一方面，还忽略了高能束作用下的熔池内部存在强烈的对流运动。

为了便于比较，我们将固态下的传热方程和液态下的传热方程并列于此：

固态：
$$\frac{\partial T}{\partial t} = k \cdot \nabla^2 T \tag{3-44}$$

液态：
$$\frac{\partial T}{\partial t} + (\boldsymbol{\mu} \cdot \nabla) T = k \cdot \nabla^2 T \tag{3-45}$$

显然，固态传热由工艺参数、材料的热物理参数特性决定，液态传热与工艺参数、材料的热物理参数以及熔池内的液态熔体的流动速度 $\boldsymbol{\mu} = (u, v, w)$ 有关。

3.3.2 传质过程

3.3.2.1 固态传质过程

传质是指物质从物体或空间某一部位迁移到另一部位的现象。固态传质实际上是研究原子或分子的微观运动。由于质量、动量和热量三种传输之间有基本相似的过程，固而在研究传热过程中已经建立了基本原理仍可应用于传质过程。

固态下传质过程有两种情况造成：（1）本身的短程扩散行为；（2）高的温度梯度将对原子扩散起一定的作用。如果对原子的扩散进行分析，可以推导出固态原子的传热方程。即：

$$\frac{\partial C}{\partial t} = D\frac{\partial^2 c}{\partial x^2} + DS_{\mathrm{T}}\left(\frac{\partial C}{\partial x} \cdot \frac{\partial T}{\partial x}\right) \tag{3-46}$$

式中 c——溶质浓度；

D——溶质的扩散系数；

激光作用产生的快速加热导致系统远偏离的平衡条件，使相转变温度升高。从激光与物质相互作用的物理模型和铁在激光作用下形成了超出常规加热时所能产生的点缺陷和位错密度的实验结果，可以说明晶体在激光作用产生的热效应影响下，晶格中质点的振动频率相应地比常规加热高得多。

根据 D 的阿累尼乌斯公式：

$$D = D_0 \exp\left(-\frac{E_0}{RT}\right) \tag{3-47}$$

式中 D_0——频率因子；

E_0——扩散激活能。

因晶体缺陷密度的增大导致 E_0 减小，加之 D_0 增大，故总是扩散系数增大。另一方面，式中的 $DS_{\mathrm{T}}\left(\frac{\partial C}{\partial x} \cdot \frac{\partial T}{\partial x}\right)$ 的存在，这就是激光加热时间小于 0.1s 时，$P \rightarrow A$ 的过程中，碳原子依然能扩散，并达到淬硬所需碳浓度的重要原因。当然这种扩散能力是有限的，由于激光束的作用时间太短，其碳原子的扩散是不充分的。

3.3.2.2 液态传质过程

传质有两种基本形式：扩散传质和对流传质。对流传质是液态传质的主要形式之一，是流体的宏观运动，在液态传质中同样存在扩散传质现象。

激光束作用下的金属熔池内的传质实际上包括三种模式：L-G 界面的传质模式；S-L 界面的传质模式；熔池内的传质模式。

（1）L-G 界面的传质模式。实际上是金属熔池表面与环境气氛之间的质量迁移。其动力之一是热力学上元素的蒸汽压差。

（2）S-L 界面的传质模式。实际上是 S-L 界面附近的溶质再分配。M. J. Azia 在激光快速熔凝过程中界面生长的微观机制时，提出了有效分配系数的概念。并给出了有效分配系数的表达式：

$$K_e = \frac{\beta + K_0}{1 + \beta} \tag{3-48}$$

其中

$$\beta = \frac{R\lambda}{D}$$

式中 R——S-L 界面的移动速度或凝固速度；

D——溶质在熔体中的扩散系数；

λ——原子层间距或晶面间距；

K_0——平衡分配系数。

由式中可看出：

1）当 $R \to 0$ 时，$K_e = K_0$，即平衡凝固。

2）当 R 极大时，$K_e = 1$，则在凝固过程中溶质原子被完全捕获，无扩散发生，不存在 S-L 界面的溶质原子再分配。

3）当 K_e 在 $K_0 \sim 1$ 之间时，溶质原子在凝固过程中被部分捕获，S-L 界面存在溶质原子的部分再分配。

（3）实际上熔池内的对流物质所产生的熔体的宏观迁移现象，对流运动两个机制：1）表面张力梯度引起的表层强制对流；2）熔池水平温差梯度决定的浮力所引起的自然对流。

3.4 高能束加热的固态相变

3.4.1 固态相变硬化特征

从理论上讲，激光和电子束加热后的冷却速度可达到 10^{14}℃/s 以上。这使许多在常规加热淬火条件下不容易获得马氏体组织的钢铁，在处理后可以获得马氏体组织，从而达到相变硬化的目的。例如，08 号钢的形成马氏体的临界转变速度为 1.2×10^3℃/s；45 号钢的形成马氏体的临界转变速度为 0.8×10^3℃/s；T10 号钢的临界转变速度为 0.7×10^3℃/s，而激光或电子束固态相变的冷却速度一般大于 10^4℃/s，两个相差 1~2 个数量级。由此不难理解为什么高能束加热固态相变改善了钢铁的淬透性。

3.4.1.1 相变特征

在高能束作用下的固态加热相变特征主要包括临界点、亚结构特征和组织不均匀性。

A 相变临界点

α→γ 的实际相变临界点 A_c

$$A_c = t + 910 \tag{3-49}$$

$$A_c = k \cdot \left(\ln \frac{1}{1-\beta}\right)^{4/3} \cdot v^{1/3} + 910 \tag{3-50}$$

式中，k 为平衡系数。

如令 $\beta = 1\%$时所对应的温度为 α→γ 的相变开始发生温度，且 $\beta = 95\%$ 时所对应的温度为 α→γ 的相变终了温度，则其表达式分别为：

$$A_{cs} = 2.169 \times 10^{-3} k v^{\frac{1}{3}} + 910 \tag{3-51}$$

$$A_{cf} = 4.319 k v^{\frac{1}{3}} + 910 \tag{3-52}$$

$$A_{cf} - A_{cs} = 4.317 k v^{\frac{1}{3}} \tag{3-53}$$

式中 A_{cs}——相变开始温度,℃；

A_{cf}——相变终了温度,℃。

对于 k 值可用实验的方法进行测量。根据上面的讨论，可以推导几个重要的结果。

第一，在一定的高能束加热速度范围内，纯铁的加热相变点与能束的加热速度具有正比关系。高能束的加热速度越快，纯铁的加热相变温度越高。其关系为根号下三分之一次方。

第二，随高能束加热速度的增大。由式（3-53）可知，相变终了点与相变开始点的温度差很大，即相变发生的温度区间越宽。这也说明激光或电子束加热固态相变是在一个温度区间内完成的。在高能束加热过程中，珠光体的过热度为：

$$t = \left(\frac{3}{4} D^{-1} k^2 a_0^2\right)^{\frac{1}{3}} . v^{\frac{1}{3}} \tag{3-54}$$

式中 k——由 Fe-C 二元相图决定的参数，$k = 110$℃；

D——扩散系数；

a_0——珠光体的层间距，$a_0^2 = 10/\rho$；

ρ——加热钢中的位错密度。

由此可确定钢的相变临界点（℃）为：

$$T = 727 + t = \left(\frac{3}{4} D^{-1} k^2 a_0^2\right)^{\frac{1}{3}} . v^{\frac{1}{3}} + 727 \tag{3-55}$$

式（3-55）说明了一个重要现象，即钢的相变温度不仅与加热温度有关，而且还与钢在加热前的原始类型有关。原始组织类型的特征参数为层间距 a_0 或位错密度 ρ。

平衡加热条件，钢中发生奥氏体相变时，有下列关系成立：

母相→奥氏体

$$\Delta G_1 = -\Delta G_v + \Delta G_s + \Delta G_e \tag{3-56}$$

若在高能束加热作用下，远离了平衡状态，应考虑固体相变中的热应力。则式（3-

56）修改为：

$$\Delta G_2 = -\Delta G_v + \Delta G_s + \Delta G_e + \Delta G'$$

式中，$\Delta G'$为与热应力有关的能量。

由于铁素体的相对致密度为0.68，奥氏体的相对致密度为0.74，故由$\alpha \rightarrow \gamma$时，必然会发生体积变化。

如果是平衡加热，不存在$\Delta G'$，$\Delta G'=0$。

如果是快速加热，由于$\sigma_{热}$没有后时间松弛，则$\Delta G'>0$，故随$V_{加热}\uparrow$，$\Delta G'\uparrow$，为了使$\alpha \rightarrow \gamma$相变发生，则只能提高实际的$A_{cs}$，以增加$|\Delta G_v|$，从而抵偿$\Delta G'$项，最终使$\Delta G_2<0$，热滞效应的根源也在于此。

B 亚结构特征

高能束固态相变使钢中的位错密度大大增加，其增幅达$10^1 \sim 10^2$数量级。

随功率密度的增加，其位错密度有增多的趋势。

在TEM下观察发现激光相变硬化区的位错组态表现为胞状网络特征和高缠结状。

金属表面在高能束固态相变硬化作用之后，其内部存在较多的变形孪晶。这类孪晶具有细小的特征，属于显微孪晶（microfwins）。

现有研究发现上述亚结构的变化原因在于高能束快速加热过程中心热应力所致。大的温度梯度dT/dx必然导致大的应力梯度$d\sigma/dx$。

C 组织不均匀性

组织的不均匀性有两层含义：

（1）沿能束加热层深度方向上的显微组织分布的不均匀性。

（2）在同一区域内亚显微组织分布的不均匀性。

对亚共析钢，在高能束固态加热相变区域内，存在两种组织状态。在加热区上部，可以得到相对均匀的组织，而其下部则为不均匀的组织。

对于过共析钢，也有类似的现象。但在渗碳体溶解区域，固溶体将被碳饱和，这就导致形成残留奥氏体量。故渗碳体溶解多的地方，其残留奥氏体亦多。反之，则残留奥氏体量少。

钢中的含碳量及其碳化物的分布特征将直接影响高能束快速加热后的组织不均匀性。另一方面，原始组织的晶粒尺寸也直接影响固态相变的均匀性。晶粒粗大的原始组织在激光或电子束加热下不可能得到均匀的淬硬组织。

由此，原始组织晶粒越细小，奥氏体化的时间相对越长，那么高能束固态加热相变组织的晶粒则细小均匀。

3.4.1.2 相变硬化机制

在激光固态相变硬化条件下，其马氏体相变硬化对高硬度的获得起到了决定性作用，其硬化效应占总硬化效应的60%以上。另外40%左右的硬化效果则来源附加强化效果的贡献（位错强化、细晶强化、固溶强化等）。

激光淬火的马氏体相变有别于常规加热淬火马氏体相变，它具有特殊性，其特殊性在于：

（1）它是片状马氏体+板条状马氏体的混合组织。

（2）马氏体晶体细化和亚结构细化。

（3）有比常规加热淬火更高的位错密度。

（4）马氏体高含碳量及固溶合金元素的静畸变强化。

应特别指出的是，激光相变硬化组织的残留奥氏体已通过位错强化和固溶强化机制在一定程度上被强化，这种残留奥氏体已不是一种简单类似常规淬火的残留奥氏体，正因为如此，激光相变硬化组织的硬度才能在整体上得到提高。

高能束固态相变硬化的强化效果可以用硬化带的宏观特征和微观特征来判断。宏观特征主要包括硬化层深度及其硬度等，而其微观特征主要包括相组成、相含量、相结构等。相变硬化效果与扫描速度有关。相变硬化效果与功率密度有关。相变硬化效果还与钢中的碳含量有一定的对应关系。另外，不同的原始组织也对激光相变硬化效果产生不同的影响。

3.4.1.3　高速钢的后续回火

高速钢固态相变硬化之后，应考虑后续回火，以进一步发挥高速钢二次硬化的强化潜力。

在高能束相变硬化条件下，既要使高速钢的表面不熔化，又要使高速钢的加热温度尽可能高，以增加固溶体的合金固溶度，再加上适当的后续回火就可以使高速钢的表面大大强化。

高速钢的回火硬度和红硬性主要取决于其固溶体的合金度。实验表明高能束表面强化可以大大提高钢的合金度，而且随着回火温度升高，高能束强化处理的固溶体的合金度总是高于常规强化处理固溶体的合金度。故高能束相变硬化使高速钢的回火硬度与红硬性的提高就很好理解了。

激光强化使固溶体的合金度提高，则使材料的 M_s 点下降，即奥氏体的稳定性提高，激光强化后的进一步回火处理，不仅有利于残留奥氏体的转变，而且可以通过高速钢的二次硬化效应以充分发挥激光相变硬化的潜力。

3.4.1.4　晶粒细化

（1）高能束快速加热时，钢的过热度很大，奥氏体晶核不仅在 α 与 γ 的相界上形核，而且也可以在 α 的亚晶界上直接形核。据资料介绍，α 的亚晶界处的碳浓度可达 0.2%～0.3%，这种碳浓度的显微区域在 800～840℃以上时可能直接形成奥氏体晶核。故奥氏体形核心率很高。

（2）快速加热和快速冷却，奥氏体化时间极其有限，这样，奥氏体晶体来不及长大或长大的尺寸极其有限。故带来了奥氏体晶体超细化的特点。

（3）尽管高能束固态相变硬化以后，相变区的硬度很高，但该区硬而不脆。这与晶粒超细化有必然联系。故相变硬化不仅能够得到超硬化的效果，而且还能够使材料的韧性得到大大改善。

3.4.2　固态相变组织

3.4.2.1　马氏体组织

在高能束加热相变条件下，钢的过热度极大，造成相变驱动力 $\Delta G^{\alpha\to\gamma}$ 很大，从而使奥氏体形核数剧增。超细晶粒的奥氏体在马氏体相变作用下，必然转变成超细化的马氏体组织。

高能束相变硬化马氏体组织特征：基本上由板条型和孪晶型两类马氏体组成。在孪晶型马氏体中，未发现中脊特征。位错型马氏体的板条排列方向性较差，有少量的变形孪晶；在许多形似片状马氏体的晶体内未发现相变孪晶。

以上特征的原因是：一方面，与奥氏体晶粒的明显细化有关；另一方面，这反映了在高温下的奥氏体区域内出现了极大的碳分布的不均匀性。这使得奥氏体中碳含量相似的微观区域的尺寸减少。相应地，在微观尺度上，各微区域的 M_s 的差异能明显很大。这就造成了对高能束相变硬化马氏体切变量的限制，使马氏体晶体在相当高的约束条件下形成，则最终导致马氏体晶体难以生长。

高能束快速加热和急冷能产生的热应力亦对马氏体晶体的形态有一定的破坏作用。

由于在高能束超快速加热相变条件下，碳原子的扩散路径极其有限，故在高温时形成了碳浓度分布不均匀的，不规律的三维空间形态微区，再加上加热前的原始组织及具体处理工艺规范等因素的制约。因而，马氏体晶体在各个方向上的碳浓度差异较大的情况下，难以形成常规淬火时的形态。同时，其外部形态也会受到一定程度的破坏，这就形成了碎化了的马氏体特征（碎化对形态而言）。

基于上述原因，高能束相变硬化导致了这种特殊形态——细化与碎化的马氏体组织的形成。与此同时，存在大量的板条状马氏体，实际上，这是特殊加热条件下形成的细化和碎化了的混合马氏体或隐晶马氏体。

片状马氏体和板条马氏体混合共存的模型：由于奥氏体中的碳含量分布具有高度不均匀性，则在高能束快速加热过程中导致高碳微区与低碳微区混合共存。在高能束加热作用停止后，高碳微区的奥氏体可能转变成片状马氏体，而低碳微区的奥氏体可能转变成板条马氏体。

发现了一定量的变形孪晶，这在一定程度上可以说明在高能束快速加热淬火条件下，奥氏体内曾发生塑性变形。其变形缺陷通过遗传效应部分遗传给马氏体。此外，碳浓度分布的微观不均匀性使奥氏体转变成马氏体时，在微观区域内，体积变化差较大，从而产生相应的内应力。为了使邻近体积之间相互协调，以适应其变化，马氏体内也会发生一定程度的变形，变形过程则可能产生形变缺陷。

如何理解超快速加热和超快速冷却？这反映在三个特征中：（1）作用区具有晶粒超细化的特征；（2）碳含量分布极不均匀；（3）超快速冷却。1）造成马氏体组织超细化；2）造成板条马氏体和片状马氏体混合共存；3）造成许多在常规淬火条件下不容易获得的马氏体组织，即淬透性较差的钢铁材料，经高能束快速作用之后，获得了淬火马氏体组织。

例如 10 号钢或者 20 号钢，其原因在于高能束固态相变硬化主要是通过快速加热条件下的工件基体的自冷作用所致。由于其淬火冷却速度极高，可以达到 10^4℃/s 以上，且这个冷却速度比常规钢淬火形成马氏体或马氏体的临界转变速度高出 1~2 个数量级，故容易获得马氏体组织。

3.4.2.2 奥氏体组织

为什么说与整体淬火相比，高能束硬化组织中的残留奥氏体量要多得多？因为高能束固态相变硬化施加上是一种快速加热淬火，在奥氏体化高温区域，其奥氏体化的时间极短暂。在这种条件下其原始组织中的碳化物的溶解显然是不充分的。其碳的分布也不均匀。在此情况下，其高温奥氏体中的固溶碳的分布差异较大，则存在大量的碳的过饱和微区。故在相变硬化之后，在硬化组织中将存在大量的残余奥氏体。

在高能束硬化之后，其残余奥氏体的总量相对增大，这实际上正是高温奥氏体中碳分布的高度不均匀性所致。实验结果表明，参与奥氏体大多以不规则的尺寸的“月晕”状形式分布在马氏体晶体之间，似乎残余奥氏体相与马氏体相之间没有清晰的相界面，且残留奥氏体被马氏体晶体分割在大小不等的几何空间内。

相变硬化处理后，相对而言，残余奥氏体的分布较为均匀和分散。从物理冶金学角度看，残奥氏体是一个相对软相，而高能束相变硬化可使钢铁材料的淬火硬度比常规淬火硬度高 20%左右。这两点似乎是自相矛盾的。其实不然，在高能束相变硬化组织中的残余奥氏体是被强化了的残余奥氏体。因为：

(1) 残余奥氏体中存在大量的位错缺陷。

(2) 残留奥氏体内含有过饱和的碳微区，故高能束相变硬化组织中的残余奥氏体是通过位错强化和固溶强化机制在一定程度上被强化。

3.4.2.3 未溶碳化物

在高能束加热的过程中，碳化物的溶解量，原始组织中的碳化物分布特征、碳化物尺寸及其均匀化、能束的能量密度将明显影响这种碳浓度分布的高度微观不均匀性。而这种碳的微观不均匀性将直接影响高能束相变硬化组织中多种组织的相对比例及其协调，因而影响高能束相变硬化的硬化效应。

碳化物的尖角溶解机制：尖角——均匀溶解机制。

3.4.2.4 其他组织

(1) 灰口铸铁：原始组织是 P 基体+片状石墨时，在高能束相变硬化的处理条件下，即 $T_{加热}<T_{铸铁}$，那么在高能束的作用下停止后，铸铁的基体区域将发生马氏体相变。在高能束快速加热时，在其作用区内，尽管从客观上看，高能束的加热温度低于铸铁的熔点，但很可能其实际加热温度略高于铸铁的共晶温度。这就造成了石墨-奥氏体相同区域首先微溶，但在整体上并不能表现出微溶现象。当石墨片的边缘溶解时，其周围的奥氏体的含碳量将大大增高，其结果是在冷却过程中，在原石墨-铁素体相间附近的微区内，其组织转变成了共晶型组织。这便是灰铸铁的激光束或电子束加热相变特征之一。由于未充分溶解的片状渗碳物的隔离和阻碍作用，高温奥氏体及其随后的冷却转变产物只能在极狭窄的渗碳体片间形成，这就导致了极细马氏体组织的形成。这便是灰铸铁的另一个高能束加热相变特征。

(2) 对球墨铸铁，当其原始组织为珠光体基体+球状石墨时，在高能束相变硬化处理下，其珠光体区域的转变特征类似于灰铸铁的情况，在此不做赘述。而在球状石墨与原珠光体交界区域的相变特征却不同于灰铸铁的情况。在高能束加热作用下，在球状石墨周围形成了一圈 10~30μm 的马氏体环带。研究表明，马氏体环带的宽度与高能束加热的工艺条件密切相关，它受控于高能束的能量密度，其一般规律是：高能束的能量密度越高，马氏体环带宽度越大，另一方面，马氏体的带宽度还与石墨球的大小有关。石墨球越大，则马氏体环带宽度越小，反之亦然。一旦小石墨球发生全部溶解现象，则该区域将成为近似球状的马氏体团组织。

3.4.2.5 组织遗传性

对非平衡原始组织的钢在常规加热条件下组织遗传的大量研究表明：粗大的原始组织晶粒的恢复是由于非平衡组织在奥氏体化初期，即 $A_{c1}\sim A_{c3}$ 的低温区内，以有序方式形成针对针状奥氏体 γ_2，并合并长大，出现组织遗传，在另一方面，在非平衡组织加热转变中，由于加热条件不同也可形成球状奥氏体 γ_g。γ_g 一般形成于 $A_{c1}\sim A_{c3}$ 的变温区。它的形成长大可使奥氏体晶粒细化，从而削弱组织遗传性。在高能束快速固态加热过程中，是否出现组织遗传现象的关键取决于初始形成的奥氏体形态特征。

对激光快速加热条件下的42CrMo 钢和30CrMnSi 钢的组织遗传性的研究表明：在高能束快速加热过程中，奥氏体可以有序形核、机制形核和生长，对原始组织为淬火态和回火态而言，有序 γ 以无扩散逆转变方式呈针状 γ_α 形核。与已有的工作不同之处在于其形核温度比无序扩散的 γ_g 高。增加 α'相分析（回火）程度，降低加热速度，有利于 γ_g 的形核与长大，即出现组织遗传。

3.5 高能束加热的熔体及凝固

3.5.1 熔体特性

3.5.1.1 熔体的流动特征

C. Chan 和 J. mazumder 均认为在激光作用下的金属熔体的流动特征主要受熔池表面的张力控制。其理论依据是激光作用下熔池内的温度梯度高达 $10^4\sim10^6$K/cm 。

由于高能束加热作用下的液态相变是以金属熔体作为物质对象而进行的。熔体的流动特征将直接影响随后的液态相变特征。故而研究高能束作用下的熔体流动特征是一个更好地理解和掌握液态相变凝固组织的形成规律的基础，也是深刻了解表面合金化和表面涂覆行为及其结果的基础。作用在金属熔池内流体单元上的力有多种形式。这主要包括体积力和表面力两大类。体积力主要由熔池内的温度差 ΔT 和浓度差 ΔC 所引起的浮力所致。表面力则由熔池内的温度差 ΔT 和浓度差 ΔC 所引起的表面张力所致。

在高能束处理过程中，设 Y 轴的熔池深度方向，Z 轴为束斑运动方向，坐标系的原点位于束斑中心。

在给定的系统中，表面张力受熔池表面的温度变化及溶质浓度变化的影响，即：

$$\sigma = \sigma_0 + \frac{\partial \delta}{\partial T}\Delta T + \frac{\partial \sigma}{\partial C}\Delta C \tag{3-57}$$

而
$$\Delta\sigma = \sigma - \sigma_0,\ \gamma = \sqrt{x^2 + z^2}$$

式中，r 为半径。

所以：
$$\frac{\Delta\sigma}{\Delta\gamma} = \frac{\partial\sigma}{\partial T}\cdot\frac{\mathrm{d}T}{\mathrm{d}r} + \frac{\partial\sigma}{\partial c}\cdot\frac{\mathrm{d}c}{\mathrm{d}r} \tag{3-58}$$

显然，当高能束作用下熔池表面存在$\frac{\mathrm{d}T}{\mathrm{d}r}$或$\frac{\mathrm{d}c}{\mathrm{d}r}$时，势必产生一个表面张力梯度 $\Delta\sigma/\Delta r$，

由此引起熔体的对流驱动力 f_σ。

$$f_{\Delta\sigma/\Delta\gamma} = \left(\frac{\partial\sigma}{\partial T}\Delta T + \frac{\partial\sigma}{\partial C}\partial C\right) \cdot \delta(y) \cdot H(d-r) \tag{3-59}$$

式中 $\delta(y)$ ——delta 函数；

$H(d-r)$ ——Heaviside 函数。

$\delta(y)$，$H(d-r)$ 表明，表面驱动力仅存在于熔池表面，它是一个表面力。这是一个十分重要的物理概念。d 是给定系统的熔池的直径，它由工艺参数和材质决定。而 r 是一个变量。

在重力场作用下，当高能束辐射的金属熔池内存在温度差和浓度差时，将由浮力作用引起熔体流动从而形成驱使熔体流动的驱动力 f_b。

$$f_b = -(\rho \cdot \beta_T \cdot \Delta T + \rho \cdot \beta_c \cdot \Delta C) \cdot \boldsymbol{g} \tag{3-60}$$

负号表示浮力后与重力 $\boldsymbol{g}$ 反向，f_b 是一个体积力，它存在于熔池的内部。

一般，由于在 Y 方向上存在上高下低的温度分布特性，在重力作用下，其密度分布则是上小下大，即正楔形分布状态，这明显是一种稳定的热力学状态，这不可能形成自然对流。但在 X 方向上仍然存在很陡的 $\frac{\mathrm{d}T}{\mathrm{d}x}$，这在微观上可以抽象的传热学中垂直冷热板之间的自然对流模型。熔池的水平温差所导致的重力分布是一斜楔形分布，如图 3-3 所示。

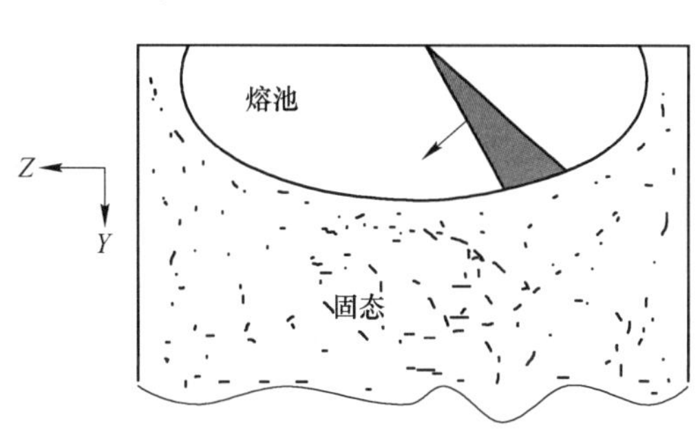

图 3-3 由于温度变化所导致的斜楔形密度分布特征

即所引起的浮力使传热端熔体向上运动（与 $\boldsymbol{g}$ 反向），而冷端熔体相下运动（与 $\boldsymbol{g}$ 同向）。这就构成了一个自然对流。通过自然对流，使熔池下部区域的熔体向其上部区域及表面流动。

综上所述，金属熔池流动特性来自两种不同的机制，一是由表面张力梯度引起的表面强制对流机制。二是由熔池的水平温差梯度决定的浮力所引起的自然对流机制。

为了衡量表面张力与浮力作用，即表面力与体积力对熔体流动的相对贡献的大小，基于流体力学，定义无因次量纲参数 Bond 数为：

$$\beta = \frac{\frac{\partial\sigma}{\partial T} \cdot \Delta T + \frac{\partial\sigma}{\partial C} \cdot \Delta C}{(\beta_T \cdot \Delta T + \beta_C \cdot \Delta C) \cdot \rho \cdot g^2 \cdot R^2} = \text{表面功 / 体积} \tag{3-61}$$

另外，熔池半径对 Bond 数的影响很大。

（1）当 B≫1 时，表面力>体积力作用；

（2）当 B>1 时，两者的作用几乎是相当的。

利用熔体的传热方程、运动方程及其连续方程可以接出熔池的熔体流速。影响金属熔体对流的因素可以分为两个大类：一类是工艺性的，例如 p、v、d，束斑能量分布的均匀性能，另一类是材质性的，例如合金组分、浓度、黏度、密度、热物性参数等。由于它们的变化，也影响了熔池中的传热和传质机制、过程及其行为，进而影响到熔池中的熔体对流。

3.5.1.2 熔池表面特征

由于熔体回流，使束斑后沿的熔池区域不断的凝固。其凝固特征不再为火山口状。其熔池表面的凝固特征主要取决于熔池内的回流状态，即取决于材料的热物性、表面张力、润湿特性和高能束加热工艺参数的综合作用。

大量的实验结果表明：对于纯金属单元系统，在高能束辐射作用下，其熔池表面的凝固特征多为火山口状。在合金化或熔覆过程中，由于表面涂层或表面合金的表面张力变化或润湿特性的差异，其熔池表面的凝固特性可能成为凸出状或平面状。

实验表明：在适当的高能束加热条件下，如采用自熔性合金粉末，其合金表面多半是平滑的。当扫描速度过快或能束束斑的能量分布明显不均匀时，其表面特征多为泪珠状。

3.5.2 凝固特征

高能束作用下的凝固与金属焊接的凝固有类似之处，它们均表现为动态凝固过程。但是，它们是有区别的：

（1）能量密度，加热冷却速度的差异。

（2）熔池内的熔体对流方向及流动强度是不同的。故此能对应的凝固特征是有差别的。

3.5.2.1 动态凝固

由于高能束的扫描对于凝固组织有重要影响，在此讨论一下动态凝固过程中的几个重要工艺参数：P、v、工件的导热系数 K、工件厚度 t。

$$\frac{\partial^2 T}{\partial x^2} + \frac{\partial^2 T}{\partial y^2} + \frac{\partial^2 T}{\partial z^2} = 2K \frac{\partial T}{\partial (Z - vt)} \tag{3-62}$$

$$\lambda \propto \frac{P}{kvt}$$

式中，λ 为熔池表面的恒温线间的距离。

3.5.2.2 凝固规律

A 熔池中晶核的形成

因为在熔池边缘区域有现成的固相界面的存在，是非均匀形核的极好位置，且又因为非均匀形核所需要的形核功比均匀形核的低，故均匀形核不大可能存在和发生。

非均匀形核对高能束所用下的金属熔池的凝固起重要的作用。

在宏观上，熔池边缘 S-L 界面的交界处为平滑曲线。实际上，这条熔化线是凹凸不平的曲线。高能束作用下的动态凝固过程对应着陡斜的温度梯度。因此，其半熔化区尺寸极小。

关于半熔化区的概念，它在动态凝固过程中是新晶粒生长的现存核心，这是半熔化区的重要特征之一。实际上，金属的实际熔点温度的微观起伏变化对应着熔化线的凹凸不平的不均匀的起伏。

研究表明：这种晶体生长的主干方向为<100>，它沿平行于熔体的最大导热方向，即固-液界面的法线方向生长。

B 熔池中晶核的长大

晶核长大的实质是金属原子从液相中向晶核表面的堆积过程。晶核长大趋势决定于基材晶粒的优先成长方向和熔池的散热方向之间的关系。基材晶粒的优先成长方向是由基体金属的晶格类型所决定的，是基材本身的固有属性。对于立方点阵晶系的金属来说，优先成长方向是<100>晶向族，这是因为在这组晶向原子排列最少，且原子间隙大，因而晶核易于长大。

垂直于熔池边界方向上的 $\dfrac{\partial T}{\partial x}$ 最大，故而散热最快。晶粒的散热条件越好，则生长条件越有利。

当晶粒优先成长方向与最大散热方向一致时，则最有利于晶粒的生长。如许多胞状晶就在这种条件下长大。熔池的最大散热方向必然垂直于结晶等温面，因此晶粒的生长方向也应垂直于结晶等温面。但是，由于金属熔池随高能束的移动扫描而前进。因此其最大的散热方向是在已生长晶粒之前处不断改变方向。由于散热方向的改变，则影响了凝固组织上的特征。

$$v_c = v_b \cdot \cos\theta$$

式中　v_c——晶粒生长的平均线速度，mm/s；

v_b——高能束的扫描速度，mm/s；

θ——晶粒生长方向与扫描方向间的夹角。

可见，从理论上讲，在熔池底部的晶粒生长速度最小，几乎为零；而在熔池表面中心线附近，晶粒生长速度相对最大。当然具体的晶粒生长速度 v_c 受控于熔池的形状及其尺寸，换句话讲，受控于具体的高能束作用工艺特征。

C　熔池结晶的形态

在不同的高能束作用条件下，熔池结晶的形态是各不相同的，如平面晶、胞状晶、胞状树枝晶或者树枝等。

不同的结晶形态是由于熔池内液相成分的微观不均匀性造成的，结晶形态取决于结晶前沿的形态。而熔池结晶前沿又受其内液相成分和结晶参数的影响。熔池凝固时控制晶粒生长形态的因素见图 3-4，G/R 参数随熔池深度的变化规律见图 3-5。

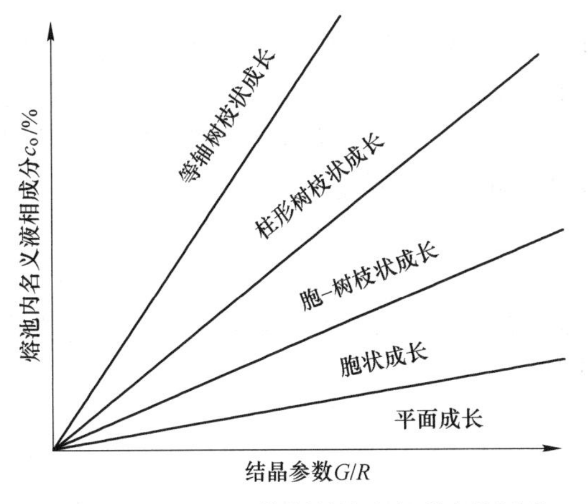

图 3-4　熔池凝固时控制晶粒生长形态的因素

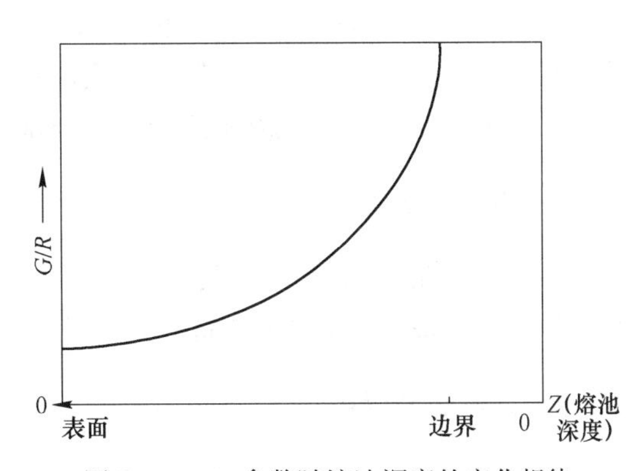

图 3-5　G/R 参数随熔池深度的变化规律

总之，金属熔池的结晶形态主要取决于三个因素：

(1) 熔池的液态金属成分；

（2）结晶参数；

（3）熔池的几何特征（形状与尺寸）。

3.5.3　凝固组织

熔池的几何形状由能束功率、扫描速度、束斑尺寸、材料的热物性参数等因素控制。扫描速度对熔池具有显著的影响。

（1）熔池的边缘区域束斑尺寸。在不同的功率、扫描速度、束斑尺寸和化学成分的条件，其凝固组织特征可以是平面晶、胞状枝晶、枝晶或共晶型枝晶。

（2）熔池的中央区域。它是在其边缘区域的凝固的基础上进行的，其组织类型具有复合型的特点，往往不是某种单一的凝固形态，并且在这一区域不存在平面晶形态。

在表面合金化区，其胞状树枝晶和树枝晶具有鲜明的晶体学特征。其特征是在一次晶的主干上，有若干短小的，尺寸几乎相当的二次枝晶。统计测量表明，这是一种超细化的精细枝晶。

进一步的研究发现在激光合金化区域，其结晶凝固组织的晶体主干方向并不完全平行其熔体的最大散热方向。在某种条件下，其晶体的取向较紊乱，这似乎表明在表面合金化的中央区域，其晶体的生长取向受到熔体流动的干扰。

大量的实验结果表明：在合金熔池的中央区域内，在同一微观区域，其结晶过程并不完全都是在同一时刻内完成的。例如在某一视场内有粗大的枝晶，细的共晶和更细小的共晶。显然从时间的顺序来看，首先是形成了大的枝晶，然后细的共晶，使这些凝固组织长大以后，仍有未凝固的液态金属残留。它们在已凝固的枝晶间，形成了尺寸更细小的共晶组织。这一现象意味着表面合金化的合金熔池的凝固过程及其凝固行为较复杂。一方面受控于合金熔池中的对流运动所导致的合金熔池的成分均匀性，另一方面受控于熔池的几何特征和动态特征所决定的具体冷却条件。

诸晶体在生长过程中相互竞争但又相互协调，其竞争的动力来自晶体生长动力学的各向异性。

尽管激光合金化时，合金熔池内大于 10^4 K/s 过热，但由于熔池的冷却速度，仅需 10^{-3} ~ 10^{-2} s 就可将熔池边界区域的熔体冷至相面温度以下，使其固-液界面前沿的局部熔体实际上处于过冷状态。且在同一基质晶粒上将有众多形核的有利位置，可使凝固组织超细化。研究表明：合金化凝固组织尺寸与基体原始组织的尺寸无关。

3.5.4　重熔凝固组织

一般熔化条件的凝固组织，从里到表，其结果组织的变化顺序为胞状晶组织→胞状枝晶组织或胞状晶组织+胞状枝晶组织→树枝晶组织。

3.5.5　自由表面组织

熔池表面的凝固组织有两种方式可以形成。第一种是由熔池横截面结晶组织一直向上生长。直到自由表面为止。第二种是熔池自由表面的液体自己形核和核长大。生长的晶核沿着自由表面，并以垂直熔池深度的方向生长。

由于熔池的表面是熔体的最后凝固区域，在这个区域内，上述两种方式的凝固是共存的，因而两种晶体生长相互竞争，以占据最后的液相空间。

目前对自由表面的凝固过程研究不多。但自由表面将影响最终的高能束热处理的表观质量。

复 习 题

3-1 简述激光与金属材料交互作用的物理过程。

3-2 材料对激光的吸收与哪些因素有关?

3-3 试证明激光入射到距材料表面为 x 的激光强度 I 为：$I=I_0e^{-\alpha x}$。

3-4 简述激光固态相变组织特征及其强化机理。

3-5 简述是什么原因导致激光合金化或激光熔覆时金属熔体的对流。

3-6 请结合熔池内名义液相成分与结晶参数的相互关系，阐述熔体凝固结晶的组织形态演化规律。

激光相变硬化（激光淬火）

激光相变硬化是快速表面局部淬火工艺的一种高新技术。这种方法主要应用于强化零件的表面，可以提高金属材料及零件的表面硬度、耐磨性、耐蚀性以及强度和高温性能；同时可使零件心部仍保持较好的韧性，使零件的力学性能具有耐磨性好、冲击韧性高、疲劳强度高的特点。例如细长的钢管内壁表面硬化、成型精密刀具刃部高硬化、模具合缝线强化、缸体和缸套内壁表面硬化等等，而且激光加工是五坐标运动，可以实现对一些盲孔、曲面等部位的加工。这些例子都说明激光热处理可以解决某些其他热处理方法难以实现的技术目标。

4.1 激光相变硬化（激光淬火）原理

激光相变硬化是以高能量（$10^4 \sim 10^5 W/cm^2$）的激光束快速扫描工件，使被照射的金属或合金表面温度以极快的速度升到高于相变点而低于熔化温度（升温速度可达 $10^5 \sim 10^6$℃/s）。当激光束离开被照射部位时，由于热传导的作用，处于冷态的基体使其迅速冷却而进行自冷淬火（冷却速度可达 10^5℃/s），进而实现工件的表面相变硬化。这一过程是在快速加热和快速冷却下完成的。所以得到的硬化层组织较细，硬度亦高于常规淬火的硬度。

激光相变硬化有以下优点：

（1）极快的加热速度（$10^4 \sim 10^6$℃/s）和冷却速度（$10^6 \sim 10^8$℃/s），这比感应加热的工艺周期短，通常只需 0.1s 即可完成淬火，因而生产效率高。

（2）仅对工件局部表面进行激光淬火，且硬化层可精确控制，因而它是精密的节能热处理技术。

（3）激光淬火后，工件变形小，几乎无氧化脱碳现象，表面光洁度高，故可成为工件加工的最后工序。

（4）激光淬火的硬度比常规淬火提高 15%~20%。铸铁激光淬火后，其耐磨性可提高 3~4 倍。

（5）可实现自冷淬火，不需水或油等淬火介质，避免了环境污染。

（6）对工件的许多特殊部位，例如槽壁、槽底、小孔、盲孔、深孔以及腔筒内壁等，只要能将激光照射到位，均可实现激光淬火。

（7）工艺过程易实现电脑控制的生产自动化。

4.2 激光相变硬化工艺

在激光相变硬化过程中，影响激光硬化效果的因素很多，大体可分为三大类：

（1）激光器件的影响；（2）基本材料状态的影响；（3）硬化过程工艺参数的影响。本节主要介绍激光器输出功率、光斑尺寸和扫描速度的影响，以及相应的扫描花样和硬化面积比例的影响。

4.2.1 激光相变硬化工艺参数及相互关系

激光相变硬化工艺参数主要指输出功率 P、扫描速度 v 和作用在材料表面上光斑尺寸的大小。从激光硬化层深度与三个主要参数的关系可以看出各参数的作用：

$$\text{激光硬化层深度}(H) \propto \frac{\text{激光功率 } P}{\text{光斑尺寸 } D\text{，扫描速度 } v} \tag{4-1}$$

由（4-1）可以看出，激光硬化层深度正比于激光功率，反比于光斑尺寸和扫描速度。三者可以互相补偿，经适当的选择和调整可获得相近的硬化效果。

在制定激光硬化工艺参数时，必须首先确定三个参数，即激光功率、光斑尺寸和扫描速度。

（1）激光功率 P。在激光相变硬化过程中，在其他条件一定时，激光功率越大，所获得的硬化层就越深。或者在一定要求硬度的情况下可获得面积较大的硬化层。同时，对于在相同激光功率条件下，光束的模式和激光功率的稳定性都对激光硬化产生影响。光强呈高斯模分布时，光斑中心能量密度高于光斑边缘，不利于均匀硬化。故对激光硬化来说，一般选用多模输出的激光器，或对光斑模式进行处理，使能量分布均匀。

（2）光斑大小。它可以靠调整离焦量而获得，故也有在工作中以离焦量作为工艺参数的。在相同光斑尺寸的情况下，工件表面处于焦点内侧或焦点外侧对硬化质量也有些影响，也要有所考虑。但通常都采用焦点外侧。光斑尺寸的大小直接影响硬化层的带宽。同时，在相同激光功率和扫描速度下，光斑尺寸越大，功率密度越低，硬化层就越浅。反之，光斑尺寸越小，功率密度越高，硬化层就越深。

（3）扫描速度。它直接反映激光束在材料表面上的作用时间，在功率密度一定和其他条件相同时，扫描速度越低，激光在材料表面上作用时间就越长，温度就越高，材料表面就易熔化，硬化层深就越大。反之，扫描速度越快，硬化层就越薄。

除了上述三个基本参数外，硬化带的扫描花样（图形）和硬化面积比例，以及硬化面积比例，以及硬化带的宽窄均对零件激光硬化后的效果有一定影响。

激光硬化条纹的扫描花样通常有几种形式：直条形、螺旋形、正弦波形、交叉网格形、圆环形。

硬化面积比例和硬化带的宽窄也是由零件使用情况确定的，一般选择硬化面积为20%~40%便可满足使用要求。当然不能一概而论，要视具体情况而定。

4.2.2 激光相变硬化工艺参数的选择和确定

激光硬化工艺参数确定时，首先要分析被加工工件的材料特性、使用条件、服役工况，以便明确技术条件、产品质量要求，从而决定硬化工艺种类和硬化层的硬度、深度、宽度，并由此考虑选用宽带或窄带以及激光扫描的图形和位置等。其次，根据工件的形状、特点，参考已做过的试验，预定工艺参数、范围，再以激光功率、扫描速度和离焦量三个参数以正交实验法设计出三个因子、三个水平的实验方案。根据试验结果进行对比，选择符合产品质量要求的最佳工艺、通过验证后再行确定。

在确定工艺参数时，不应忽略表面预处理和保护气体的影响，同时要考虑工艺的可操作性、生产效率及成本核算和经济效益的大小。

4.3　表面预处理对硬化效果的影响

如前所述，金属材料表面对激光辐射能量的吸收能力与激光的波长、材料的温度和性质以及材料表面状态密切相关。激光波长越短，材料的吸光能力越高。随着温度的升高，材料的吸光能力也增加。导电性好的金属材料对激光的吸收能力都差。

一般情况下，需硬化的材料表面都经过机械加工，表面粗糙度很小，其反射率可达80%~90%，使大部分激光能量被反射掉。为了提高材料表面对激光的吸收率，在相变硬化前要对表面进行预处理，即在表面涂上一层对激光有很高吸收能力的涂料。对这层涂料一般有下列要求：（1）有很高的吸光率；（2）涂层与基材的结合力很强；（3）涂覆工艺简便，涂层要薄；（4）涂层要有良好的热传导性能和耐热性能；（5）有良好的防锈作用，处理后容易清洗去除或不需要清洗就能装配使用；（6）涂层材料来源方便，价格便宜；（7）易于存放，无毒、无害。

4.3.1　工件表面预处理方法

预处理方法主要包括磷化法、提高表面粗糙度法、氧化法、喷（刷）涂料法、镀膜法等。

4.3.1.1　磷化法

磷化处理是很多机械零件加工的最后一道工序，可用作激光淬火前的表面预处理。磷化处理工艺过程如表4-1所示。

表4-1　磷化处理工艺过程

工序号	工序名称	溶液组成		工艺条件		备注
		组　成	含量/g·L^{-1}	温度/℃	时间/s	
1	化学除法	Na_3PO_4	50~70	80~90	3~5	除油槽蛇形管蒸汽加热
		Na_2CO_3	25~30			
		NaOH	20~25			
		$NaSiO_3$	4~6			
		水	余量			
2	清洗	清水		室温	2	冷水槽
3	酸洗除锈	硫酸或盐酸加水稀释浓度为15%~20%		室温	2~3	酸洗槽
4	清洗	清水		室温或30~40	2~3	清水槽
5	中和处理	Na_2CO_3 肥皂 水	10~20 5~10 余量	50~60	2~3	中和槽

续表 4-1

工序号	工序名称	溶液组成		工艺条件		备注
		组　成	含量/g·L^{-1}	温度/℃	时间/s	
6	清洗	清水		室温	2	清水槽
7	磷化处理	磷酸（浓度 80%~85%） $MnCO_3$ $Zn(NO_3)_2$ 水	2.5~3.5mL/L 0.8~0.9 36~40 余量	60~70	5	磷化槽蛇形管蒸汽加热

磷化法预处理由于不环保，污染车间环境，近年来用得越来越少。取而代之的是环境友好的吸光涂料。

4.3.1.2　喷（刷）涂料法

涂料由骨料、黏合剂、稀释剂和附加剂组成，并通常以骨料的名称作为涂料的名称。常用的涂料骨料有石墨、炭黑、活性炭、磷酸锰、磷酸锌、刚玉粉、SiO_2 粉、磷酸锰铁、Al_2O_3 粉、Fe_2S_3 和一些金属氧化物等。

笔者研制了一种激光相变硬化专用涂料，该涂料具有吸光率高；与金属基体结合力很强；无毒、无刺激性气味；涂料颜色为灰色；性价比好；刷涂和去除均很方便等特点。该种涂料已获得了国家发明专利，专利名称为：激光热处理用吸光涂料及其制作方法；专利号：03135206.5。

这种高吸光率涂料已稳定地运用于生产中，现已在全国推广使用，并产生了较好的经济效益和社会效益。

4.3.2　对硬化效果的影响

激光淬火前的表面预处理对激光硬化效果有着显著的影响，一般要求表面涂层均匀、薄厚控制适当。对同一种材料的零件，不同的涂层材料其效果不同；对于同一种涂料，不同的金属材料激光硬化的效果也不同。涂层的吸光率直接影响激光硬化的工艺，三者如功率密度、扫描速度等。

4.4　原始组织对硬化后的组织性能的影响

原始组织的不同直接影响着激光硬化后材料所获得的硬度、硬化层深和组织的均匀性。

晶粒粗大的原始组织不能获得均匀的激光硬化层。由于晶粒粗大，在激光的急热、急冷条件下不可能实现奥氏体的均匀化。在未经预先热处理的组织中，原珠光体的区域容易变为奥氏体，但由于碳原子来不及扩散，致使该处奥氏体中的碳含量较高，冷却后转变为高碳 M 氏体。同时因激光加热时间短，原铁素体区域相转变时间也太短，只有靠近珠光体的一小部分铁素体转变为奥氏体，而其余大部分被残留下来未发生转变，冷却后形成低碳马氏体和残留奥氏体。微细粒状碳化物较易转变为均匀的奥氏体，片状珠光体则较难转变，但又比粗大粒状碳化物转变得快些，越是粗粒状碳化物，转变为奥氏体所需温度越高，所需时间也越长，因而会直接影响硬化层的硬度和深度，并且组织也不均匀。

总之，原始组织晶粒越细小、奥氏体的速度越快，在激光快速加热、快速冷却的条件下，激光硬化层的组织才能细小均匀，并且硬度分布也均匀。为了达到这一目的，通常是将金属材料进行一次预先热处理，预先热处理则是根据材料的种类、成分、用途和要求而进行退火、正火、调质或淬回火。

一般来说，在相同的激光硬化工艺参数下，以原始组织为淬火态，具有最大的硬化层深度，其硬度也较高；退火态层深最浅，其硬度也低，如图 4-1 和图 4-2 所示。

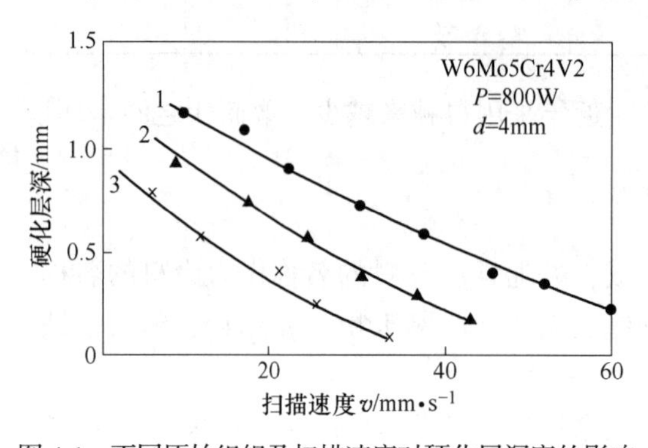

图 4-1　不同原始组织及扫描速度对硬化层深度的影响
1—淬火态；2—淬、回火态；3—退火态

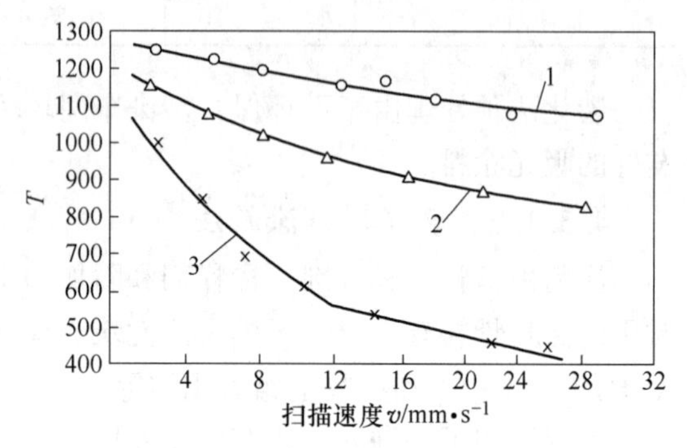

图 4-2　W18Cr4V 原始组织与后续处理对硬度的影响
1—常规淬、回火+激光淬火+回火；2—常规淬、回火+激光淬火；3—退火+激光淬火

硬化层深度取决于激光硬化工艺参数和材料本身的特性，如激光输出功率、扫描速度、材料的临界相变温度、热扩散性和导热性等。在同种材料和相同的激光硬化工艺参数下，可以认为材料的硬化深度主要依赖于材料的临界硬化温度，故材料原始组织的形核能力就决定了临界硬化温度。也就决定了最终硬化层深。显然，原始组织越细小，弥散成分越均匀，缺陷密度越高，奥氏体的形核和长大都更快、更容易，从而使材料的临界硬化温度降低，也必然导致激光硬化层深度增加。

原始组织为淬火态的组织中，马氏体量、碳含量和合金元素含量都高，并且碳化物颗粒细小、弥散，同时具有较多的位错等。而退火态原始组织中组织较为粗大，碳化物颗粒也较粗大，因此，在同一激光硬化工艺条件下，两者溶入奥氏体中的碳含量和合金元素含量不同，致使硬化效果大不相同。尤其是在快速扫描条件下，这种情况更为明显（见图 4-2）。下面分别讨论淬火态和调质态组织激光淬火情况。

（1）淬火态组织激光快速加热时，加热温度达到临界点以上，残余奥氏体核在残余的板条马氏体条界形成，然后长成针状奥氏体。在继续转变过程中，这些相同位相的针状奥氏体长大到相接触时即合并，进而得到恢复的奥氏体晶粒。快速冷却后即得到硬度很高的完全硬化区，这个区域的组织仍为隐晶马氏体。随着温度梯度的变化，马氏体量减少，靠近基体组织处出现一回火软化区，硬度低于基体原始组织。由于激光加热速度极快，新的奥氏体晶粒形成时不仅有冷却后的相变硬化效应，同时还继续原始组织的缺陷，故原始组织为淬火马氏体时，激光硬化后可进一步提高硬度。这一超高的硬度的获得是马氏体相变硬化、碳化物弥散强化、细晶强化和继承原始大量缺陷的综合效果。

（2）调质态原始组织激光淬火时，由于高温回火消除了板条间的残余奥氏体，粗大奥氏体的遗传现象已被切断，则硬化区为等轴细晶组织。热影响区由于基体已进行高温回火，所以不会发生新的回火相变。

（3）原始组织不同，激光淬火后硬化层中的残余奥氏体量也有所差别。原始组织为淬火态时具有最高的残余奥氏体量，为29.6%；原始组织为淬回火态时，残余奥氏体量为23%；原始组织为退火态时，残余奥氏体量最低，为13.2%；如图4-3所示。淬火态和调质态原始组织在激光加热时形成了含碳量更高、缺陷密度更高的奥氏体，从而导致激光淬火后残余奥氏体量的增加。

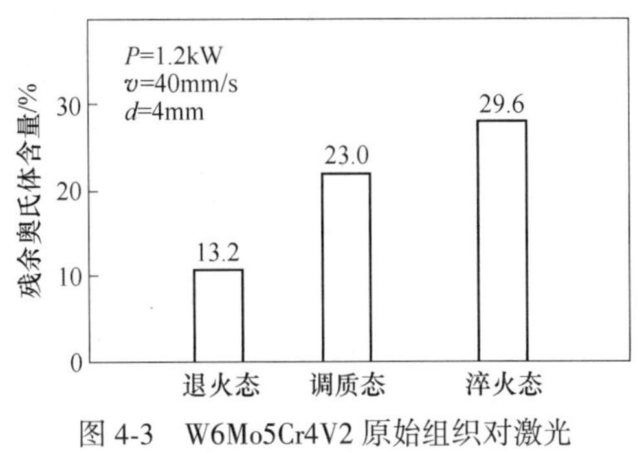

图4-3　W6Mo5Cr4V2原始组织对激光硬化层中残余奥氏体含量的影响

4.5　常用金属材料激光相变硬化后的组织和性能

（1）35号钢及35CrMnSi钢激光硬化区组织。激光硬化工艺参数为：$P=1.8\text{kW}$，离焦量55mm，扫描速度20mm/s。两种材料的激光硬化区按奥氏体转变产物的不同，可分为三个区域。第一层为马氏体和少量残余奥氏体。第二层为过渡区的马氏体、贝氏体和铁素体的混合组织。第三层是基体组织，由铁素体和珠光体组成。

（2）45号钢激光硬化区组织。45号钢是最适宜选用激光硬化工艺的材料之一，随着激光硬化工艺艺参数的变化，该钢种可以获得不同的表面硬度及层深，其显微组织大致可以分为三种：

1）表面熔凝硬化层，组织为树枝晶，硬度为663~714HV。

2）激光相变硬化层，组织为隐晶马氏体（亚结构位错型板条马氏体和孪晶马氏体的混合组织的混合结构，这一层显微硬度可达800HV以上。

3）过渡区，是由混合马氏体、屈氏体和部分未熔铁素体组成；受温度梯度影响，各种组成相的数量逐渐变化，显微硬度也随之由高到低，向基体硬度过渡，在显微组织中有组织遗传性，保持珠光体的形态。

4）基体，是由珠光体和铁素体组成。

（3）42CrMo钢激光硬度化区域组织。材料为低温回火原始态的42CrMo钢在工艺参数为$P=1.2\text{kW}$，$d=3.5\text{mm}$，$v=55\text{mm/s}$条件下，激光相变硬化后的显微硬度分别为：

1）硬化区组织为微细隐针马氏体，马氏体成分均匀，位错密度高，硬度高达1100HV。

2）过渡区位于硬化区和基体之间，组织为少量马氏体、回火索氏体和珠光体，硬度为350~650HV，随层深增加逐渐降低。

（4）T10工具钢激光硬化区组织。材料是经球化退火的T10工具钢，激光硬化工艺参数为$P=1.5\text{kW}$，$d=5\text{mm}$，$v=30\text{mm/s}$。硬化区分为三层：

1）熔凝硬化区；

2）相变硬化区；

3）热影响区（过渡区）。

熔凝硬化区是枝晶组织，在冷却过程中大部分奥氏体转变为针状马氏体，室温组织由针状马氏体和大量残余奥氏体组成，大部分针状马氏体都限制在晶界内。

相变硬化区是固态相变产物，由针状马氏体和残余奥氏体组成，马氏体为孪晶马氏体，被大量残余奥氏体包围，硬度为 800HV。如经液氮处理后，相变硬化区的硬化区的硬度略有升高，可达 900HV。

（5）GCr15 钢激光硬化处理。GCr15 钢是一种具有良好力学性能的合金材料，广泛用于轴承、模具、量具等行业。GCr15 钢的激光硬化组织也分为熔凝硬化区、相变硬化区和过渡区。在 $P=2.5\text{kW}$，$v=20\text{mm/s}$，光斑尺寸 $d=(14.5\times1.5)\text{mm}$ 时，原始组织为淬火加低温回火组织的激光熔化区组织是胞状组织。由于成分过冷极小，导致出现不规则的胞状组织。在熔凝组织中存在一定数量的马氏体，其中有较多的板条马氏体，还存在大量的残余奥氏体和分布在残余奥氏体基体的弥散析出的碳化物。大量超细化的多种形态的弥散碳化物是在急冷过程中从奥氏体内析出的，不同于相变硬化组织中的未熔碳化物。碳化物的尺寸也非常细小，要比原始组织中的碳化物尺寸小两个数量级左右。同时，熔凝组织中还存在大量位错和孪晶缺陷。

激光相变硬化区组织为隐针马氏体、残余奥氏体和未熔碳化物，也存在位错和孪晶。硬化值可达 1000HV 以上。

过渡区组织为回火马氏体、回火屈氏体、回火索氏体和碳化物。对于原始组织为淬火态的过渡区内有一个回火区。受温度梯度的影响，过渡区的组织和硬度随层深的不同而变化。回火区内的硬度值低于原始组织硬度。

（6）W18Cr4V 高速钢激光硬化的组织。工业上常用的 W18Cr4V 高速钢激光硬化前经过 1260℃加热淬火，560℃三次回火的常规热处理。其激光熔凝硬化的工艺参数为激光功率 $1.8\times10^4\text{W/cm}^2$，扫描速度 12mm/s。

W18Cr4V 钢激光熔凝硬化层的显微组织为极细的树枝晶，部分枝晶主杆中心保留有块状 δ 铁素体。一次枝晶平行于表面择优生长；二次枝晶间距细小，约 1.5～2.0μm。枝晶内为孪晶马氏体和少量位错马氏体。枝晶间有碳化物析出。这种碳化物为 M_6C，碳化物附近为合金元素 W、V 和 Cr 富集的残余奥氏体。激光熔凝层的显微硬度约为 900HV。

钢的激光相变硬化工艺参数为：$P=1.5\text{kW}$，$v=6.5\text{mm/s}$，光斑直径 $d=5\text{mm}$，其原始处理为 1280℃油淬 560℃三次回火。相变硬化区的显微组织为马氏体、残余奥氏体和碳化物。在激光相变快速加热条件下，原始组织中不规则的碳化物发生溶解现象，使碳化物颗粒得到了明显细化。细化程度随激光硬化工艺参数的不同而变化。在过渡区中，靠近表层一侧的加热温度低，冷却速度较慢，奥氏体成分或浓度不均匀微区的尺寸相对而言要大些，其马氏体也大些，故而这一区域的组织为隐晶马氏体，细针马氏体，碳化物颗粒和残余奥氏体。在靠近基体一侧，因其加热温度相当于 A_{c1} 以下较高的温度，对于淬回火的原始组织来说，这一区域的组织为回火索氏体+回火屈氏体+碳化物颗粒。

与常规淬回火比较，W18Cr4V 钢激光硬化后的高温硬度和抗回火稳定性显著提高，增加了二次硬化量。

（7）W6Mo5Cr4V2 高速钢激光硬化的组织。原始组织为回火组织时（1220℃油淬，560×1h 3 次），激光功率为 600～1200W，$d=4\sim5\text{mm}$，$v=20\sim60\text{mm/s}$。

激光熔凝硬化区域组织为：等轴细胞晶（靠近表面）、柱状晶。马氏体和残余奥氏体分布在柱状晶内，而碳化物则分布在晶界上。

激光相变硬化区组织为：马氏体、残余奥氏体及 MC、M_6C 型未熔碳化物。马氏体为孪晶马氏体和位错马氏体的混合组织，但组织中典型的板条马氏体或片状马氏体较少，在板条马氏体中存在少量孪晶，孪晶马氏体中存在高密度位错，从而显示马氏体内具有孪晶和位错的复杂亚结构。

（8）Cr12MoV 钢激光硬化的组织。Cr12MoV 钢是工业上大量使用的冷作模具钢，不仅可用于制造冷却模具，也可用于制作很多耐磨性零件，因而该钢种的激光硬化很有实际应用价值。

激光熔凝硬化工艺参数为：$P=1.3$kW，$d=4$mm，$v=10$mm/s，熔凝硬化层深度 0.18mm，组织为树枝晶+树枝晶间层片相间的莱氏体。树枝晶内位错密度很低，有位错圈存在，这种位错是熔化合金在凝固过程中空位崩塌造成的。树枝晶内为奥氏体，枝晶间除奥氏体外还有共晶碳化物和少量二次碳化物。由于熔凝组织为单相奥氏体树枝晶和奥氏体，共晶碳化物以及少量的二次碳化物组成的枝晶间产物所组成，没有马氏体且存在大量的奥氏体，致使熔凝层的硬度降低，不如下一层的激光相变硬化层的马氏体组织的硬度高。

相变硬化区组织为过饱和的隐晶马氏体、细小弥散分布的碳化物和残余奥氏体。激光快速加热和冷却造成奥氏体晶粒细化、马氏体细小以及粗大角状碳化物的钝化和弥散析出细小碳化物，其综合作用导致相变区硬度显著提高。

随着温度梯度的变化，相变硬化区的组织和硬度向基体过渡变化，在靠近基体区有一高温回火区，显微组织由回火索氏体和碳化物组成，硬度比基体硬度略低。

（9）灰口铸铁激光硬化区的组织。材料是珠光体基灰口铸铁。铸态原始组织为珠光体基体+片状石墨+少量磷共晶。

激光硬化工艺参数为：激光功率为 1700W，光斑直径为 5mm，扫描速度为 30mm/s。

激光硬化区分为熔凝硬化区、固态相变硬化区以及过渡区三个区域。

熔凝硬化区呈枝晶结构，为树枝状初晶和枝晶间层片莱氏体，由莱氏体包围的白色块状区是残余奥氏体，在枝晶内有位错及孪晶亚结构的马氏体。

激光相变硬化区为马氏体、残余奥氏体和未熔石墨带。石墨带已明显变细、变短。

在过渡区内可清楚看到仍存在粗片状石墨，由于温度梯度的影响，这一区域得到含有片状石墨和珠光体残痕的不完全硬化组织。

（10）球墨铸铁激光硬化的显微组织。球墨铸铁的原始组织分别为球光体基、铁素体基体和奥氏体-贝氏体基体。激光硬化工艺如表 4-2 所示。

表 4-2 球墨铸铁激光硬化工艺参数

球墨铸铁类型	激光功率/W	光斑尺寸/mm	扫描速度/$mm \cdot s^{-1}$	熔化层深/mm	硬化层深/mm
珠光体球墨铸铁	1500	$\phi 5$	20.9	0.25~0.35	0.75~0.85
奥氏体-贝氏体球墨铸铁	1500	$\phi 5$	25.0	0.35~0.40	0.75~0.80
铁素体球墨铸铁	1000	$\phi 5$	16.6	0.2	0.35

在上述激光硬化工艺条件下，三种基体的球铁硬化区均可分为三个区域，即熔凝硬化

层、相变硬化层和过渡层。在熔凝硬化层，三种基体组织的熔凝组织没有明显差异，为均匀、细小的莱氏体和针状马氏体及残余奥氏体。在熔化过程中，石墨球完全溶解，凝固时奥氏体枝晶首先从熔层析出。在共晶温度时，奥氏体枝晶间熔体转变为莱氏体；进一步冷却时，部分奥氏体转变为马氏体。在熔化区与相变硬化区接壤部位，由于石墨球没有完全溶解，因而形成了残余石墨球以及石墨球周围的莱氏体壳和马氏体及残余奥氏体的混合组织。相变硬化区的组织为马氏体+残余奥氏体+石墨球。铁素体基体的相变硬化区在激光加热作用下，石墨向其周围的铁素体扩散而形成奥氏体，随后进行冷却，大部分转变为针状马氏体并保留了少量的残余奥氏体。过渡区组织为不完全马氏体，由部分马氏体+原始组织组成。

（11）铝硅合金激光熔凝后的显微组织。AlSi12 合金激光硬化区组织分为两层：熔化区和热影响区。熔化区组织非常细小。即 α-Al 枝晶十分细小，共晶 Si 也由粗大的片状变为细小的珊瑚状、表面初生 α-Al 的一次枝晶平均间距为 5. 8μm，二次枝晶平均间距为 1. 47μm。

热影响区中 α-Al 和共晶硅均无细化变化，但由于激光快速加热和熔化区快速凝固所产生的应力作用，使 α-Al 基体产生变形。位错密度增加，出现密度很高的位错网络和胞状亚结构。

4. 6　激光相变硬化后的残余应力及变形

4. 6. 1　残余应力

在激光硬化处理过程中，金属材料表面组织结构变化必将产生表面残余应力。残余应力的大小及其分布状态对材料的使用性能有着重大影响。众所周知，残余压应力可提高材料的可靠性和使用寿命，残余拉应力会导致裂纹的产生及扩展。

激光相变硬化过程中激光对材料的热作用和冷却过程中激光作用区应力分布状态如图 4-4 所示。

用激光硬化材料表面时，由于加热性质和局部性质，加热一开始，激光作用区的金属就发生强烈的体积膨胀，其膨胀量和强度取决于加热速度和加热温度。金属体积的增加受到加热区周围低温区的阻碍，于是热影响区就产生压应力，而且加热温度越高，压应力就越高。在材料出现塑性变形前和瞬间产生的宏观应力未消除前，压应力一直是增加的。在激光作用的瞬间，表面层的冷却最为强烈，而下部各层由于上部热量的传入，温度还在上升。这是压应力本应增大，但由于热影响区深处材料的塑性还很大，因此压应力并没有增加。随着时间的推移（时间 $t_2 \sim t_5$），材料热影响区的冷却速度在整体上趋于均匀，与金属冷体接壤的各层的冷却反而变得比较强烈。拉应力因冷却中体积的缩小及周围阻力的减小而开始增大。在此情况下，热应力在强化层的应力状态形成中起决定作用（图 4-4b）。进一步冷却时，材料发生组织变化，伴随着组织的变化，材料的体积也发生变化。在上述 $t_2 \sim t_5$ 时间里，钢要发生马氏体相变，这导致材料体积的增加并因此引起应力的扩展（图 4-4c），而且这种组织转变的方向和散热方向是相反的，即是指向已强化材料表面的。因材料组织转变而发生的体积增大会引起压应力的扩展，而压应力能在某种程度上减小原

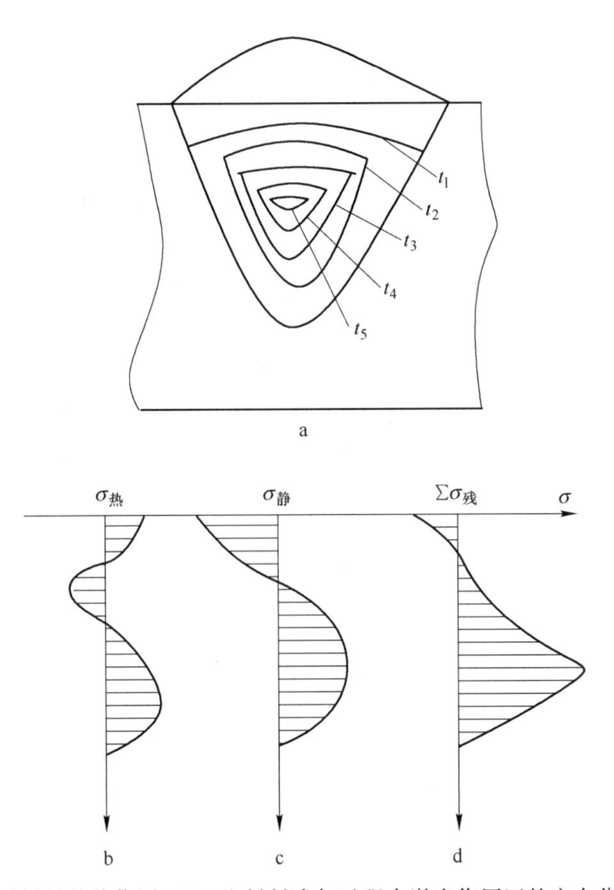

图 4-4 激光辐射对材料的热作用（a）和材料冷却过程中激光作用区的应力分布状态图（b~d）

先产生的热拉应力。因此，材料的应力状态（图 4-4d）是由于热应力和组织应力决定的，不过这取决于哪种类型的应力在起主要作用。

一般说来，激光功率密度增加时，在材料表层更易形成压应力，而且这种压应力扩散的相当深，直到与基体金属接壤的边界附近才变成拉应力。

通常认为功率密度，扫描速度对残余应力的分布产生重大影响，同时认为，含碳量高的材料在硬化层深处比含碳量低的材料的拉应力要大些。这是因为含碳量越高，淬火应力越大。

4.6.2 变形

变形小是激光硬化工艺的一个重要特征。激光硬化变形小的原因是：它是高能量热源的移动扫描，硬化部分的热影响区比常规淬火方法要小得多，所以产生的热应力小；同时，激光硬化的深度小，一般为 1mm 左右而且很均匀，以致马氏体相变产生的组织应力也很小。

由于激光硬化的区域只占整体零件的一小部分，其热应力和组织应力对整体的变形驱动很小，所以只会产生极小的变形量，并且通常是由于组织相变产生的表面突起和径向跳动，变形量一般也只有 0.1mm 左右，甚至更小。

对于厚度小于 5mm 的零件，变形问题也不可忽视，一般要采取辅助冷却或特殊工艺方法才能保证获得良好的效果。

激光硬化后的表面粗糙度微有增加，且几乎没有氧化皮，因此对某些粗糙度要求不很高的零件可用作成品的最后硬化处理。

4.7　激光硬化后的质量检测

（1）宏观检测。宏观检测是控制激光硬化工艺，保证激光硬化质量的有效方法。在激光硬化过程中，随时用肉眼或低倍的放大镜观察激光硬化区域，可以观察到激光硬化后材料表面的粗糙度，尺寸精度，变形情况和有无裂纹的产生，对于发现问题，更正激光硬化工艺参数，保证产品质量可以起到至关重要的作用，且方法简便易行。

（2）金相的检验。金相的检验的目的是根据有关知识和标准规定和确定产品的质量以及激光硬化工艺过程是否合理及完善。如果发现缺陷借以寻求原因，并为完善和改进激光硬化工艺提供依据。

1）取样。取样的主要设备是切割机。取样时要不断喷水冷却，尽量避免因受热和外力引起的金相组织变化。

2）制样。对于薄小和特殊形状的试样应采用夹持和镶嵌的方法。金相试样的制备是将观察面从粗糙的表面状态经粗磨，细磨，精磨磨光后，再经过机械抛光使其呈无划痕镜面状态。一般金相制样主要采用砂轮，砂纸的打磨，手工或机械抛光，此外还有自动研磨，振动抛光，电解抛光和电解腐蚀等方法。将抛好的镜面状态样品进行化学侵蚀以显示其金相组织。

3）显微组织观察。电子束与试样交互作用，结果在试样表面产生了二次电子，背散射电子，俄歇电子，吸收电子，X 射线，阴极荧光，电动势以及透射电子等各种信号。

（3）化学成分检验：

1）原子发射光谱分析；

2）拉曼光谱分析；

3）X 射线能谱分析；

4）X 射线分光谱分析（电子探针）。

此外还有俄歇谱分析法，离子探针法和高频等离子发射光谱分析法。

（4）硬度检验。硬度是材料抵抗坚硬物体压入所表现的变形和破坏的抗力。抗力越大，硬度越高。硬度值取决于材料的本性，也与检测方法有着直接的关系。在激光硬化工艺的硬度检验中，常用显微硬度法来检验激光硬化后材料的硬度。

（5）残余应力的检验。残余应力对于零件的静强度，尺寸稳定性，疲劳强度和应力腐蚀等性能有较大的影响。当零件表面是残余应力时，可提高其性能。

1）机械法；

2）X 射线法；

3）电阻应变法；

4）光弹性法。

（6）耐磨性能检验。材料耐磨性是材料抵抗磨损的能力。一般用 MM-20 摩擦磨损试验机来检测。

4.8　激光相变硬化的应用实例

（1）汽车发动机曲轴。贵州光谷海泰激光技术有限公司针对42CrMo材质的汽车发动机曲轴，采用网格法对其进行激光淬火处理，硬度达到50HRC以上，淬硬层深度达到1.2mm，使用效果较好，如图4-5所示。产品已出口到韩国、美国、土耳其以及中东等国家。

（2）贵州航空工业集团新安机械厂飞机起落架刹车壳体激光淬火。该厂飞机起落架刹车壳体内槽原来通过传统热处理进行整体处理，处理后发现变形较大，严重影响了起落架的装配后，采用作者发明的新型吸光涂料经激光淬火处理后，基本无变形，满足了装配尺寸。经激光处理后的刹车壳体已装配在飞机上，现正在巴基斯坦试飞。图4-6为某型歼击机起落架刹车壳体内槽的激光淬火。

图4-5　曲轴的激光网格法淬火

图4-6　某型歼击机起落架刹车壳体内槽的激光淬火

（3）发动机缸体和缸套 。美国通用汽车公司1978年建成了柴油机汽缸套激光热处理生产线，用4台二氧化碳激光器在铸铁汽缸套内壁处理出宽2.5mm，深0.5mm的螺旋线硬化带，并规定缸套必须经激光处理才可出厂。

北京大恒公司对汽车缸体进行激光硬化处理，激光硬化带宽3.5mm，深0.25～0.3mm，硬度达63HRC，将使用寿命提高三倍。

激光硬化缸体和缸套是十分成熟的技术，并且具有较大的经济效益和社会效益。

复　习　题

4-1 什么叫激光淬火（激光相变硬化）？

4-2 激光淬火的强化机理是什么？

4-3 简述激光淬火的优点。

4-4 吸光涂料的功能是什么？为什么激光淬火时，要在工件表面涂刷吸光涂料？

4-5 为什么金属零部件激光淬火后的硬度要高出传统热处理的20%以上？

4-6 画出45号钢、42CrMo钢、GCr15钢、W18Cr4V钢、T10钢、球墨铸铁激光淬火后的组织形貌。

4-7 给你一台便携式硬度计，请问你如何在生产现场优化45号钢激光淬火的工艺参数？

5 激光熔覆与合金化

激光熔覆与合金化技术未出现前，失效的贵重金属零部件的修复均采用热喷涂技术。但是，热喷涂技术的致命弱点是涂层和基材之间为机械或半机械结合，结合强度较低，在服役过程中，涂层易从基材上脱落下来。近 15 年来，激光熔覆与合金化技术广泛应用于贵重金属零部件的表面修复，即所谓的激光再制造。这是因为经激光熔覆与合金化技术处理后，涂层与基材之间形成了化学冶金结合，结合强度很高。但是，在实际工作中，如何使用这两种技术达到事半功倍的效果呢？这就要求我们必须正确理解和把握两者之间的联系和区别，搞清楚熔体发生变化的基本冶金过程以及熔体凝固过程中的组织演化规律，为我们采用这些新技术制备新材料提供新思路。

5.1 激光熔覆与合金化的理论基础

5.1.1 激光熔覆与合金化联系与区别

激光熔覆与合金化都是利用高能密度的激光束所产生的快速熔凝过程，在基材表面形成与基材相互熔合的，且具有完全不同成分与性能的合金覆层。

激光熔覆与合金化二者工艺过程相似，但却有原则上的区别：激光熔覆中覆层材料完全熔化，而基材熔化层极薄，因而对覆层的成分影响极小，即稀释率小于 10%；而激光合金化则是在基材的表面熔融层内加入合金元素，从而形成以基材为基的新的合金层，稀释率几乎达到 100%；激光熔覆不是把基体上熔融金属作为溶剂，而是将另行配制的合金粉末熔化，使其成为熔覆层的主体合金，同时基体合金也有一薄层熔化，与之形成冶金结合，涂层厚度可以调控，而激光合金化的合金层厚度一般不会超过 1mm。

5.1.2 激光熔覆与合金化的成分均匀性及其控制

5.1.2.1 激光熔池成分均匀化的机理

在激光熔覆与合金化的过程中，熔池存在的时间是极为短暂的。在极短的时间内所完成的熔质元素在整个熔深范围内的迁移过程，用普通的熔液扩散理论是难以解释的。激光熔池特有的扩散系数反常大的现象，被认为是熔池内溶质对流所致。据计算，对流扩散系数要比静态扩散系数大十万倍，这足以解释熔池溶质极为迅速的混合过程。

有关的研究认为，在激光熔覆与合金化中，质量的传递主要是靠对流，而扩散的作用甚微，只能使溶质富集区周围很小的区域内成分均匀。由于对流传质的作用，成分分布在宏观上应是均匀的，仅有微区的成分起伏，其范围不超过 24μm。

5.1.2.2 激光工艺参数对成分均匀性的影响

激光熔池的成分均匀性，按其均匀化机制，主要取决于熔池的对流行为和对流作用存在的时间。与之相关的激光工艺参数主要是激光功率、扫描速度和光斑直径这三个参数。其中扫描速度和光斑直径的影响最为强烈，两者共同所起的作用几乎为激光功率的两倍。

扫描速度和光斑直径实际上决定了光束与熔池的交互作用，显然增加交互作用时间也就增加了熔池存在的时间，因而有利于成分的均匀化。

激光功率密度是影响对流强度的主要因素，提高功率密度可增加对流的强度，从而有利于成分的均匀性。在激光输出功率一定的条件下，功率密度主要是通过改变光斑直径进行调整的。

随扫描速度的增加，加热时间变短。但扫描速度每增加 5mm/s，加热时间变化都不相同。原始速度值越小，变化量越大。当扫描速度由 5mm/s 增加到 50mm/s 时，最初加热时间变化剧烈，然后逐渐变缓。

光斑直径增加一倍，功率密度下降 4 倍。功率密度值最初变化很大，随后逐渐变小。加热时间与直径是直线关系。扫描速度不同，直线的斜率不同。扫描速度越慢，斜率越大，它所产生的效果是直径增大，光束与材料的交互作用时间增大。

此外，光束的辐照方式对成分的均匀性也产生重大的影响，应用振荡光学系统熔化所获得的合金成分及组织更为均匀。合金层的均匀性除受激光工艺参数的影响外，还与材质自身的性质有关。正是这两者的综合作用，决定了对流方式及对流强度、冷却速度、合金元素的交互作用等影响成分均匀性的诸多因素。

5.1.2.3 熔池的形状系数与成分的均匀性

激光熔池的形状系数即熔池横截面的熔宽与熔深之比，对熔池内的对流特征具有重要的影响，因而也影响熔凝合金成分的均匀性。

熔池的形状系数可定量地描述激光熔凝合金区的成分均匀性。当形状系数 $n<1.5$ 时，对流主要在熔池的上部和中部激烈进行，因而熔池底部的合金元素含量偏低；当 $n>3.2$ 以上时，对流驱动力小，没有形成回流，成分亦不均匀；当 n 在 1.6~3.0 之间时，对流搅拌作用在熔池的上部和底部均存在，因而成分均匀。

5.1.3 激光熔覆与合金化的应力状态、裂纹与变形

5.1.3.1 激光熔凝层的应力状态

在激光熔覆与合金化中，高能密度的激光束与快速加热熔化使熔融层与基材间产生了很大的温度梯度。在随后的快速冷却中，这种温度梯度会造成熔凝层与基材的体积胀缩的不一致，使其相互牵制，形成了熔凝层的内应力。

激光熔凝层内的应力通常为拉应力。随着激光束的移动，熔池内的熔液因凝固而产生体积收缩，由于受到熔池周围处于低温状态的基材的限制而逐渐由压应力转变为拉应力状态。

熔凝层的应力状态与其自身的塑变能力和耐软化温度有关，一般来说，熔凝层的塑变能力越好，耐软化温度越低，其残余应力也就相对减小。

熔凝层的残余应力状态还与基材的特性有关。塑变能力较好的基材可通过的塑性变形使熔凝层的应力得以松弛，而那些在冷却过程中热影响区可发生马氏体相变的基材则会促使熔凝层的残余拉应力增加。

激光熔凝层的残余应力可通过预热或后热予以减小或消除。如熔凝层的膨胀系数与基

材相同，则后热处理可有效地消除熔凝层的残余应力；如熔凝层的膨胀系数比基材大，则后热只能使残余应力减小，而不能完全将其消除。

5.1.3.2 激光熔凝层的裂纹

激光熔凝层内存在着拉应力，当局部应力超过材料的强度极限时，就会产生裂纹。由于熔凝层的枝晶界、气孔、夹杂物等处断裂强度较低或易于产生应力集中，因此裂纹往往在这些部位产生。

激光熔凝层内的裂纹按其产生的位置可分为三类：熔凝层裂纹、界面基材裂纹和扫描搭接区裂纹。这三种裂纹在激光熔覆与合金化中出现的机率与熔凝层和基材的自身韧性和缺陷等有关。一般来说，熔凝层的抗裂性能优于基材时则裂纹易于在界面基材内生成，反之则裂纹易于在熔凝层内形成。对于铸铁类基材，其界面基材熔化层往往存在较多的气孔，石墨与周围基材交界处因石墨导热系数低，还形成了较大的温度梯度，并相应的产生了较高的热应力，因此这类基材熔覆与合金化中界面基材裂纹是最主要的裂纹形式。以钢或铁为基材时，其表面熔层的韧性往往高于熔覆层或合金化层，自身的气孔等缺陷也极少，因此熔凝裂纹的主要形式是覆层或合金化层内裂纹。

5.1.3.3 激光熔凝引起的基材变形

在激光熔覆与合金化中，熔凝层内存在的拉应力是引起基材变形的根本原因。在这种表层拉应力的作用下，基材往往会向熔凝面弯曲，直至与基材的弯曲抗力相平衡为止。

从工艺参数考虑，激光熔覆或合金化层厚度与预热和后热工艺对基材的变形具有较大的影响。一般来说，熔覆层或合金化层越厚，熔化所需输入的激光能量也就越多，引起的基材变形也随之相应增大。预热和后热可有效地减少激光熔凝层的热应力，因而减小了基材的变形量。

影响基材熔凝变形的非工艺性因素主要是基材自身的应力状态。在基材存在内应力的条件下，激光熔凝引起的变形实际是由熔凝层的拉应力和基材自身的内应力综合作用的结果，这两种应力的叠加有时会大大加剧基材的变形程度。

综上所述，在激光熔覆和合金化中，可采取以下措施控制或减小基材的变形：

（1）采用热处理法消除基材的内应力。

（2）尽量选择较薄的熔覆层或合金化层。

（3）在不影响熔凝合金性能的条件下采用预热和后热工艺。

（4）采用预应力拉伸、预变形或夹具固定等方法减少或防止激光熔凝过程中基材的变形。

对于已经变形的自熔合金类激光熔覆件，可采用热校形的方法予以校正，其加热温度要不低于此类合金的耐软化温度，以防校形中覆层产生裂纹。

5.1.4 激光熔覆与合金化的气孔及其控制

激光熔覆或合金化层的气孔多为球形，主要分布在熔凝层的中、下部。

从应力角度看，这种球形气孔不利于应力集中而诱发微裂纹，在数量极少的情况下是允许的，但如气孔过多，则易于成为裂纹的萌生地和扩展通道。因此，控制熔凝层内的气孔率是保证熔覆层或合金化层质量的重要因素之一。

激光熔凝层内的气孔是由于激光熔化过程中所生成的气体，在熔层快速凝固的条件下来不及逸出而形成的，其中最主要的成因是熔液中的碳与氧反应或金属氧化物被碳还原所形成的反应性气孔。

一般来说，在激光熔覆和合金化中，熔凝层的气孔是难以完全避免的，但可以采取某些措施加以控制，常用的方法主要有：

（1）严格防止合金粉末在贮运过程中的氧化，在使用前要烘干去湿。

（2）合金粉末热喷涂时，要骤减少基材和粉末的氧化程度。

（3）激光熔化中要采取防氧化的气体保护措施，尤其是非自熔性合金更应在保护气氛下熔化。

（4）覆层或合金化层应尽量薄，以便于熔池内的气体逸出。

（5）激光熔池存在的时间应尽量延长，以增加气体逸出时间。

5.2　激光熔覆制备金属基梯度复合材料涂层

一些矿山机械设备及工模具通常是在某种极端条件下服役的，例如高的干摩擦磨损、黏着磨损，这就要求服役零件应具有很高的耐磨性能。这些零件一般都很贵，磨损失效后报废很可惜，行之有效的办法就是对它们进行修复使之恢复使用性能。修复的方法有等离子喷涂、电镀、刷镀等，但这些方法由于基体与涂层之间的结合为机械或半机械结合，结合强度低，使用中往往会发生脱落现象。近年来，激光表面熔覆技术成功地用于表面修复工程中。该技术有如下一些优点：界面为冶金结合；组织极细；熔覆成分及稀释度可控；熔覆层厚度较大；热畸变小；易实现选区熔覆，工艺过程易实现自动化。为了使涂层具有极高的耐磨性能，可用 WC_p 作为硬化相，与 Ni 基合金一起经过激光熔覆处理后在金属基材上构成一种复合材料涂层。这种复合材料涂层具有硬度高、热稳定性好、与基材为冶金结合的特点。我国每年有大量贵重的金属零件由于表面磨损而失效，如将本课题的研究结果用于一些矿山机械设备及工模具的强化及修复，则可大幅度地延长其使用寿命，降低生产成本，提高企业的综合经济效益。

5.2.1　梯度涂层成分设计

在激光熔覆过程中，由于铸造 WC_p 比 Ni 基合金的密度大得多，WC_p 往往会大量沉积在熔覆层与基材的结合界面上，同时，由于熔覆层中大的温度梯度以及涂层材料与基材热物性参数有较大差异，导致开裂敏感性大大增加。为避免熔池凝固时出现较大的应力进而引发裂纹，作者采用逐层增加铸造 WC_p 含量的激光熔覆新方法，以期获得无裂纹的梯度复合材料涂层。

基于梯度成分设计，配制三种不同体积分数的粉末混合体，如表 5-1 所示。

表 5-1　各试样熔覆层的成分

试样号	第一梯度层	第二梯度层	第三梯度层
16-2	Ni60B 90%+铸造 WC_p 10%		
16-3	Ni60B 90%+铸造 WC_p 10%	Ni60B 70%+铸造 WC_p 30%	
19-4	Ni60B 90%+铸造 WC_p 10%	Ni60B 70%+铸造 WC_p 30%	Ni60B 50%+铸造 WC_p 50%

由表 5-1 可以看出，通过梯度设计方法，将铸造 WC_p 含量逐层提高，从而有望减少应力及开裂倾向。

5.2.2　梯度涂层的激光熔覆制备过程

宽带激光熔覆实验采用两台串接的 HJ-4 型工业横流 CO_2 激光器、JKF-6 型激光宽带扫描转镜和自动送粉装置。熔覆处理前将基材于 400℃加热 30min。配制三种不同体积分数的粉末混合体进行宽带激光熔覆试验，如表 5-1 所示。熔覆工艺是先在基材上预置一层纯 Ni 涂层，再一层一层地熔覆不同体积分数的粉末混合体从而形成梯度复合材料涂层，如图 5-1 所示。

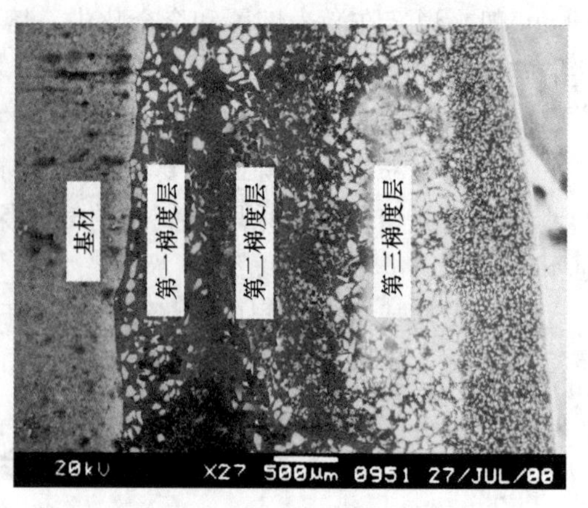

图 5-1　WC_p/Ni 基合金梯度复合涂层

5.2.3　梯度涂层的组织与性能

5.2.3.1　梯度复合涂层组织组成及相组成

图 5-2 为梯度复合涂层中部的 X 射线衍射结果，可以看出，梯度复合涂层相组成为 γ-Ni、Ni_3B、M_7C_3、M_6C、WC 以及 W_2C。图 5-3 为梯度复合涂层内组织形貌，可以看出，梯度涂层内主要为原始铸造 WC_p 与基体组织，在铸造 WC_p 周围有一层凝固结晶析出的毛刺状碳化物，特别强调的是，铸造 WC_p 周围这些毛刺状的碳化物加强了与周围 Ni 基合金基体组织之间的结合强度，有助于提高复合涂层的综合力学性能。值得注意的是，在图 5-2 中发现在衍射角（2θ）为 30°～55°范围内隐约出现了表征非晶态的漫散包。其上迭加明显的较强峰，说明涂层内可能含有少量非晶组织，但绝大部分仍为晶态。

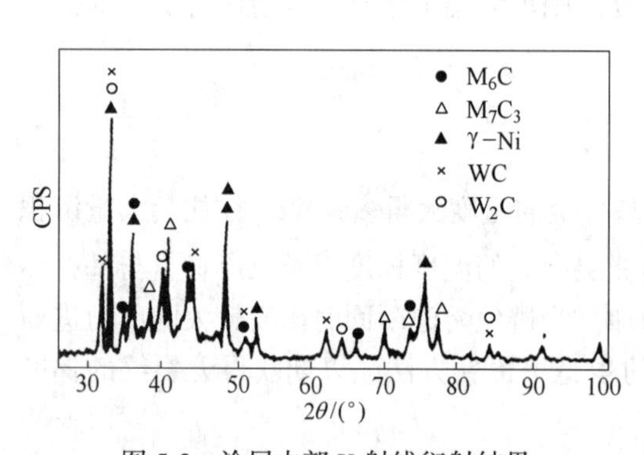

图 5-2　涂层中部 X 射线衍射结果

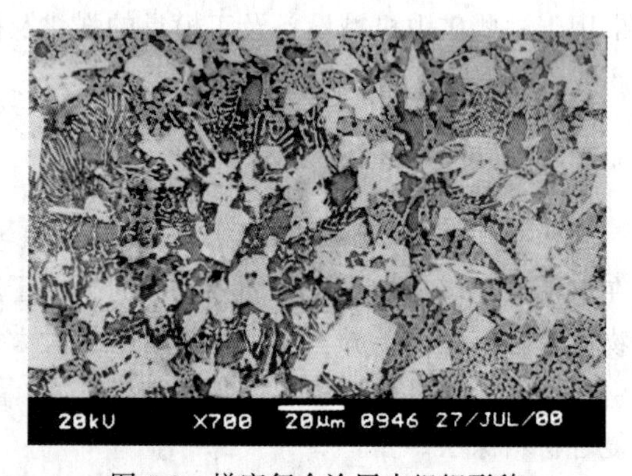

图 5-3　梯度复合涂层内组织形貌

通过 TEM 分析，在涂层中发现了少量大块的非晶区。图 5-4 为非晶区的 TEM 明场相，呈现无结构特征的非晶形貌，电子选区衍射的宽化漫散晕环证明了典型的非晶组织。

图 5-5 为铸造 WC_p 周围析出物的组织形貌，由图可知，有共晶组织、γ-Ni(Cr，W，Si，B）基体组织、白色的块状、三角状、长条状的碳化物，还有深灰色不规则的块状析出物。

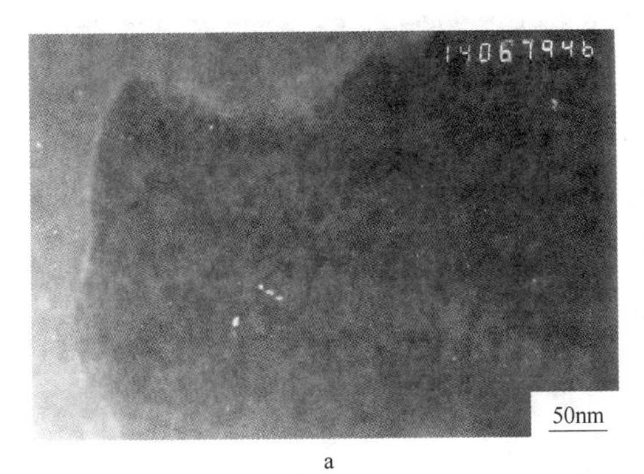

a

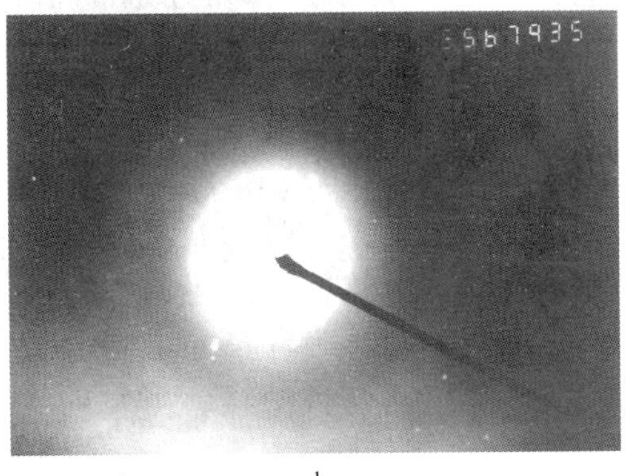

b

图 5-4 非晶区的大块组织及其衍射花样

a—非晶区的 TEM 明场相；b—电子选区衍射

结合 X 射线衍射分析，能谱分析及显微硬度分析结果（略），可以确定基体组织为 γ-Ni，不规则白色块状析出物为 M_7C_3 及 M_6C，白色三角形析出物为 WC，深灰色析出物为 W_2C。

5.2.3.2 梯度复合涂层中的亚结构及纳米晶

高能激光超快速加热及超快速冷却，在复合涂层内形成了极高的温度梯度。在这种特殊的加热条件下极易在复合涂层内产生亚结构。图 5-6 为 TEM 下观察到的位错组态，它表现为胞状网络特征和高缠结状。我们还发现有平行状的高密度条纹衬度（图略），这是快速凝固引起的高应力导致高密度孪生的结果。

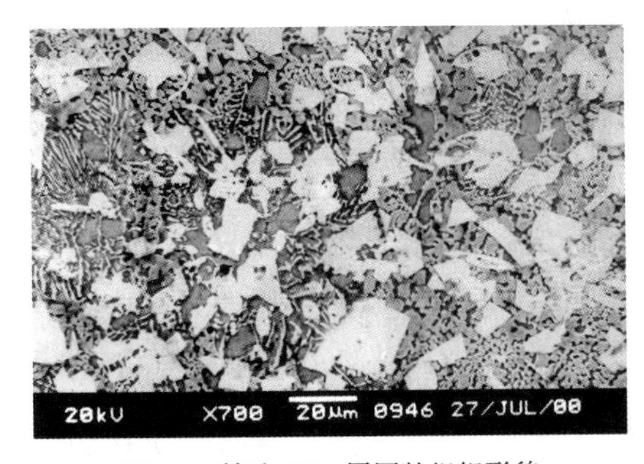
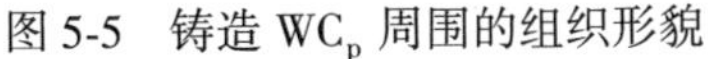

图 5-5 铸造 WC_p 周围的组织形貌

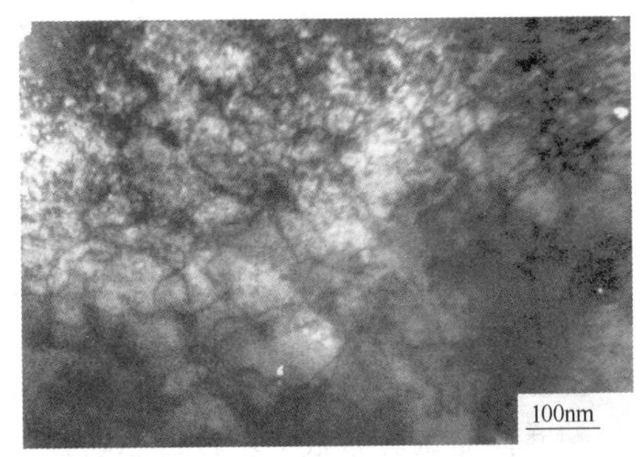

图 5-6 复合涂层中的位错缠结

在梯度复合涂层中发现了少量极细的晶粒，不同区域晶粒大小有所不同，但尺寸均属纳米晶范围（1~100nm）。图 5-7 为其暗场相及其衍射环。说明了梯度复合涂层内部存在纳米晶亚结构。纳米晶是在低于临界冷却速度的高冷速下，由很高的过冷度所造成的高形核率和由温度急剧下降所限制的低生长率作用的结果。鉴于纳米晶是一种稳定相，具有一系列独特的性能，诸如小尺寸效应、量子效应、宏观量子隧道效应、表面效应。因此，用激光熔覆直接在材料表面实现纳米晶这一新发现具有重要意义。

5.2.3.3 梯度复合涂层的硬度

图 5-8 为 19-4 号试样由涂层表面至基材的硬度分布曲线。由图可知，由于激光直接

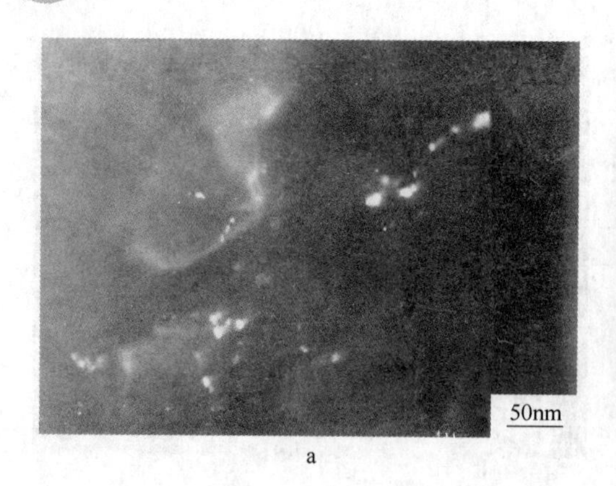

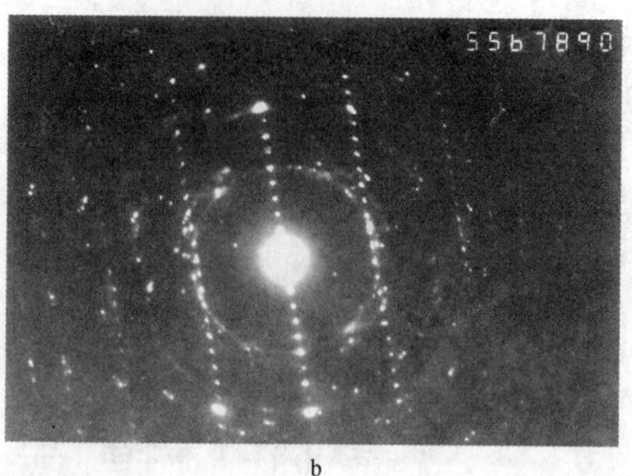

图 5-7 纳米晶的暗场相及其衍射环花样
a—纳米晶的暗场相；b—衍射环

作用，涂层表面温度高、烧损大，故硬度低；梯度层内铸造 WC_p 分布均匀且有大量弥散析出相，故硬度较均匀；而梯度层之间以 γ-Ni 枝晶组织为主，硬化相较少，故硬度偏低；由熔覆到结合区再到热影响区的硬度变化平缓，这是因为在熔覆区与基材之间预置了一个过渡层，从而使熔覆材料与基材的结合层有较好的韧性，在实际应用中这样可减缓工件的开裂敏感性。

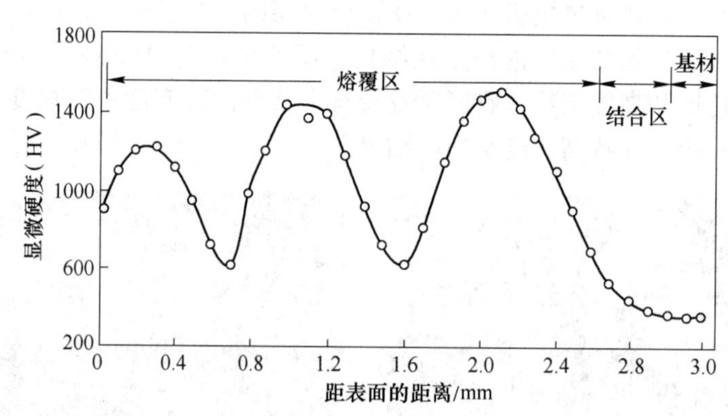

图 5-8 19-4 号试样由涂层表面至基材的硬度分布曲线

5.2.3.4 梯度复合涂层的耐磨性能

耐磨性能试验参数为：转速 200r/min，正压力 980N，磨损时间 1h。用精度为 0.01mm 的体视放大镜测量块形试件的磨损宽度和长度，用公式计算体积磨损量，用每磨损 $1mm^3$ 所对应的磨程 Wv^{-1}（即相对滑动距离，单位：m）表示耐磨性。用符号 Wv^{-1} 表示。由图 5-9 可知，随着铸造 WC_p 含量的增加，涂层的耐磨性提高。这是因为当铸造 WC_p 含量增加时，溶解进入黏结合金的 W、C 增多，强化了基体相 γ-Ni，提高了复合涂层的强

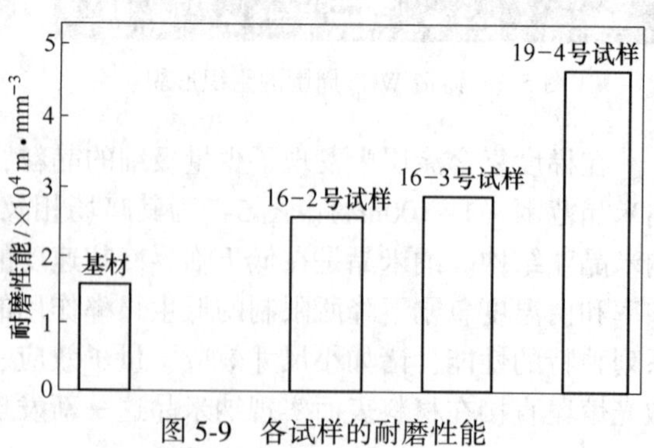

图 5-9 各试样的耐磨性能

度。另一方面，弥散析出的强化相较多。梯度复合涂层的耐磨性最高为基材的 3.4 倍。

5.3 激光熔覆制备梯度生物活性陶瓷复合涂层及其生物活性

生物医用材料又称生物材料，它是对生物体进行诊断、治疗和置换损坏的组织、器官或增进其功能的材料。它交叉了材料、医学、物理、生物化学等学科，属当前研究十分活跃的领域，生物医用材料的研究与开发对国民经济和社会发展具有十分重要的意义。近三十年来，生物医用材料的研究与开发取得了引人注目的成就，使得数以百万计的患者获得康复，大大提高了人类的生命质量。随着我国人口老龄化以及工业、交通、体育等导致的创伤增加，人们对生物医用材料及其制品的需求会越来越大。据统计，我国有 6000 万残疾人，随着生活水平的不断提高，广大残疾人对生活质量也有了更高的追求，对各种生物材料的需求与日俱增，这无疑给生物材料的产业化发展提供了巨大的市场。因此，研究和开发各类生物材料具有重大的学术及商业价值，生物材料被公认为是 21 世纪最有发展前途的新材料之一。

硬组织材料是生物医用材料的重要组成部分，在人体硬组织（骨、关节及牙等）的缺损修复及重建已丧失的生理功能方面起着重要的作用。众所周知，骨或关节是人体中承受载荷较复杂的部位，这就要求用于骨或关节等硬组织修复和替代的生物材料不仅要有好的强韧性、足够的力学强度，而且还要有较好的生物相容性。

目前，用于骨组织或关节等硬组织修复和替代的生物材料多为金属医用材料，如不锈钢、钛及合金、钴铬钼合金及钴铬合金等。尽管金属生物医用材料有较好的力学性能，如较高的强度和弹性模量等，但由于其与肌体的亲缘比较远，生物相容性差，当植入人体后，它们会与体液和血液中的蛋白质和氨基酸相互作用，使其表面发生腐蚀现象，造成金属离子进入人体体液或与生物原子（如蛋白质和酶）相结合，使人体发生中毒或过敏。以目前最引人注目的金属生物医学材料 Ti26Al23V 合金为例，当 V 离子进入人体后，将引起慢性炎症，而 Al 离子与无机磷结合，会造成体内缺磷，将诱发阿尔茨海默病。因此，金属医用生物材料植入人体后，对人体的危害是一个不可回避的现实。这严重地限制了金属材料作为生物医学材料的应用。

与此同时，生物陶瓷研究开发在近几十年获得了飞速发展。主要分为两大类，一是生物医学惰性陶瓷材料，它是指在生物环境中能保持稳定，不发生或仅发生微弱化学反应的生物医学材料，主要包括 Al_2O_3、ZrO_2、Si_3N_4等；二是生物活性陶瓷材料，是指能诱发或调节活性的生物医用材料，其中以羟基磷灰石最为引人注目。因为人体骨骼及牙齿中含有大量的羟基磷灰石，它与人体组织有很好的生物相容性。但是，生物医用陶瓷材料自身也有不少弱点，如强度低、脆性大等，这些极大地限制了其在医学临床上的应用。

正是由于上述两大类生物医用材料各自的缺点，以及临床上的实际应用要求，促使人们研究各种各样的复合材料，以期获得力学性能好、生物相容性好、无毒、无副作用的生物医用复合材料。随着表面科学和技术的迅猛发展，在金属医用生物材料表面熔覆一层或多层生物陶瓷材料的研究和开发已备受人们的关注。在机械强度高、生物相容性差的金属等种植体基材表面涂敷上一层生物相容性好的生物陶瓷涂层，来与生物体直接接触。通过控制表面处理工艺参数，可以调整生物陶瓷涂层的孔隙率和表面状态。这种多孔生物陶瓷涂层材料能够作为永久性的骨或作为细胞组织能够长入的骨。很明显，生物陶瓷涂层与金属基材相互取长补短，使复合体获得单一材料所不具备的性质，这被认为是开发新型生物陶瓷涂层材料最有希望的途径之一，已成为材料科学及生物医学工程学科领域研究的热点，因此，研究和开发这类生物陶瓷复合材料涂层不仅具有重大的学术价值而且具有广阔的应用前景。

5.3.1 梯度生物活性陶瓷涂层成分设计

熔覆涂层中能否获得一定含量的磷酸钙生物活性陶瓷相，涂层能否与基材形成良好的冶金结合，涂层材料的选择是一个很重要的因素。本章选用 $CaHPO_4 \cdot 2H_2O$ 粉末、$CaCO_3$ 粉末以及 Ti 粉作为梯度生物陶瓷熔覆粉末，是基于以下几点考虑：

（1）熔覆材料应具有形成生物活性陶瓷相的能力。$CaHPO_4 \cdot 2H_2O$ 和 $CaCO_3$ 在一定的条件下是可以获得 HA 的，其合成 HA 的化学反应为：

$$6CaHPO_4 \cdot 2H_2O + 4CaCO_3 \longrightarrow Ca_{10}(PO_4)_6(OH)_2 + 4H_2O + 4CO_2$$

由于激光熔覆具有快速加热和快速冷却的特点，其熔覆加工过程远离平衡状态，故熔池凝固结晶后只能获得含 HA 的生物活性陶瓷复合涂层。

（2）经济性上的考虑。研究表明：激光熔覆纯 HA 粉末，熔覆后不能获得纯 HA 生物活性陶瓷涂层，而且 HA 粉末较贵，经济上也是不合算的。为此，在基材上预先涂覆一定配比的 $CaHPO_4 \cdot 2H_2O$ 和 $CaCO_3$ 混合粉末，然后用宽带激光熔覆处理，使合成与涂覆含 HA 生物陶瓷复合涂层一步完成（即一步法），这样，既经济，又有较高的生产效率。

（3）相容性方面的考虑。由于混合体（$CaHPO_4 \cdot 2H_2O+CaCO_3$）是无机材料，而基材钛合金为金属材料，两者的线膨胀系数、熔点、密度等热物性参数相差较大，激光熔覆后冷却过程中极易在基材与涂层之间产生较大的热应力，进而在涂层与基材界面上及涂层内部引发裂纹，导致结合强度及其他性能下降，故直接在钛合金表面激光熔覆混合体（$CaHPO_4 \cdot 2H_2O+CaCO_3$）是很困难的，我们知道，Ti 的线膨胀系数 α 为 $8.5\times10^{-6}K^{-1}$，钛合金 Ti-6Al-4V 的 α 为 $8.8\times10^{-6}K^{-1}$，两者的线膨胀系数十分接近。

故考虑对熔覆涂层粉末成分采用梯度设计的思路。用 M 代表混合体（$CaHPO_4 \cdot 2H_2O+CaCO_3$）。将梯度涂层成分设计为三个梯度层，即在第一梯度层的设计中，往 M 中加入 70%的 Ti 粉（质量分数），目的是使第一梯度层与基材的热物性参数尽量接近，以便在宽带激光熔覆过程中减少开裂倾向，提高涂层与基材之间的结合强度；在第二梯度层的设计中，将 Ti 粉的含量降为 40%，而混合体 M 的含量升至 60%，通过这种成分梯度的过渡设计，使第二梯度层与第一梯度层具有良好的物理化学相容性。同时，又使第二梯度层过渡为主要以无机材料为主；在第三梯度层的设计中，将 Ti 粉的含量进一步降为 10%，混合体 M 的含量升至 90%，这样既保证了第三梯度层和第二梯度层具有好的相容性，又使宽带激光熔覆第三梯度层后，最终在 Ti 合金表面得到含 HA 活性生物陶瓷涂层。

羟基磷灰石 HA 的 Ca : P = 1.67，合成 HA 之 $CaHPO_4 \cdot 2H_2O$ 和 $CaCO_3$ 的组成为 72% $CaHPO_4 \cdot 2H_2O$ 和 28% $CaCO_3$（质量分数），考虑到高能激光熔覆过程中 Ca、P 存在烧损，特别是 P 的烧损更严重，故用 Ca : P = 1.5 进行实验。则混合体 M 中 $CaHPO_4 \cdot 2H_2O$ 含量为 78%，$CaCO_3$ 含量为 22%(质量分数)。相关文献报道了在涂层粉末材料（$CaHPO_4 \cdot 2H_2O+CaCO_3$）中加入 1% Y_2O_3(质量分数）对激光诱导催化形成 HA 的影响，故在混合体

M 中加入了一定量（质量分数）的 Y_2O_3，加入量分别为 0.2%，0.4%，0.6%，0.8%。用 T 代表 Ti 粉，则生物陶瓷涂层粉末梯度成分设计见表 5-2。

表 5-2　梯度涂层成分设计

层　次	成分/%	
	M(78%$CaHPO_4 \cdot 2H_2O$ + 22%$CaCO_3$ + x%Y_2O_3)	T(Ti 粉)
第一梯度层	30	70
第二梯度层	60	40
第三梯度层	90	10

5.3.2　梯度生物活性陶瓷涂层的制备过程

5.3.2.1　宽带激光熔覆工艺参数的优化

要想在熔覆涂层中获得含 HA 的钙磷基生物活性的陶瓷相，并且涂层与基材有良好的结合，必须选择合适的激光熔覆工艺参数。研究发现控制较低的激光输出功率和较高的扫描速度，是获得含磷酸钙活性陶瓷涂层的关键。但输出功率过低或扫描速度过快，不能使基体和熔覆物质熔化或只能局部熔化，使熔覆层和基体结合不牢，影响其结合强度。因此本实验通过改变输出功率 P 和扫描速度 v 来确定最佳激光熔覆工艺参数。具体做法是：先固定光斑尺寸 D 和扫描速度 v，改变输出功率 P；再固定光斑尺寸 D、输出功率 P，改变扫描速度 v。通过对试样的宏观形貌及微观组织和性能的分析优选出最佳工艺参数；通过对生成 HA 的热力学和动力学研究，理论上确定激光熔覆合成含 HA 的生物陶瓷复合涂层的温度，再通过温度场模拟，以检验最佳工艺参数下的熔覆温度是否与热力学理论温度一致。

5.3.2.2　在钛合金表面预置涂层的方法

首先将混合体 M($CaHPO_4 \cdot 2H_2O$+$CaCO_3$）与 Ti 粉及 Y_2O_3 在玛瑙研钵中研磨 2h 以上，使之充分均匀混合，用一种对人体无害的黏结剂将配制好的涂层粉末材料预置于钛合金基体表面，用钢制刮刀均匀压紧涂层并平整表面，预置涂层厚度为 0.3~0.5mm。

5.3.2.3　宽带激光熔覆梯度生物陶瓷涂层的制备

图 5-10 为宽带激光熔覆梯度生物陶瓷涂层制备过程示意图，其具体步骤为：

（1）首先在 Ti 合金表面预置第一梯度层粉末，然后用宽带激光进行表面熔覆处理，得到如图 5-10a 所示的组织形貌。由图可以看出，涂层主要为合金化层，基本没有陶瓷层出现。这是因为第一梯度层中 Ti 粉的含量高达 70%，在激光熔池中，Ti 与 V、Al 等元素反应，熔池凝固结晶后从而形成合金化层。而混合体 M 含量只有 30%，同时由于在高能激光作用下 Ca、P 等元素的烧损较大，因而较难形成生物陶瓷涂层。

（2）清理宽带激光熔覆第一梯度层粉末后所形成的涂层表面并烘干后，在其上预置第二梯度层粉末，同样用宽带激光进行表面熔覆处理，得到如图 5-10b 所示的整体组织形貌特征，由图可知，涂层中明显出现了一层黑色的生物陶瓷涂层，形成了合金化层+陶瓷层的这种梯度涂层。由于在第二梯度涂层成分中，混合体 M 含量增加到 60%，而 Ti 粉的含量降为 40%，这就为生物陶瓷涂层的形成提供了足够的 Ca、P 等元素。在宽带激光作

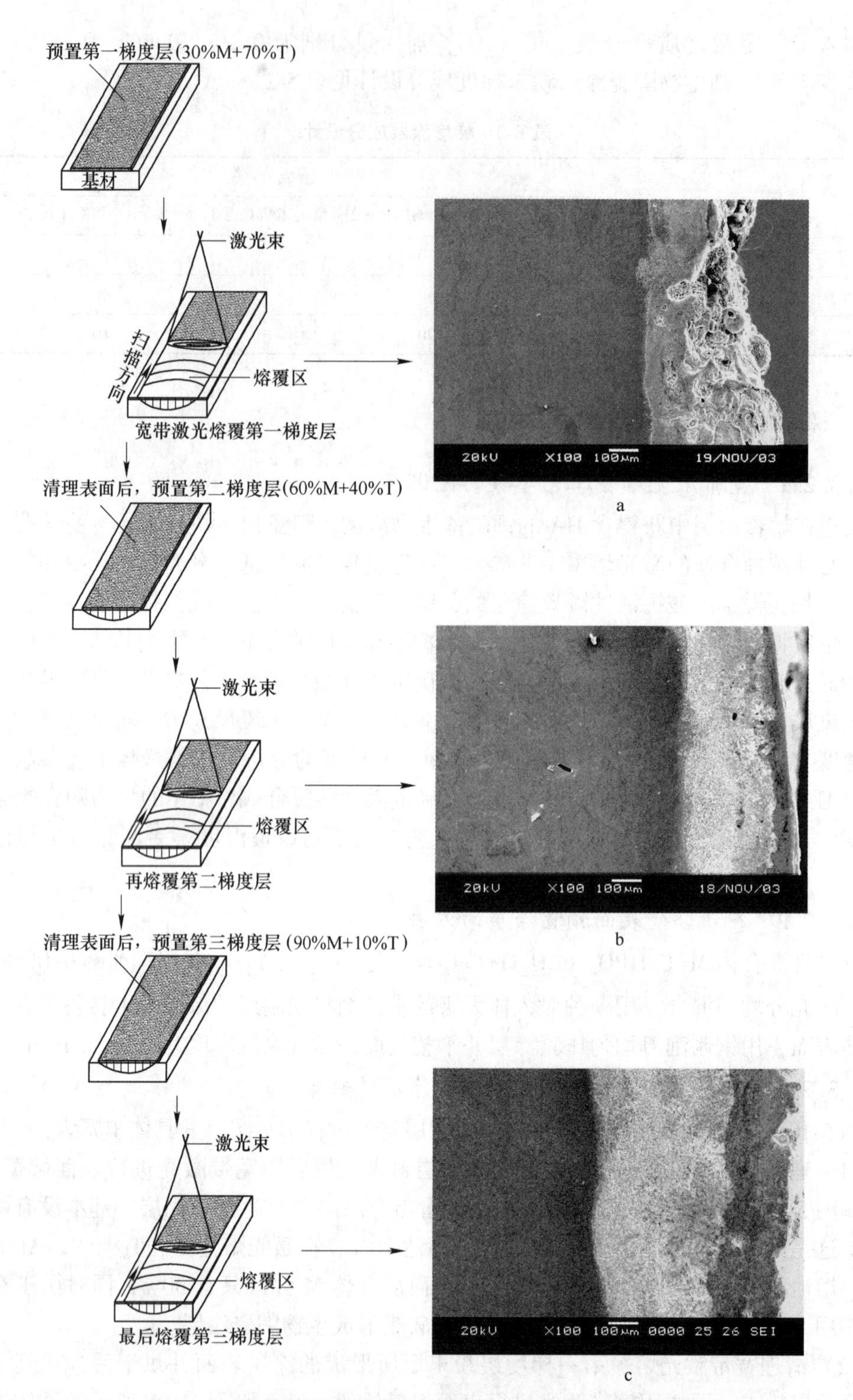

图 5-10 宽带激光熔覆梯度生物陶瓷涂层制备过程示意图

用下，将第二梯度涂层粉末熔化并使第一梯度熔覆层表面发生重熔形成熔池，熔池在表面张力场的作用下产生对流传质，由于元素之间密度的差异，Ca、P、O、H 等元素易于浮在熔池的表面，通过烧结而形成羟基磷灰石等 Ca-P 基活性生物陶瓷。而在熔池中、下部则形成合金化层。

（3）清理宽带激光熔覆第二梯度层粉末后所形成的涂层表面并烘干后，在其表面预置第三梯度层粉末，用宽带激光进行表面熔覆处理，得到如图 5-10c 所示的整体组织形貌特征，由图可以看出，整个涂层仍由合金化层和生物陶瓷层构成。只不过合金化层和生物陶瓷层的厚度均比图 5-10b 中的大，尤其以生物陶瓷涂层的厚度增加最为明显。这是由于在第三梯度涂层成分设计中，混合体 M 含量增加到 90%，而 Ti 粉的含量降为 10%，这就为生物陶瓷的形成提供了更充足的原料。在宽带激光作用下，使第三梯度层粉末熔化并使第二梯度熔覆层表面发生重熔形成熔池，熔池在表面张力场的作用下发生对流传质，凝固结晶后最终形成如图 5-10c 所示的涂层组织形貌。

5.3.3 梯度生物活性陶瓷涂层的组织结构

5.3.3.1 生物陶瓷复合涂层的宏观组织

图 5-11 为优化的宽带激光熔覆工艺参数下含 0.6%Y_2O_3（质量分数）梯度生物陶瓷涂层的宏观照片，由图可见，生物陶瓷涂层表面较平整，表观质量较好，色泽为浅黑色，且具有明显的瓷釉特征，而基材呈金属光泽。仔细观察我们还可发现，生物陶瓷涂层表面呈波纹状，且波纹具有大致相等的间距，并向光束扫描反方向弯曲。涂层表面的这种波纹特征表明了在激光熔覆过程中熔池内液体的流动性和熔化过程的周期性变化。

图 5-11 梯度生物陶瓷涂层的宏观照片

这是因为在激光束的照射下，光束的前缘产生熔化，而熔池后缘产生对流过程，这一对流过程使熔池后缘的液面产生凸起，在快速凝固过程中被冻结而形成波纹。

5.3.3.2 生物陶瓷涂层中元素的面分布及线扫描

图 5-12a 为含 0.6%Y_2O_3（质量分数）梯度生物陶瓷涂层的电子吸收像。图 5-12b 为 C 元素的分布，可见在生物陶瓷中有少量 C 元素主要分布在梯度生物陶瓷涂层的表面，这很可能是因为在激光熔覆过程中，$CaCO_3$分解成 CO_2，一部分 CO_2从熔池中逸出，另一部分 CO_2在熔池的对流传质过程中可能与微量的 Y_2O_3 发生反应，形成难熔的二元或多元的化合物，这种富 C 的化合物较轻，易浮于表层，在激光移开后熔池快速冷却凝固，致使富 C 的化合物被保留在涂层表面所致。图 5-12c 表明氧元素主要分布在生物陶瓷层中。而在基材及合金层中几乎没有氧元素分布。图 5-12d 为 P 元素的面分布，可以看出，合金层中有少量 P 分布，绝大部分 P 分布在生物陶瓷层中。图 5-12e 清楚地表明 Ca 元素全部分布在生物陶瓷涂层中。由图 5-12c～e 的元素分布可知，作为 HA 和 β-TCP 这两种活性相的主要元素 O、Ca、P 均分布在生物陶瓷涂层中，这就可以保证生物陶瓷涂层中能够形成一定量的羟基磷灰石和磷酸三钙。图 5-12f 为 Al 元素的面扫描照片，在生物陶瓷涂层中 Al 的分布极少。图 5-12g 为 Fe 的面分布，可以看出，在合金层中有少量的 Fe 元素分布，而

在生物陶瓷层中几乎没有 Fe 元素的分布。合金化层中出现极少量铁的可能原因一是钛合金不是很纯，二是在预置涂层时，钢制刮刀可能带入一点铁。图 5-12h 为 Ti 元素的面分布，由图可知，在基材中 Ti 的分布很均匀，数量大，在合金层中 Ti 的分布较基材少，而在生物陶瓷层中 Ti 的分布较少。Ti 元素的这种分布是与涂层梯度设计一致的。

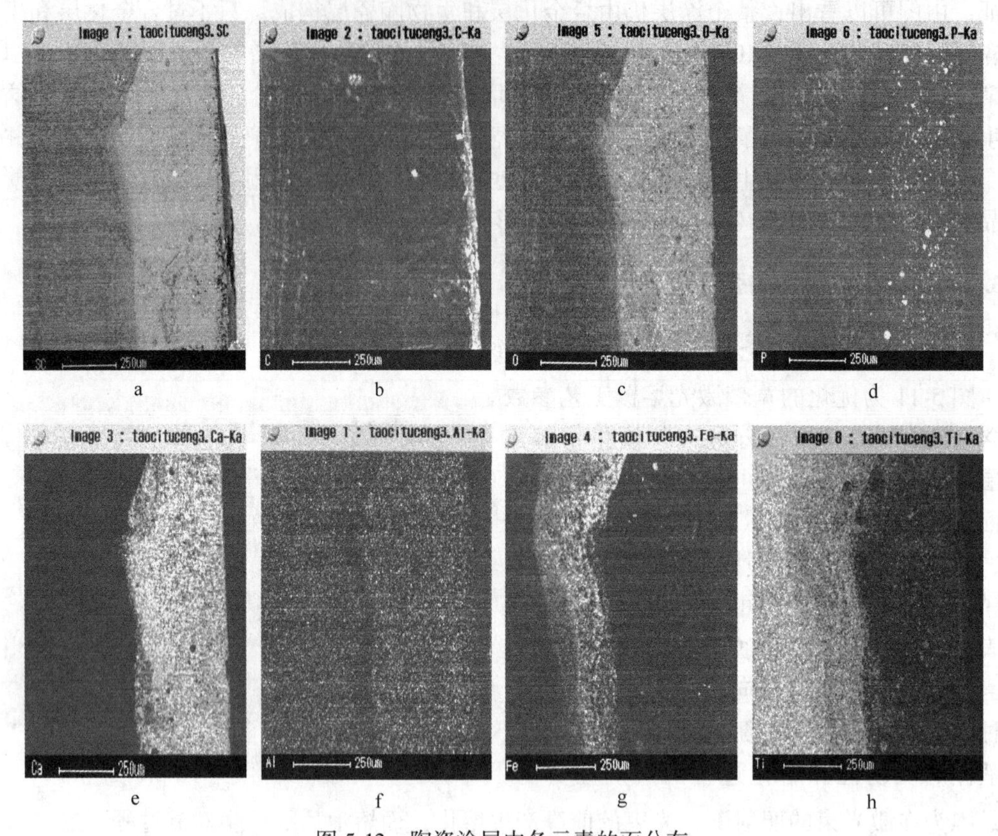

图 5-12　陶瓷涂层中各元素的面分布

图 5-13 为梯度生物陶瓷涂层中主要元素的线扫描图，由图可见，钛元素在基材中的分布最高，在合金化层中次之，在生物陶瓷层中的分布最少；钙元素在基材及合金化层中几乎没有分布，而在生物陶瓷层中大量存在；磷元素在基材中无分布，在合金化层中有少

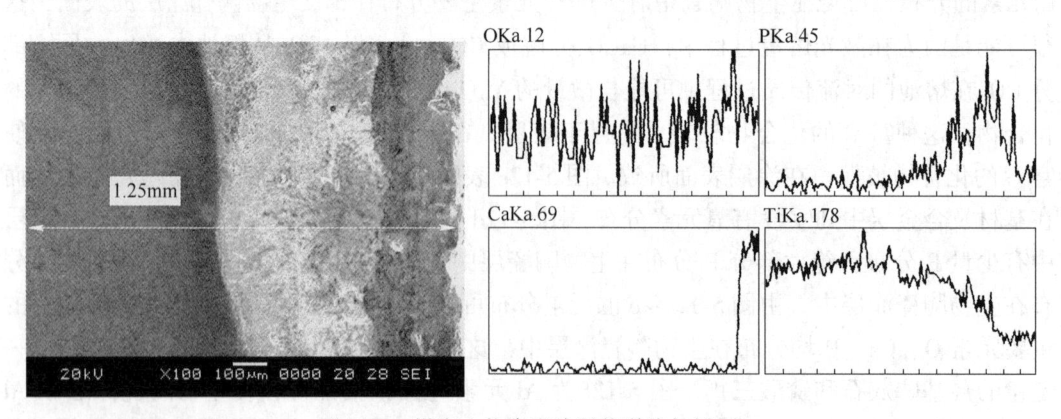

图 5-13　梯度生物陶瓷涂层能谱线扫描图

量分布，在陶瓷层中分布较多；氧元素主要分布在合金化层及陶瓷层中。可以看出，钙、磷、氧元素在陶瓷层中的大量分布为形成具有生物活性的钙磷基磷灰石相提供了保证。作为 HA 和 β-TCP 这两种活性相的主要元素 O、Ca、P 在陶瓷层中的线扫描分布结果与其面分布是一致的。

5.3.3.3 生物陶瓷复合涂层的结合界面

图 5-14 为梯度生物陶瓷涂层的横截面整体形貌，可以看出，梯度生物陶瓷涂层分为三个层次，即基材、合金化层以及生物陶瓷层，各层之间的结合界面处无裂纹。对图 5-14 中的 1、2、3 点进行能谱成分分析，结果如表 5-3 所示。可以看出，基材与涂层材料之间主要成分相互发生了扩散，这表明基材与涂层之间实现了良好的化学冶金结合。图 5-15 为基材与合金化层的界面结合特征，在靠近基材一侧，由于热影响区的影响，Ti 合金发生了马氏体相变，即由 β→α′转变，形成针状的 α′相。靠近合金化层一侧是细密的白色共晶组织，它分布在合金化层中的基底组织上。由图 5-15 还可看出，合金层中的组织像楔子一样插入基材中，这就保证了涂层与基材之间牢固的结合。

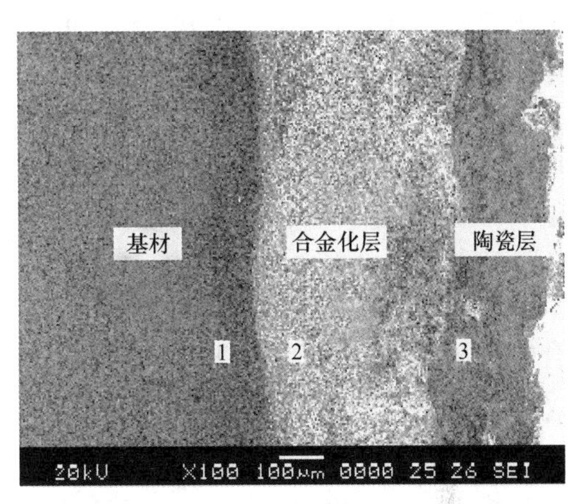

图 5-14 梯度生物陶瓷涂层整体形貌

图 5-16 为合金化层与陶瓷层的结合界面，可以看出，陶瓷层与合金化层的组织呈犬牙交错的组织结构，这种结构可以保证结合界面具有足够的强度。由图 5-16 还可看出，由合金层过渡到陶瓷层，白色颗粒数量逐渐减少。

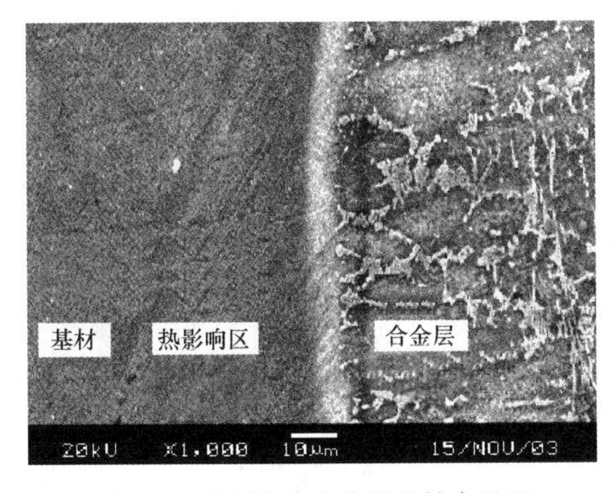

图 5-15 基材与合金化层的结合界面

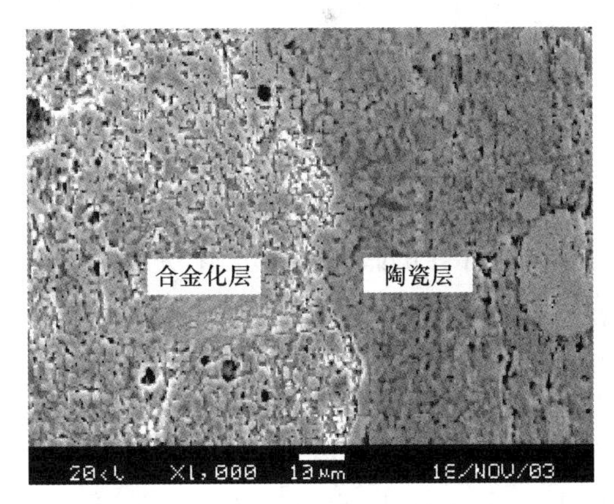

图 5-16 合金层与陶瓷层结合界面

表 5-3 三区的能谱成分分析结果 （质量分数/%）

测试点	Ti	Al	V	P	Ca
1	76.70	5.79	3.81	4.02	0.95
2	46.06	1.53	1.82	6.43	1.62
3	15.32	0.21	0.18	15.58	34.25

5.3.3.4　梯度生物陶瓷复合涂层的组织特征及相组成

图5-17为合金化层的组织特征，可见，基底组织为胞状晶和树枝晶，其上分布大小不等的白色颗粒，有的颗粒甚至达到纳米量级。合金层中存在这种细小的颗粒可保证合金化层有足够的强韧性配合。众所周知，激光熔覆后，熔池冷却速度高达10^6℃/s，故由基底组织中凝固结晶析出的化合物相来不及长大而被迅速“冷冻”下来，形成微米级甚至纳米级的颗粒相。合金化层中基底组织的能谱分析如图5-18所示。主要为过饱和的Ti固溶体，固溶体中含有Al、P、V、Fe元素，合金层胞状及树枝晶状的基底组织可表示为$Ti_{76.40}(Al_{8.06}$、$P_{4.56}$、$V_{1.52}$、$Fe_{8.03})$。基底组织上分布的白色颗粒是由于宽带激光熔覆处理后，熔池凝固结晶析出的复杂化合物相。共晶体的能谱分析表明含有Al、P、V、Fe和少量O，可表示为$Al_{1.07}V_{3.06}$以及$Fe_{12.89}Ti_{24.36}O_{1.05}$。白色颗粒相的定点探针分析表明含有Al、V和Ti，可表示为$Al_3V_{0.333}Ti_{0.666}$。图5-19为剥落陶瓷层后合金层的X射线衍射谱，可以看出，合金层主要相为Ti(Al，P，Fe，V)、Fe_2Ti_4O、AlV_3以及$Al_3V_{0.333}Ti_{0.666}$。结合能谱分析、定点探针及X射线衍射结果可以判定合金层中基底组织为Ti(Al，P，Fe，V)，白色的共晶组织为$Fe_2Ti_4O+AlV_3$，白色颗粒状组织为$Al_3V_{0.333}Ti_{0.666}$。

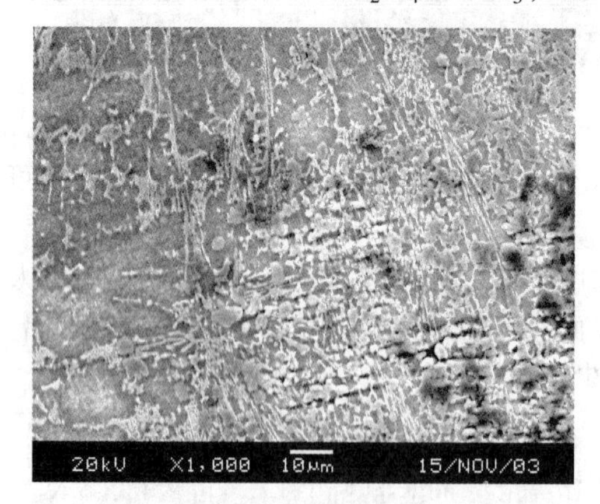

图5-17　合金层中的组织形貌图

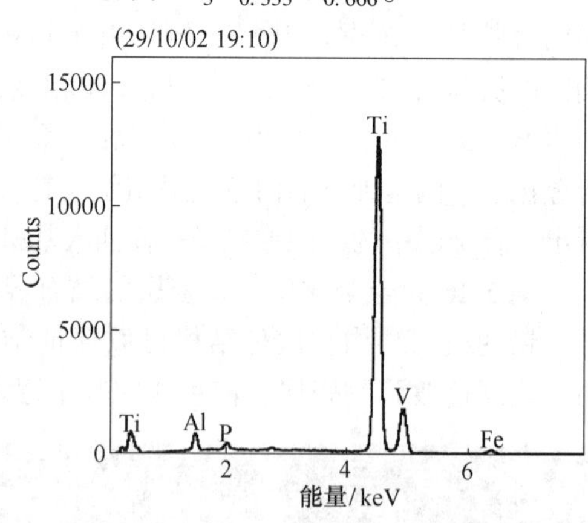

图5-18　合金层中基体组织的能谱图

值得指出的是，基材与生物陶瓷涂层之间存在的致密的合金化层将作为一道屏障，在生物陶瓷复合涂层植入活体后可以有效地阻止Al、V等有害离子渗入体内，从而有助于提高生物陶瓷复合涂层在临床实际应用时的安全性。

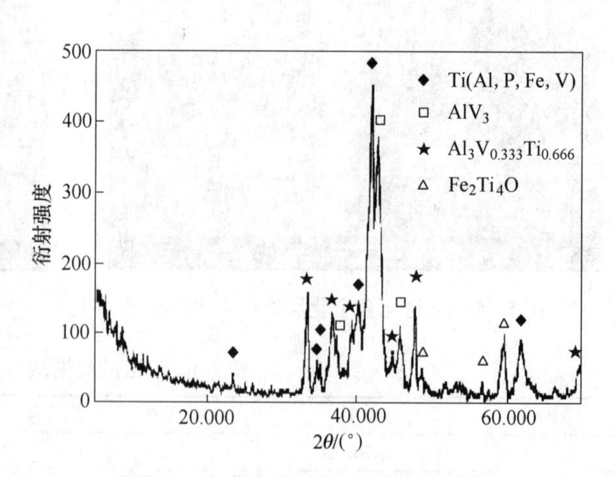

图5-19　合金化层的X射线衍射谱

图5-20为生物陶瓷涂层的组织形貌，由图可见，生物陶瓷层中基底组织有胞状晶，其上分布有灰色及白色颗粒组织。图5-21为生物陶瓷涂层中基体组织的能谱分析结果，可以看出，主要含有O、Ca、P、Ti等元素。可表示为$Ca_{1.77}P_{1.06}O_{4.62}$、$Ca_{15.78}Ti_{16.13}O_{45.62}$、

$Ca_{1.35}O_{1.48}$。灰色颗粒能谱分析表明可表示为 $Ca_{3.12}P_{2.05}O_{8.25}$。白色颗粒相定点探针分析表明主要富含 O、Ti。可表示为 $Ti_{2.28}O_{2..35}$。由生物陶瓷涂层的 X 射线衍射分析结果可知，在生物陶瓷涂层中主要有 $CaTiO_3$、CaO、HA、α-TCP、β-TCP 及 TiO 相。结合梯度生物陶瓷涂层元素的面分布、能谱分析、电子探针以及 X 射线衍射分析结果可以判定生物陶瓷涂层中的基底组织为 $CaO+CaTiO_3+HA$，灰色颗粒相为 α-TCP 和 β-TCP，白色颗粒相为 TiO。

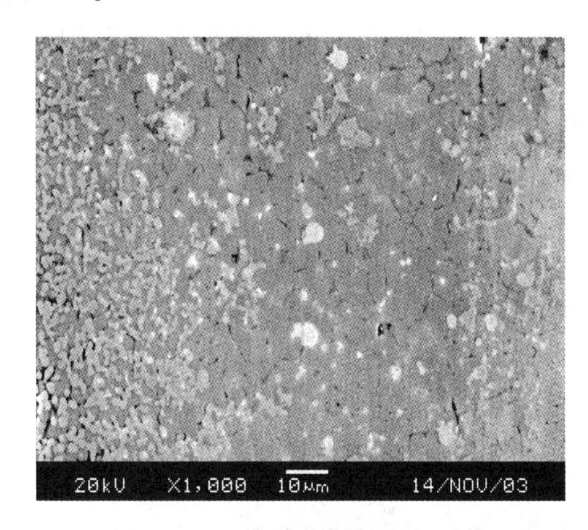

图 5-20　生物陶瓷层的组织形貌

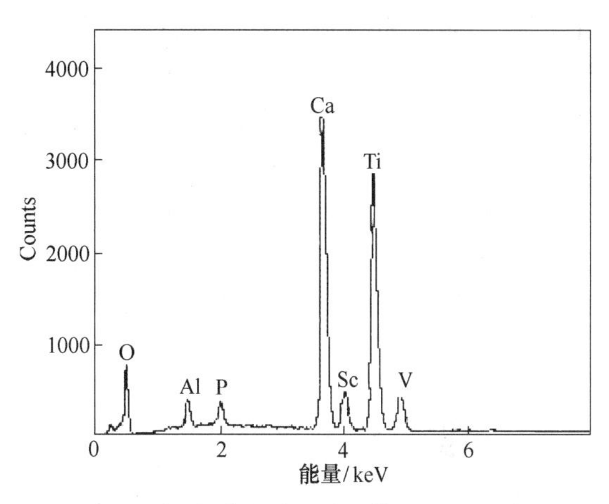

图 5-21　生物陶瓷涂层中基体组织的能谱图

5.3.3.5　生物陶瓷复合涂层的表面形貌分析

尽管宏观下观察生物陶瓷涂层较平整，但在高倍电镜下观察却发现其具有独特的表面结构，图 5-22 和图 5-23 为在优化的工艺参数下生物陶瓷复合涂层表面两种典型的形貌。由图 5-22 可见，生物陶瓷涂层表面形成了类珊瑚礁的结构。这种表面结构将有助于为骨组织长入生物陶瓷涂层提供通道。由图 5-23 可以看出，生物陶瓷涂层表面形成了短杆堆积结构，这是一种典型的羟基磷灰石结构，这种结构无疑将增加生物陶瓷涂层与骨组织的生物相容性。

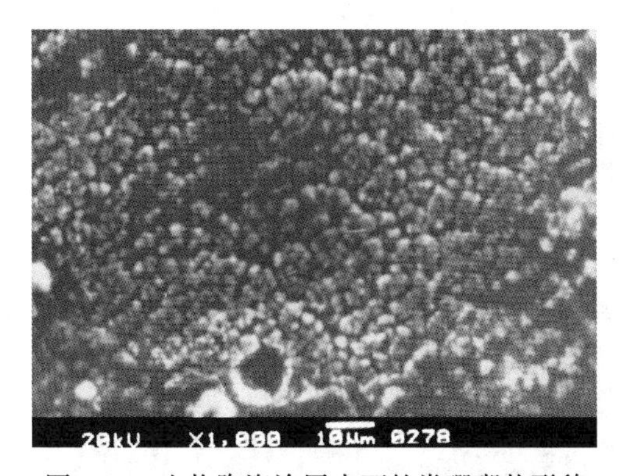

图 5-22　生物陶瓷涂层表面的类珊瑚状形貌

图 5-23　生物陶瓷涂层表面短杆堆积状形貌

5.3.3.6　生物陶瓷涂层的模拟体液试验

将生物陶瓷复合涂层在 Hank's 模拟体液中浸泡不同时间后取出进行表面观察发现，浸泡 3 天后，生物陶瓷复合涂层表面出现细小的白色磷灰石颗粒，这些细小白色颗粒分布较均匀，如图5-24所示。图5-25表明，在模拟体液中浸泡7天后，生物陶瓷复合涂层表面形成一层白色磷灰石沉积膜，这表明随着浸泡时间的延长，白色磷灰石层逐渐加厚。图5-26为在模拟体液中浸泡14天后生物陶瓷涂层的表面形貌，可以看出，生物陶瓷涂层表面的白色磷灰石相有长大的趋势，有些区域的磷灰石相长成菊花状。图5-27为菊花状白色析出物能谱分析位置（图中十字线）及能谱分析结果，图5-28为未放入模拟体液的涂层表面能谱分析结果，通过对比图5-27和图5-28的能谱分析结果可以发现，材料表面的Ti元素随着浸泡时间的增加而消失，浸泡14天后，仅有O、Ca和P等元素，由此可以断定所形成的磷灰石层是一种富含Ca和P的物质，这种结果表明材料表面与模拟体液之间发生了化学反应，从而导致了磷灰石在材料表面的沉积。要想从模拟体液（SBF）中形成磷灰石必须有一种激励源，在本实验中，复合陶瓷涂层材料表面磷灰石的形成主要与$\beta\text{-}Ca_3(PO_4)_2$和TiO相的存在有关。当复合材料浸入SBF后，由于暴露在表面的$\beta\text{-}Ca_3(PO_4)_2$和TiO颗粒与SBF之间的相互作用，将在复合材料表面形成Ti-OH基团，Ti-OH基团的存在可以为羟基磷灰石提供有利的成核位置，关于这个问题可做如下解释。

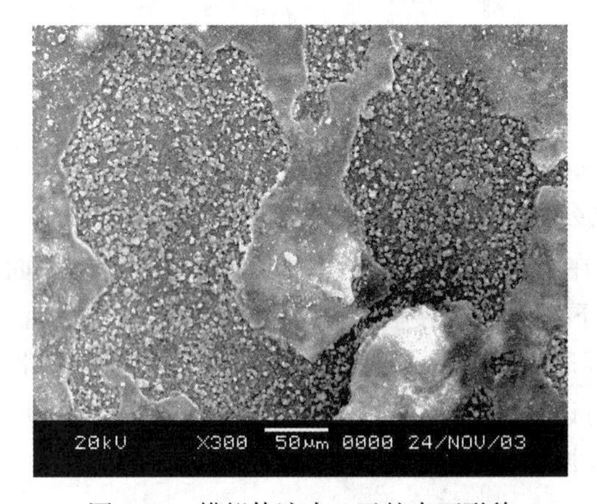

图5-24 模拟体液中3天的表面形貌

图5-25 模拟体液中7天的表面形貌

在一定的温度下，形成临界尺寸核胚的自由能ΔG^*可表示为：

$$\Delta G^* = \frac{16\sigma^3 f(\theta)}{3[kT/V_\beta(IP/K_0)]^2}$$

式中，σ为晶核与溶液之间的界面能；IP为晶体在溶液中的离子活度积；K_0为平衡态的IP值，也即是晶体的溶度积；$f(\theta)$为晶核与基体之间接触角的函数；V_β为结晶相的分子体积。其中，$f(\theta)$与基体有关，IP/K_0作为过饱和度的量度，当基体中释放一些晶体的组成离子时，此参数也与基体有关，其他参数都与基体无关。

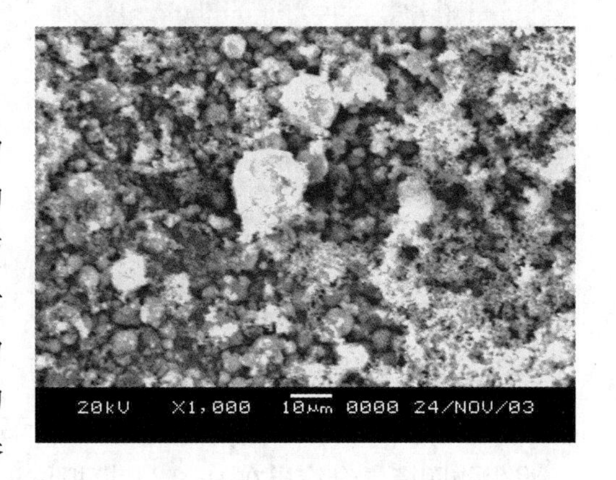

图5-26 模拟体液中14天的表面形貌

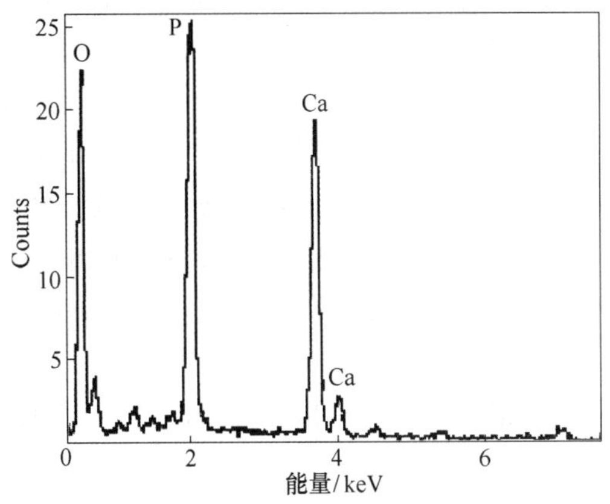

图 5-27 白色析出物能谱分析位置及能谱图

$$f(\theta)=\frac{(2+\cos\theta)(1-\cos\theta)^2}{4}$$

生物复合陶瓷涂层表面生成的 Ti-OH 基团大大降低了磷灰石与基体材料的接触角 θ，θ 愈小，$f(\theta)$ 愈小，ΔG^* 愈低，从而也就愈有利于磷灰石晶核形成。

由以上的模拟体液实验结果可以看出，这种在模拟体液中生成的磷灰石在结构上与人体自然骨相似，都具有较低的结晶度，从生物学的角度来看，磷灰石结构的不完整性有利于获得更好的生物活性，这也是我们所期望的。有关文献的研究结果表明，生物陶瓷表面在活体中生成一层具有生物活性的类骨磷灰石层是生物材料与活体骨之间产生化学键合的必要条件，可见，作者研究的这种梯度生物陶瓷复合涂层具有很好的生物活性，有望通过这层磷灰石层与活体骨产生牢固的化学键合。

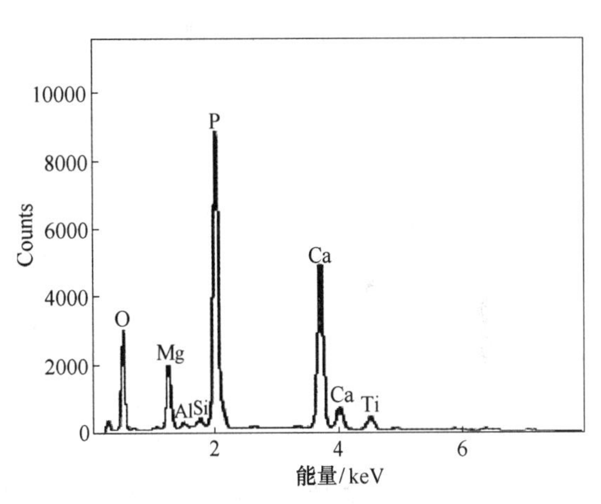

图 5-28 未放入模拟体液的涂层表面能谱分析结果

5.3.4 梯度生物活性陶瓷涂层的力学性能

作为人体硬组织修复和替代的植入材料的主要功能是承受和传递载荷，由于肌肉通过多点连接于骨骼，使作用于骨骼系统的力呈多点分布，故应力场是十分复杂的。因为骨的结构与应力场密切相关，尽可能小地干扰力的传递模式是任何植入这一系统的材料最重要的功能特点之一。因此，生物活性陶瓷涂层的力学性能指标如涂层与基材之间的界面结合强度，涂层的硬度、抗压强度、弯曲强度、杨氏模量、断裂韧性等显得非常重要。特别是生物陶瓷复合涂层断裂韧性值的大小，对生物陶瓷复合涂层的使用性能有较大影响。同时，通常需要骨替换或骨增强的材料与临近骨具有尽可能相同的弹性模量，对涂层复合材料而言，其界面结合强度对植入效果具有决定性的影响。另外，作为关节替换材料，无论是全部还是部分替换，都要求具有低摩擦和低磨损，因而涂层材料的耐磨性也十分重要。

硬组织植入材料的力学性能已经受到国内外学者的广泛关注，近10多年来这方面的研究报导很多。本章着重对生物活性陶瓷/TC4梯度复合涂层的性能进行了系统的测试和研究，包括显微硬度、结合强度、拉伸强度、弯曲强度、断裂韧性、耐磨性能等。

5.3.4.1 生物陶瓷复合涂层的显微硬度

用FM7600半自动显微硬度计测试生物陶瓷涂层显微硬度，载荷0.1kgf，加载时间10s，沿生物陶瓷涂层的横截面由表及里测量不同区域的硬度分布。

图5-29~图5-33分别为Y_2O_3含量（质量分数）从0~0.8%的生物陶瓷复合涂层的显微硬度分布图，可以看出，显微硬度分布曲线大致分为四个区域：陶瓷层、合金化层、热影响区和基体。由图5-29可以看出，当未添加Y_2O_3时陶瓷涂层的厚度较薄，这是因为未生成生物陶瓷HA、β-TCP等活性生物陶瓷的缘故，同时由于未添加Y_2O_3，熔覆层存在一定量的气孔、疏松等缺陷，造成熔覆层组织的致密度不高，故熔覆层的硬度较低，由图还可看出，合金化层的显微硬度比陶瓷层高，这是因为合金化层中凝固结晶析出数量较多且尺寸细小的合金相所致。由图5-30可以看出，当添加0.2% Y_2O_3（质量分数）时，由于稀土氧化物具有催化合成HA+β-TCP的缘故，导致陶瓷涂层的厚度增加，陶瓷涂层的显微硬度较未加Y_2O_3高，最高硬度为$1012HV_{0.1}$，合金化层的显微硬度为$1223HV_{0.1}$。这是由于在激光熔覆过程中稀土氧化物起到净化熔体的作用，使凝固结晶时气孔、疏松等缺陷大大下降。同时稀土聚集在晶界上，阻止了晶粒的长大，晶粒得到细化，组织致密，使复合涂层硬度提高；其次，富集于界面上的钇可以与钛等元素发生反应，改善界面结构，促进界面冶金结合，提高界面区域的硬度；第三，钇可以与某些杂质元素发生反应，生成化合物，净化陶瓷相/金属相界面和陶瓷相/陶瓷相界面，提高界面结合强度，使裂纹的扩展阻力增大，从而提高硬度。以上所述几点原因导致生物陶瓷涂层及合金化层显微硬度值比未加Y_2O_3时有所增加。从图5-31可以看出，当Y_2O_3含量（质量分数）为0.6%时，由于这时Y_2O_3催化合成HA+β-TCP的活跃程度最大，因而生成活性生物陶瓷的量增多，故生物陶瓷涂层厚度增加。陶瓷涂层的显微硬度最高值为$1062HV_{0.1}$，合金化层的显微硬度为$1405HV_{0.1}$。可见，Y_2O_3含量（质量分数）为0.6%时无论是生物陶瓷层还是合金化层的显微硬度均达到最大值。由图5-31还可以看出，从合金化层至基材的硬度分布曲线呈梯

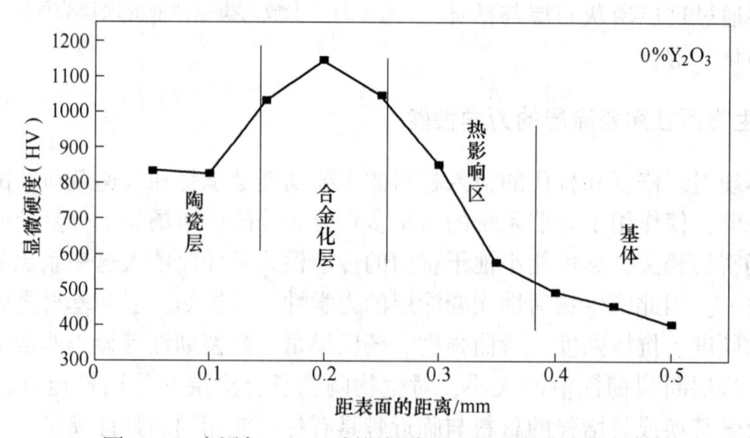

图5-29 未添加Y_2O_3时的熔覆层显微硬度分布曲线图

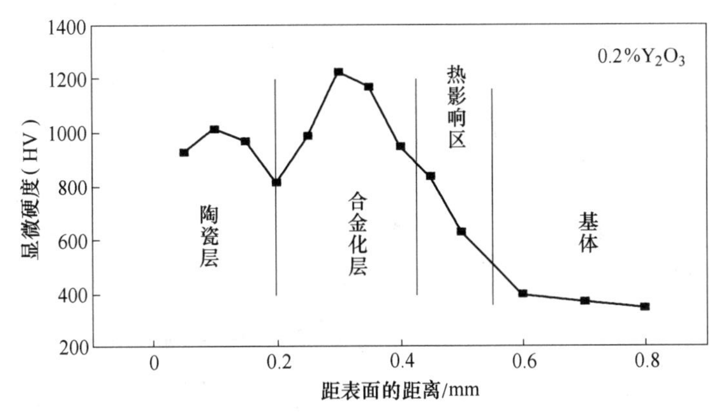

图 5-30 0.2%Y_2O_3 时的熔覆层显微硬度分布曲线图

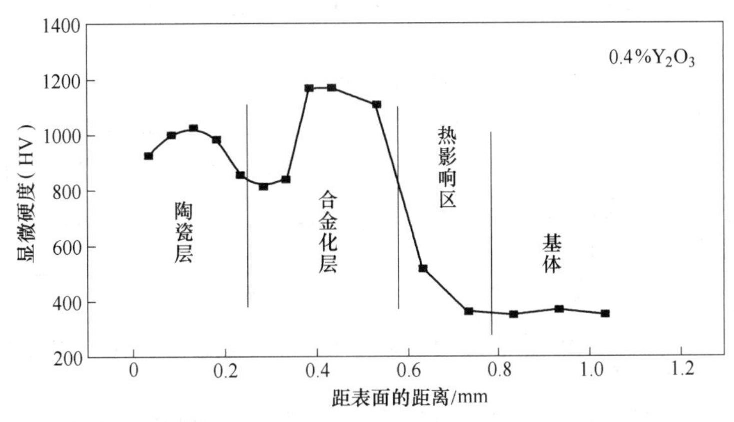

图 5-31 0.4%Y_2O_3 时的熔覆层显微硬度分布曲线图

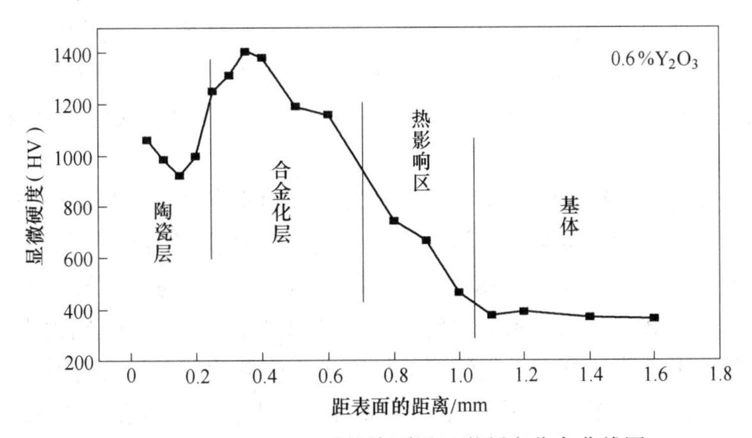

图 5-32 0.6%Y_2O_3 时的熔覆层显微硬度分布曲线图

度下降趋势，这可以保证生物陶瓷涂层与基材之间良好的冶金结合，避免使用过程中从界面处发生开裂。由图 5-33 可知，当 Y_2O_3 含量（质量分数）为 0.8%时，由于 Y_2O_3 催化合成 HA+β-TCP 的作用减弱，导致生物陶瓷涂层厚度减小，显微硬度的最大值为 1045 $HV_{0.1}$，较 0.6% Y_2O_3 时的生物陶瓷涂层的显微硬度略低，合金化层的显微硬度最大值为 1300 $HV_{0.1}$，也比 Y_2O_3 含量（质量分数）为 0.6%时的低。

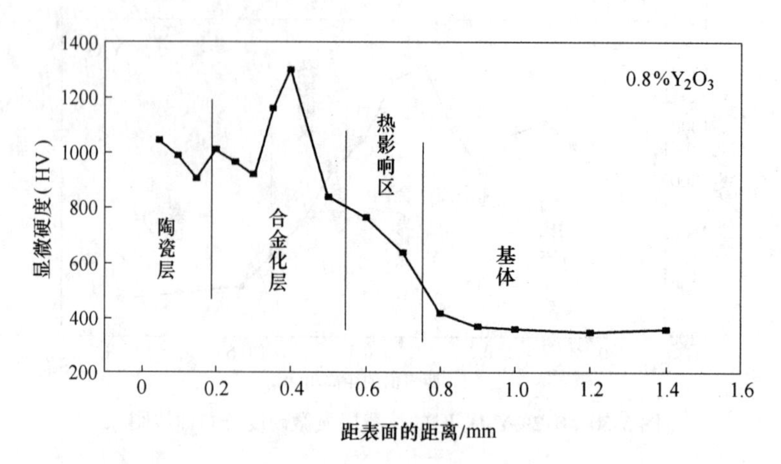

图 5-33 0.8%Y_2O_3 时的熔覆层显微硬度分布曲线图

5.3.4.2 生物陶瓷复合涂层界面结合强度

将试样线切割为 10mm×10mm×5mm 尺寸，采用型号为 WDW-50 的微机控制电子万能拉伸机进行试验，其最大试验力是 50kN。所用黏结剂由中蓝晨光化工研究院生产，型号为 DG-35。在拉伸试验前，先加工两个大小相等，互相对称的测试棒，其大小为 ϕ20mm×100mm，在测试棒上分别钻一个孔，便于夹具固定，孔的直径为 ϕ10mm。测试棒简图见图 5-34。

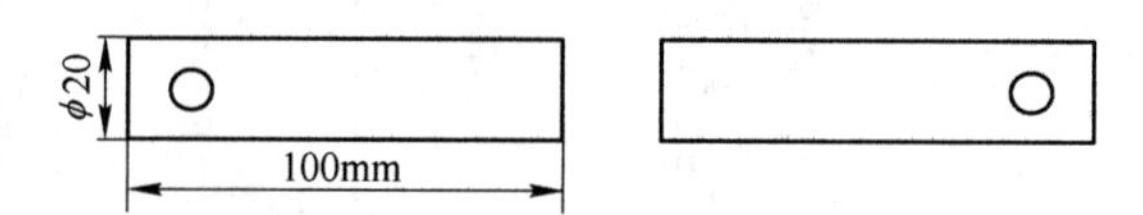

图 5-34 结合强度实验所用夹具示意图

将生物陶瓷试样 10mm×10mm 两面在砂纸上磨平，用丙酮擦拭干净。测试前，用黏结剂将一根测试棒垂直地黏合在有陶瓷复合涂层的表面上，另一根测试棒垂直地黏合在没有陶瓷复合涂层的表面上。为保证陶瓷层表面、测试棒与黏结剂有足够的结合强度，将测试样品在常温下放置 24h。测试时，沿测试棒方向逐渐增加载荷，当载荷增加到一定值时，就会导致测试棒从陶瓷涂层表面拉开。与此同时，数字应力记录仪记下这时的断裂应力。测试三个试样，取平均值。

三次实验断裂均发生在陶瓷涂层与黏结剂之间，而不发生在陶瓷涂层与钛合金基体之间。这表明，陶瓷层与钛合金基体之间的结合强度大于陶瓷层与测试棒之间的黏合强度。三次实验的结果分别是 37.5MPa、38.2MPa、40.6MPa。三次的平均值为 38.8MPa。头两次实验由于表面没有磨平，表面粗糙度比较大，里面可能进了空气，粘得不太牢固，因此强度较低。实验结果表明，宽带激光熔覆的梯度生物陶瓷涂层与钛合金基体的结合强度在 38.8MPa 以上。国内王迎军等人用等离子喷涂制备的生物陶瓷涂层，当采用梯度过渡层时，涂层与基体的结合强度为 34.5MPa；当直接喷涂纯 HA 时，涂层与基体的结合强度仅为 16.2MPa。郑学斌等人用等离子喷涂制备 HA/Ti 复合涂层与基体的结合强度只有 23.5MPa，而高家诚等人用激光熔覆的陶瓷涂层与基体的结合强度达到 37.4MPa 以上。由此可见，激光熔覆陶瓷涂层与基体的结合强度要大于等离子喷涂陶瓷涂层与基体的结合强度；而采用梯度设计的方法制备的生物陶瓷复合涂层与基体的结合强度要大于不采用梯度设计的陶瓷涂层与基体的结合强度。

5.3.4.3 拉伸性能

所有试样均是在 Ca : P = 1.5，添加 Y_2O_3 为 0.6%（质量分数）的条件下制备拉伸试样采用非标试样，尺寸大小如图5-35所示。复合涂层拉伸实验在 INSTRON8501 型材料拉伸试验机上进行，将试样两端装夹于试验机板状试样夹头内，载荷由载荷传感器传递，位移由光电编码器传递，将试样长度、宽度、高度输入计算机。实验在室温下进行，以 2mm/min 的实验速度对试样施加载荷（最大载荷为 100kN），试样破坏后计算机自动输出应力、应变曲线和实验数据，拉伸弹性模量 E 可在记录曲线弹性段采集数据而求出 $E = \dfrac{\Delta P_i L_0}{A_0 \delta(\Delta l)_i}$，拉伸结果见表 5-4。

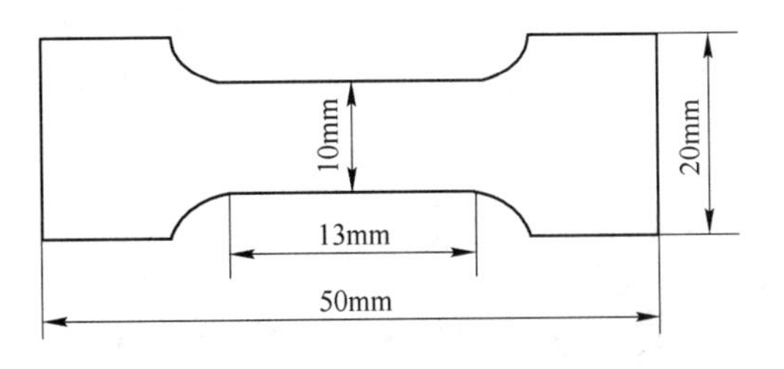

图 5-35 梯度生物陶瓷复合涂层拉伸试样简图

表 5-4 梯度生物陶瓷复合涂层拉伸试验结果

试样编号	最大载荷/kN	拉伸强度/MPa	弹性模量/GPa
1	38.78	775.63	22.62
2	39.15	782.92	21.65
3	38.49	769.80	21.82
4	37.98	759.64	22.31
5	37.56	751.14	21.45
$\bar{x} \pm SD$	767.83±12.63		21.97±0.48
TC4	55.40	1107.95	22.80

表 5-4 中的 SD 代表标准偏差 σ，它是表示同一被测量值的 n 次测量所得结果的分散性参数，即测量值围绕被测量真值的离散（或分散）程度。它等于各个随机误差（δ_1、δ_2、…、δ_n）平方的算术平均值的开方根，即 $\sigma = \sqrt{\dfrac{\sum_{i=1}^{n} \delta_i^2}{n}}$。但由于被测量的真值总是无法知道的，所以通常用多次测量结果的算术平均值来代表被测量的真值，再用测得值与算术平均值的差值（残余误差）来计算标准偏差，即 $\sigma = \sqrt{\dfrac{\sum_{i=1}^{n} (X_i - \bar{X})^2}{n-1}}$（贝塞尔公式）。

由表 5-4 可以看出，未进行激光熔覆生物陶瓷涂层的钛合金试样平均拉伸强度、平均弹性模量均比熔覆生物陶瓷复合涂层的试样高。由于激光熔覆后，在生物陶瓷涂层中产生了较大的拉应力，这种拉应力与熔覆面垂直，而生物陶瓷复合涂层试样的拉伸方向平行于熔覆面。生物陶瓷涂层的拉应力会抵消复合陶瓷涂层部分拉伸强度。所以激光熔覆的生物陶瓷复合涂层试样的平均拉伸强度、平均弹性模量均比钛合金试样低。

采用扫描电镜对拉伸试样断口形貌特征进行观察，梯度生物陶瓷复合涂层拉伸试样的断口电子扫描电镜照片如图 5-36 所示。从图可知，断面上具有韧性断裂的韧窝特征，这表明我们所制备的生物陶瓷涂层具有较好的韧性。同时我们发现断口上还有反映疲劳断裂特征的平行疲劳条带。这表明复合涂层的断裂是疲劳造成的。

图 5-37 为钛合金基材断口形貌，由于钛合金具有很好的韧性，故在断口上可以看到大量的大小不等的韧窝。

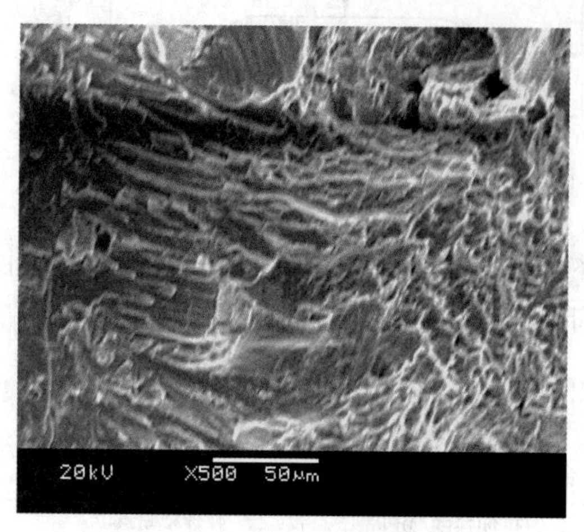

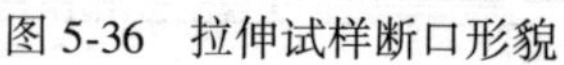
图 5-36 拉伸试样断口形貌

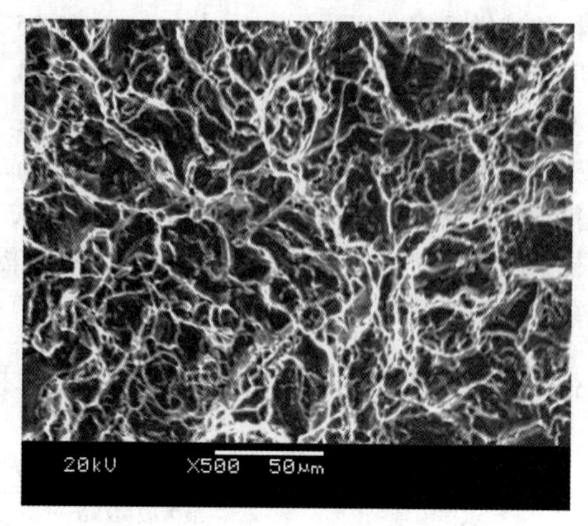

图 5-37 钛合金基材断口形貌

弹性模量是度量材料刚度的指标，它反映了材料对弹性变形的抗力。在对材料进行拉伸试验过程中，在弹性变形阶段，其应力 σ 与应变 ε 成正比，服从虎克定律：$\sigma=E\times\varepsilon$，式中 E 为材料的弹性模量。

因为拉伸试验测出的弹性模量为钛合金/生物陶瓷涂层复合材料的弹性模量，并非单纯生物陶瓷涂层的弹性模量。因此须采用以下公式来计算单纯生物陶瓷涂层的弹性模量。

计算公式如下：

$$E_c = \frac{E_t - E_s \times V_s}{V_c}$$

式中 E_c——涂层的弹性模量，GPa；

E_t——复合材料的弹性模量，GPa；

E_s——钛合金基体的弹性模量，GPa；

V_s——平行段部分基体的体积分数；

V_c——平行段部分涂层的体积分数。

由表 5-4 可知 $E_s=22.8$GPa。借助 IAS-4 定量金相分析系统，可测量出生物陶瓷涂层的厚度，从而计算可得 V_s、V_c。生物陶瓷涂层弹性模量计算结果如表 5-5 所示。

表 5-5 梯度生物陶瓷复合涂层弹性模量计算结果

试样编号	V_c	V_s	E_t/GPa	E_c/GPa
1	0.03	0.97	22.62	16.80
2	0.10	0.90	21.65	11.30
3	0.11	0.89	21.82	13.89
4	0.09	0.91	22.31	17.36
5	0.11	0.89	21.45	10.53
$\bar{x}\pm SD$		21.97±0.48	13.98±3.10	

由表5-5可以看出，生物陶瓷复合涂层的弹性模量最高值为17.36GPa，最低值为10.53GPa。表5-6为致密骨等不同材料性能对比表，由表可知，致密骨的弹性模量为3.9~11.7GPa，而我们制备的生物陶瓷复合涂层的弹性模量平均值为13.98GPa，可见与人体致密骨的弹性模量相当接近。这种结果可望在涂层植入活体后减少骨头对植入体的应力屏蔽效应，为植入后的组织匹配和力学匹配提供了有利条件。

表5-6 不同材料性能对比

材 料	$HV_{0.2}$	σ_{bb}/MPa	σ_b/MPa	σ_c/MPa	E/GPa
牙本质	72	—	51.7	295	18.2
牙釉质	350	—	10.3	384	82.4
致密骨	—	117~230	89~114	88~164	3.9~11.7
致密 HA	539	80~195	—	70~920	75~103
生物陶瓷涂层	1030	1671.65	767.83	—	13.98

5.3.4.4 弯曲强度

将梯度生物陶瓷复合涂层加工成尺寸为50mm×10mm×5mm的试样（激光熔覆面为50mm×10mm），在INSTRON8501型万能试验机上进行三点弯曲试验（见图5-38），测试试样弯曲强度。其中跨距为40mm，将试样的原始数据输入计算机，以2mm/min的实验速度对试样施加载荷。实验结束后计算机自动输出实验结果见表5-7。

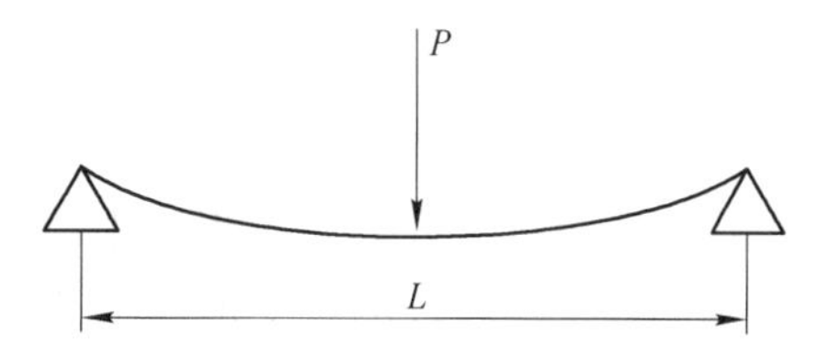

图5-38 三点弯曲试验加载方式

表5-7 梯度生物陶瓷复合涂层弯曲试验结果

试样编号	弯曲强度/MPa
1	1656.27
2	1707.51
3	1663.64
4	1669.28
5	1661.53
$\bar{x} \pm SD$	1671.65±20.58
TC4	1535.69

由表5-7可以看出，平均弯曲强度值为1671.65MPa。将平均值与TC4的弯曲强度进行比较，发现两者差别不大。这也说明该生物陶瓷涂层具有较好的生物力学性能。

5.3.4.5 断裂韧性

目前，针对复合材料涂层的断裂韧性研究较少，生物陶瓷复合材料涂层的断裂韧性研究更少，国内郑学斌等人研究了等离子喷涂HA/Ti复合涂层的断裂韧性，结果表明，该涂层的断裂韧性较小，仅为0.49MPa·$m^{1/2}$。国外Wang等人研究了单层和功能梯度活性涂层的断裂韧性，结果表明，单层的球状羟基磷灰石的K_{IC}为0.5MPa·$m^{1/2}$左右。而进行了梯度成分设计的功能梯度涂层的 K_{IC} 最大值上升到 1.76MPa · $m^{1/2}$ 左右。他们对 K_{IC} 的计算均采用以下公式：

$$K_{IC} = 0.016(E/H)^{1/2} \cdot (L/C^{3/2}) \tag{5-1}$$

式中 E——陶瓷涂层的弹性模量，GPa；

H——陶瓷涂层的显微硬度值，MPa；

L——所加载荷，N；

C——裂纹长度，m。

由公式（5-1）可知，要计算生物陶瓷涂层的 K_{IC} 必须测出其弹性模量和显微硬度以及裂纹长度。本书的研究采用 Ca ∶ P = 1.5，不同 Y_2O_3 含量试样制备金相试样，用 FM7600 半自动显微硬度计测量生物陶瓷复合涂层的显微硬度，加载 0.3kgf，保压时间 10s。图 5-39 ~ 图 5-41 分别为 Ca ∶ P = 1.5，Y_2O_3 含量（质量分数）为 0.4% ~ 0.8%的生物陶瓷复合涂层菱形压痕形貌。由图可见，菱形压痕四个边角处均不同程度地出现了长短不一的裂纹。通过测量菱形压痕 4 个边角处所产生裂纹的长度以及涂层的显微硬度，然后用公式（5-1）计算出梯度生物陶瓷复合涂层断裂韧性 K_{IC}。

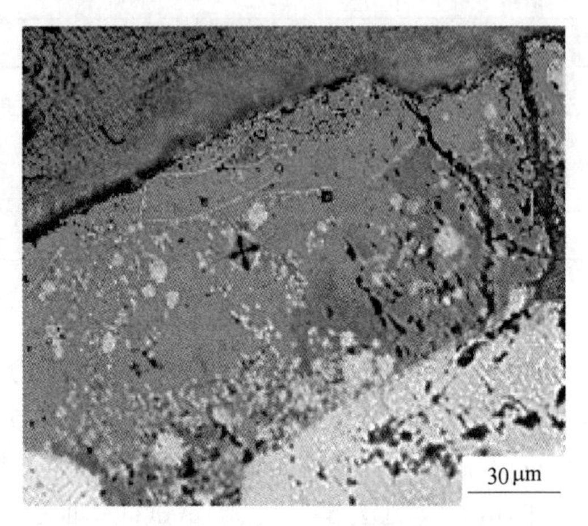

图 5-39　Y_2O_3 含量为 0.4%的涂层压痕形貌

图 5-40　Y_2O_3 含量为 0.6%的涂层压痕形貌

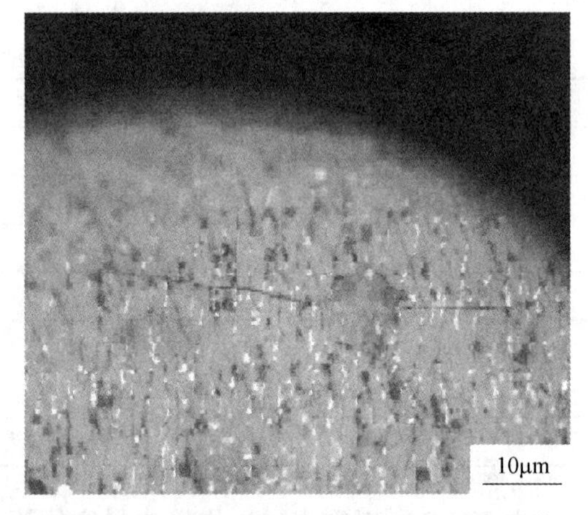

图 5-41　Y_2O_3 含量为 0.8%的涂层压痕形貌

弹性模量 E 参见拉伸试验中表 5-5 的结果，由表可知 E = 13.98GPa，载荷 L 为 0.3kgf，即 2.94N。断裂韧性计算结果如表 5-8 所示。由表可知，428 号试样的断裂韧性值最大，为 6.46MPa · $m^{1/2}$，426 号试样的断裂韧性值最小，为 1.02MPa · $m^{1/2}$。这是因为未添加 Y_2O_3 的 426 号试样未生成 HA、β-TCP 等活性生物陶瓷相的缘故，同时由于未添加 Y_2O_3，熔覆层存在一定量的气孔、疏松等缺陷，造成熔覆层组织的致密度不高，另一方面，由于未添加 Y_2O_3，晶粒的细化作用较差，因而断裂韧性值较小。

表 5-8 生物陶瓷复合涂层断裂韧性计算结果

试样	K_{IC} /MPa·$m^{1/2}$	试样	K_{IC} /MPa·$m^{1/2}$	试样	K_{IC} /MPa·$m^{1/2}$	试样	K_{IC} /MPa·$m^{1/2}$	试样	K_{IC} /MPa·$m^{1/2}$
426 号 0% Y_2O_3	2.90	427 号 0.2% Y_2O_3	7.51	428 号 0.4% Y_2O_3	5.95	429 号 0.6% Y_2O_3	6.39	430 号 0.8% Y_2O_3	3.51
	0.74		8.56		8.94		2.60		7.54
	0.60		1.41		6.80		2.83		0.93
	0.49		4.99		6.82		7.42		2.53
	0.64		5.20		2.72		7.37		3.43
	0.74		5.28		7.50		8.11		5.39
$\bar{x} \pm SD$	1.02±0.93	5.49±2.47		6.46±2.08		5.79±2.44		3.89±2.30	

众所周知，陶瓷的致命弱点是脆性，羟基磷灰石的断裂韧性较低，仅为钛合金的1/40~1/70，致密 HA 的断裂韧性约为 0.70~1.30MPa·$m^{1/2}$，因此羟基磷灰石生物陶瓷仅限用于不承力的体位。而我们计算得到的添加 Y_2O_3 的生物陶瓷涂层断裂韧性值在 3.89~6.46MPa·$m^{1/2}$之间，可以看出，采用宽带激光熔覆技术制备的梯度生物陶瓷活性涂层具有良好的强韧性配合。可望大大改善作为硬组织替代材料的生物陶瓷复合涂层的生物力学性能。

图 5-42 为不同 Y_2O_3 含量试样的断裂韧性误差图，较为直观地反映了各试样的断裂韧性。由表 5-8 还可以看出，用这种方法计算出来的断裂韧性值的误差还是比较大的，误差大的原因主要来自以下几个方面，由于生物陶瓷涂层中致密度不一样，当压头打在致密度高的涂层时，得到的硬度值就较大，当压头打在致密度低的涂层时，得到的硬度值就较小。将这种结果带入 K_{IC}的计算公式，必然造成一定的误差。另一方面，当压头打在致密度高的涂层时，裂纹长度可能较短，而打在孔隙率较大的部位时，所得到的裂纹长度又可能较长，用 K_{IC}的公式来计算，也必然会造成一定的误差。此外，由于计算生物陶瓷涂层弹性模量时存在一定误差，将此结果带入 K_{IC} 的公式计算时必然会进一步造成误差。可见，以上这几种因素可能造成了断裂韧性值出现较大的误差。

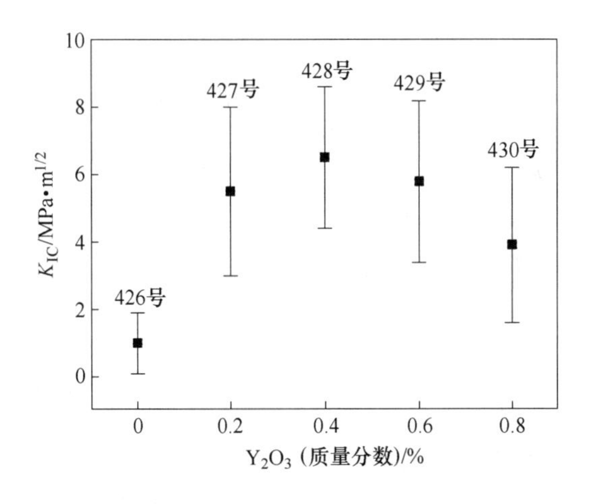

图 5-42 不同 Y_2O_3 含量试样的断裂韧性误差图

将梯度生物陶瓷复合涂层力学性能试验结果与表 5-6 中所列材料进行比较后可以看出，梯度生物陶瓷复合涂层的强度和硬度均高于人体硬组织，因此植入活体后完全能够承受生理条件下的载荷。由于稀土的细化晶粒与净化作用、激光熔覆后生物陶瓷涂层中存在的残余应力以及物相组成的差异，因而涂层的硬度高于人体硬组织。据报道，钛合金等生物医用金属材料虽然具有良好的综合力学性能，但其弹性模量与硬组织相差很大，植入人体将导致应力分布不均匀，对周围的硬组织造成屏蔽。而骨的生长是基于对应力的响应，因此这种屏蔽作用可能导致骨生长的减缓乃至骨的退化。而作者所制备的梯度生物陶瓷复合涂层弹性模量接近于致密骨的弹性模量。由此可见，我们在钛合金表面宽带激光熔覆制备的生物梯度复合陶瓷涂层能显著减小植入体与活体硬组织的弹性模量差异，可在硬组织与钛合金基体之间起到过渡作用，提高其力学相容性，改善应力分布状况，将会有利于骨的生长及保持其生理活性。

5.3.4.6　生物陶瓷涂层的摩擦磨损试验

作为关节替换材料，无论是全部还是部分替换，都要求具有低摩擦和低磨损，因而研究涂层材料的耐磨性也十分重要。将梯度生物陶瓷复合涂层试样加工成 30mm×7mm×5mm（激光熔覆面为 30mm×7mm），对磨试样为环形状，材料为 Cr12MoV，表面经氮化处理，硬度为 58~63HRC，试样和对磨环尺寸如图 5-43 所示。磨损实验设备为 MM-200 磨损试验机，图 5-44 为本次摩擦磨损试验的简图。为使生物陶瓷复合涂层植入活体后达到实际生理环境效果，试验采用模拟体液（Hank's 溶液）作为润滑剂来进行摩擦磨损试验。Hank's 溶液配方：NaCl 8.00g + KCl 0.4g + $CaCl_2$ 0.14g + $NaHCO_3$ 0.35g + $C_6H_{12}O_6$（葡萄糖）10g + $MgCl_2 \cdot 6H_2O$ 0.1g + $MgSO_4 \cdot 7H_2O$ 0.06g + KH_2PO_4 0.06g + $Na_2HPO_4 \cdot 12H_2O$ 0.06g + 1000mL 水。模拟体液通过油杯的油孔滴漏在条形试样上进行自流润滑，大约 130 滴/min，试验参数为：转速 200r/min，压力 196N，磨损时间 8h。用感量为 10^{-5} 的分析天平测量试样磨损前后的质量，并计算磨损质量。

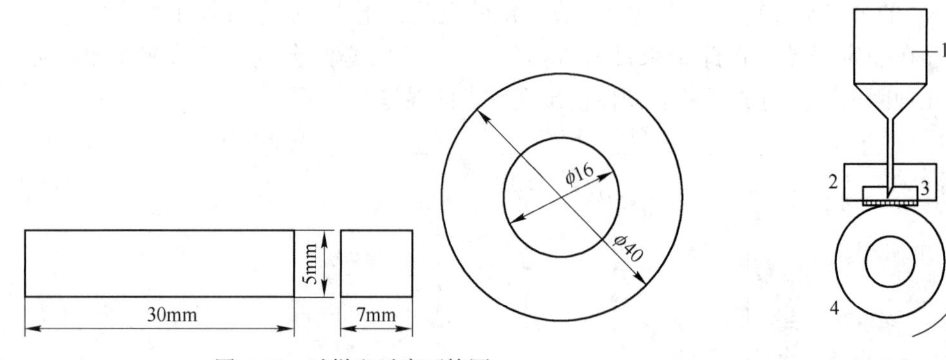

图 5-43　试样和对磨环简图

图 5-44　摩擦磨损试验简图
1—油杯（内盛模拟体液）；2—夹具；
3—生物陶瓷涂层试样；
4—环形对磨试样（Cr12MoV）

A　梯度生物陶瓷复合涂层摩擦系数

表 5-9 为固定扫描速度 v = 150mm/min，光斑尺寸 D = 16mm×2mm，改变输出功率时所制备生物陶瓷试样的摩擦磨损试验结果。从生物陶瓷涂层试样平均摩擦系数结果来看，功

率为 2.5kW 条件下的生物陶瓷涂层的试样平均摩擦系数低于 2.3kW、2.7kW 和 2.9kW 的生物陶瓷涂层的平均摩擦系数。可见，扫描速度 $v = 150\text{mm/min}$，光斑尺寸 $D = 16\text{mm} \times 2\text{mm}$，功率 $P = 2.5\text{kW}$ 条件下的生物陶瓷涂层具有最小的摩擦系数。在这一最佳工艺参数下所制备的生物陶瓷涂层，由于具有较小的孔隙率和最高的显微硬度，因而在摩擦磨损过程中表现出较小的摩擦系数。

表 5-9　生物陶瓷涂层的摩擦系数

试样编号	P/kW	对磨试样	生物陶瓷涂层平均显微硬度/$HV_{0.1}$	试样平均摩擦系数
12	2.3	Cr12MoV	1026	0.218
13	2.5	Cr12MoV	1120	0.212
14	2.7	Cr12MoV	927	0.231
15	2.9	Cr12MoV	897	0.238

B　梯度生物陶瓷复合涂层磨损特性

最大正压力为 196N，转速 200r/min，在模拟体液润滑的试验条件下，不同工艺参数下的生物陶瓷复合涂层平均质量磨损量如表 5-10 所示。由表可见，功率为 2.5kW 条件下的生物陶瓷涂层的平均质量磨损量低于功率为 2.3kW、2.7kW 和 2.9kW 的生物陶瓷涂层的平均质量磨损量，这说明功率为 2.5kW 条件下的生物陶瓷复合涂层耐磨性能最好。且生物陶瓷复合涂层磨损量与其硬度有较好的对应关系，即硬度升高，磨损量下降，材料的耐磨性好。

表 5-10　生物陶瓷复合涂层及对磨环磨损的质量损失

试样编号	P/kW	试样质量磨损量/mg	试样平均质量磨损量/mg	对偶件质量磨损量/mg	对偶件平均质量磨损量/mg
12-1	2.3	5.6	6.53	24.1	24.7
12-2		7.2		25.2	
12-3		6.8		24.8	
13-1	2.5	7.1	5.27	24.3	21.17
13-2		5.1		24.5	
13-3		3.6		20.7	
14-1	2.7	4.7	6.43	23.6	26.37
14-2		8.5		26.7	
14-3		6.1		28.8	
15-1	2.9	6.5	7.53	25.3	27.07
15-2		7.8		26.8	
15-3		8.3		29.1	

图 5-45 是生物陶瓷复合涂层磨损质量损失的直方图，从图中更为直观地看出输出功率为 2.5kW 的生物陶瓷涂层的耐磨性优于工艺参数为 2.3kW、2.7kW 和 2.9kW 的生物陶瓷涂层，且生物陶瓷复合涂层耐磨性能最好。这是由于当功率低时，单位面积上吸收的激光比能小，熔池形成不完全，导致熔池中各种合金元素不能充分对流，引起激光熔覆过程中生物陶瓷不能充分烧结，进而造成陶瓷涂层性能下降。同样，当功率过高时，单位面积

上吸收的激光比能高，熔池对流剧烈，陶瓷层中易出现较多的气孔、疏松等缺陷，造成生物陶瓷涂层的组织致密性下降，力学性能降低。只有当功率为 2.5kW 时，熔池对流充分，生物陶瓷充分烧结，组织致密，加之由于稀土的净化、细化作用，使生物陶瓷层中的气孔、夹杂物减少，生物陶瓷涂层组织细小，陶瓷层与基体形成良好的冶金结合，生物陶瓷涂层的综合力学性能提高，从而有利于降低生物陶瓷涂层的摩擦系数，提高生物陶瓷复合涂层的耐磨性能。复合材料涂层的显微硬度与材料的许多力学性能有着重要的联系，表面硬度的提高有利于材料的抗摩擦和抗磨损性能。功率为 2.5kW 时的生物陶瓷复合涂层的显微硬度最高，因此，具有最低的摩擦系数和最高的耐磨性能。

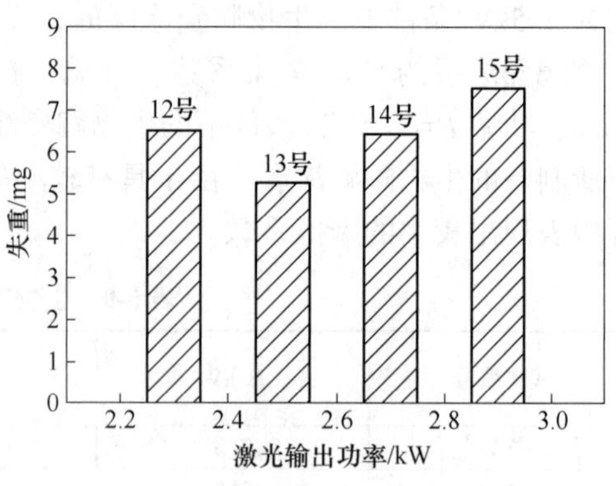

图 5-45　生物陶瓷复合涂层磨损质量损失的直方图

C　梯度生物陶瓷复合涂层的磨损形貌分析及磨损机理

材料的磨损是由于摩擦力及与摩擦力有关的介质、温度等的作用使其形状、尺寸、组织和性能发生变化的过程。对于摩擦磨损的分类，有很多的分类方法，但是大多数的文献都根据磨损失效的特点，把磨损分为四类：

（1）黏着磨损，两个物体相互滑动时产生摩擦破坏，磨损产物由一个物体脱落到另一个物体表面，然后在随后的摩擦过程中表面层断裂，形成自由点，也可能再黏到原来的表面上。其表面特征是表面有细的划痕，严重时有金属转移现象，其磨屑呈片状或层状。

（2）磨粒磨损，这是硬质点划过或犁过金属表面产生的破坏形式，形成与机械加工相似的微型切屑。其磨屑呈条状或切屑状。

（3）接触磨损，在滚动或滑动与滚动混合摩擦的条件下，金属表面因反复加载与卸载，表面或者皮下形成裂纹，随后导致的磨损称为接触疲劳。接触磨损的磨屑呈块状。

（4）腐蚀磨损，在腐蚀介质中进行摩擦时，金属表面形成的薄膜在摩擦力作用下发生破坏，由于腐蚀作用不断发生腐蚀、破坏，再腐蚀、再破坏的失效过程。其磨屑为薄的碎片或粉末。

每一种磨损又可根据不同的磨损特征进行细分，如磨粒磨损又可分为凿削式磨粒磨损、高应力辗碎式磨粒磨损和低应力擦伤式磨粒磨损，根据受损表面的数目多少可分为二体磨粒磨损和三体磨粒磨损，根据金属硬度与磨料硬度之间的相对关系又可分为硬磨粒磨损和软磨粒磨损等。

为研究生物陶瓷复合涂层的磨损机理，采用 JSM-6300LV 扫描电镜对生物陶瓷涂层表面磨痕形貌进行观察。为了减少杂物对表面磨痕能谱分析的影响，所有用于扫描电镜观察的试样都经超声波进行清洗。图 5-46 为 13 号试样磨痕形貌图及其对应能谱，由图可见，未出现明显的犁沟或划痕，但仔细观察，隐约可见细小犁沟的痕迹，可以认为这种磨损形貌不具备磨粒磨损的典型特征。由能谱图可以看出，磨痕表面的 Fe、Cr 等元素的含量较高，这说明生物陶瓷涂层与 Cr12MoV 对磨环在摩擦磨损过程中发生了材料转移的现象，即对磨件 Cr12MoV 中的 Fe、Cr 等元素黏着在了生物陶瓷涂层表面。

图 5-47 为 13 号试样生物陶瓷涂层另一位置的磨痕形貌图及其对应能谱，由图可见，该区域的磨痕较图 5-46 而言更不明显，基本保持了原涂层表面的形貌。由能谱图可以看出，主要含有 Ca、Ti、O、P 等元素，基本保持了原生物陶瓷涂层的主要成分，说明原生物陶瓷涂层磨损较少。这进一步论证了该生物陶瓷涂层耐磨性能较好。由图还可以看出，磨痕表面也含有一定量的 Fe、V、Cr 等元素，这表明对磨环的材料转移到了陶瓷涂层表面。

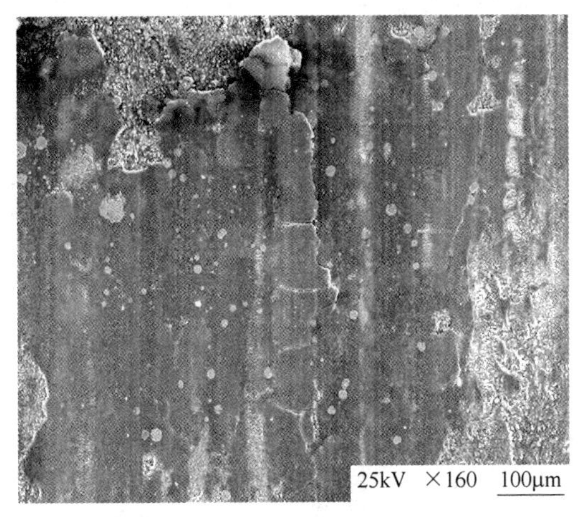

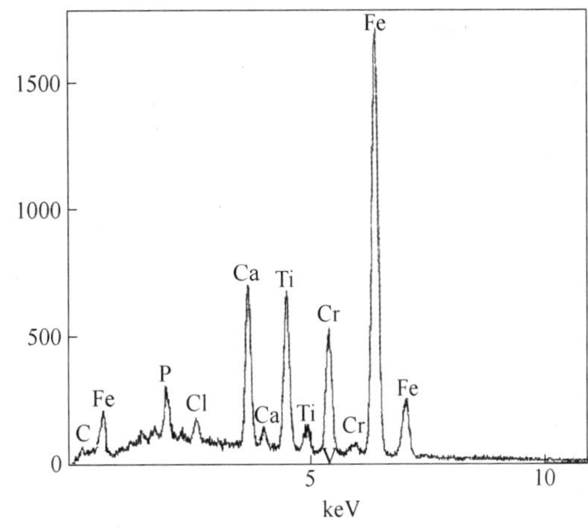

图 5-46 13 号试样磨痕形貌及能谱图

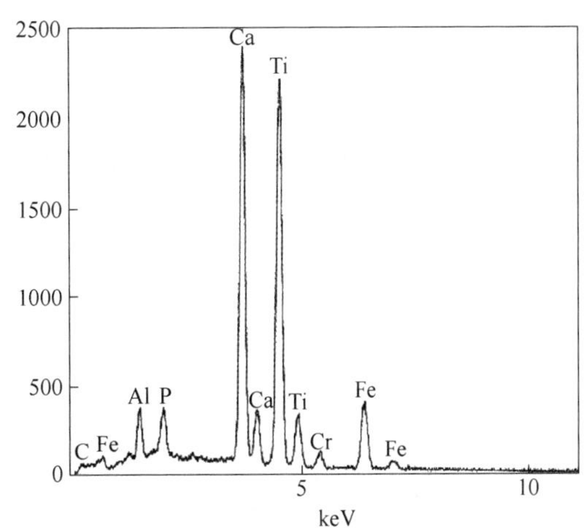

图 5-47 13 号试样另一位置的磨痕形貌及能谱图

以上研究结果说明，生物陶瓷涂层与对磨件之间发生了黏着磨损。

图 5-48 和图 5-49 为 14 号试样未磨损部位的生物陶瓷涂层表面形貌和已磨损部位的鱼鳞状磨痕表面形貌，造成鱼鳞状表面磨痕的原因是由于熔覆层表面具有一定的孔隙率，表面的粗糙度较大，涂层与对磨件磨损后，对磨件直接碾平涂层中的凸起部位造成的。

图 5-50 为 14 号试样生物陶瓷涂层与对磨试样 Cr12MoV 对磨后生物陶瓷涂层的磨痕表面形貌图，图中箭头 1 和箭头 2 分别代表磨损区域与未磨损区域。在磨损区域，可看到较为平整的磨痕面。而在未磨损区域，可看到生物陶瓷复合涂层的原貌。图 5-51 为磨损区域的高倍形貌图及其对应能谱图，尽管磨痕在低倍下看起来较平整，但在高倍下仍可见凸

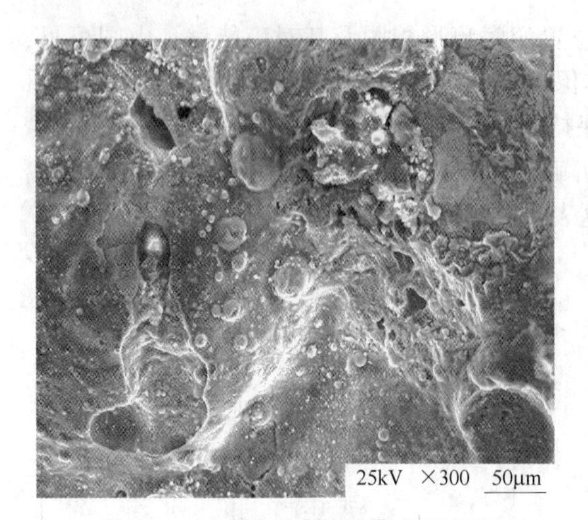

图 5-48 未磨损的陶瓷涂层表面形貌

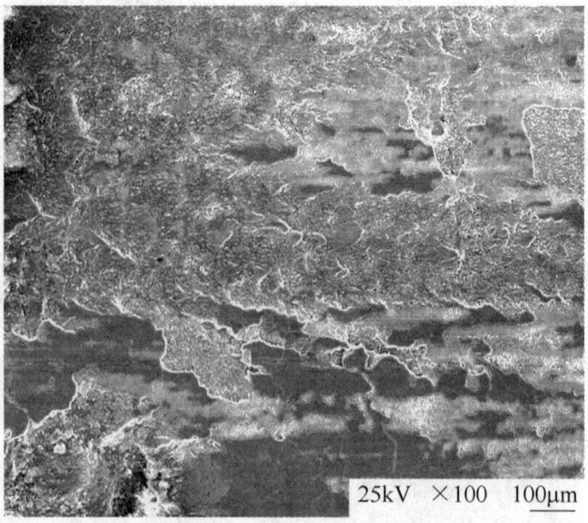

图 5-49 鱼鳞状磨痕形貌

凹不平的磨痕表面。由能谱图可知，磨痕表面的 Fe、Cr、V 等元素的含量较高，这表明生物陶瓷涂层与 Cr12MoV 对磨件在对磨过程中材料发生了转移，即对磨件 Cr12MoV 中的 Fe、Cr、V 等元素黏着在生物陶瓷表面。可见在磨损区域生物陶瓷涂层表面存在材料“黏附转移”现象，这说明发生了黏着磨损。图 5-52 为未磨损区域的高倍表面形貌图及其对应的能谱图。由图可见，Ca、Ti 等元素的含量较高，这些元素主要为生物陶瓷涂层的原始组分。这说明该区域未发生显著磨损，这是由于生物陶瓷涂层的强韧性配合较好，

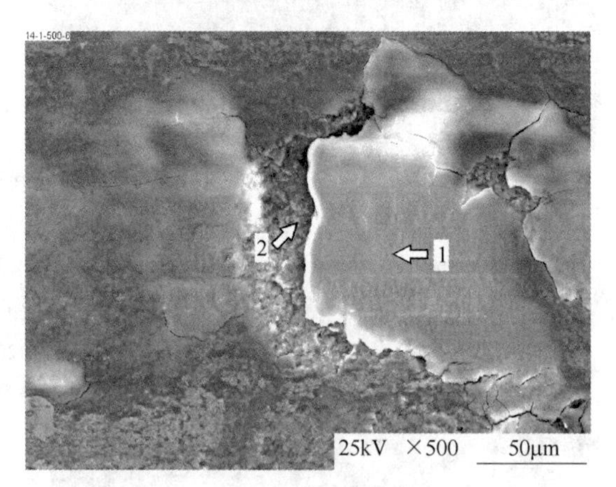

图 5-50 14 号试样磨损表面整体区域

对磨件 Cr12MoV 相对为软质点，相对滑动的表面在摩擦力的作用下将发生塑性变形，由于分子力的作用使摩擦的两个表面焊合起来，如果外力克服不了焊合点及其附近的结合力，便发生咬卡；当外力大于这个结合力时，外力克服结合处的剪切强度，结合处将被剪断。强度较高的生物陶瓷涂层表面上将黏附对磨件黏附物，在以后的重复摩擦接触中黏附物将辗转于对磨件的表面之间，产生黏着磨损。

由于激光熔覆快速加热和快速冷却特点，使生物陶瓷涂层中不可避免有微小孔隙、空洞乃至位错，这些显微缺陷都集中在亚表层。这些孔洞和位错在循环载荷导致的应力场作用下，产生剪切变形并不断积累。平行表面的正应力将阻止裂纹向深度方向扩展，所以裂纹在一定深度沿平行表面的方向扩展，当裂纹扩展到临界长度后，在裂纹与表面之间的涂层材料将以片状磨屑的形式剥落下来，这说明激光熔覆生物陶瓷涂层在磨损的早期发生了黏着磨损，随着磨损过程的进展出现了剥层现象，造成剥层磨损，如图 5-51 所示。

由于稀土元素可以细化组织，可提高生物陶瓷层的强度和硬度以及生物陶瓷涂层与基材之间的结合强度，另外，稀土元素的净化作用，可以降低生物陶瓷层中夹杂物、微观裂

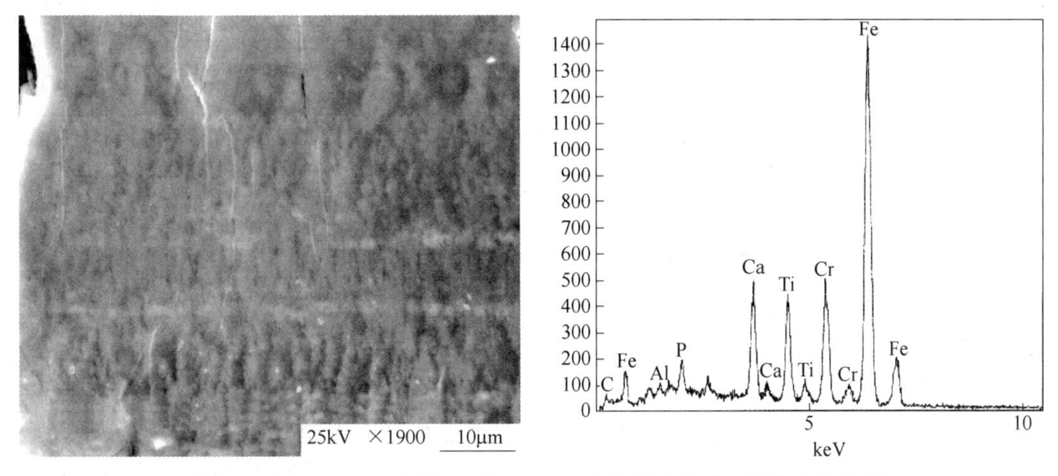

图 5-51　图 5-50 中已磨损区域（1 区）高倍形貌及对应能谱分析结果

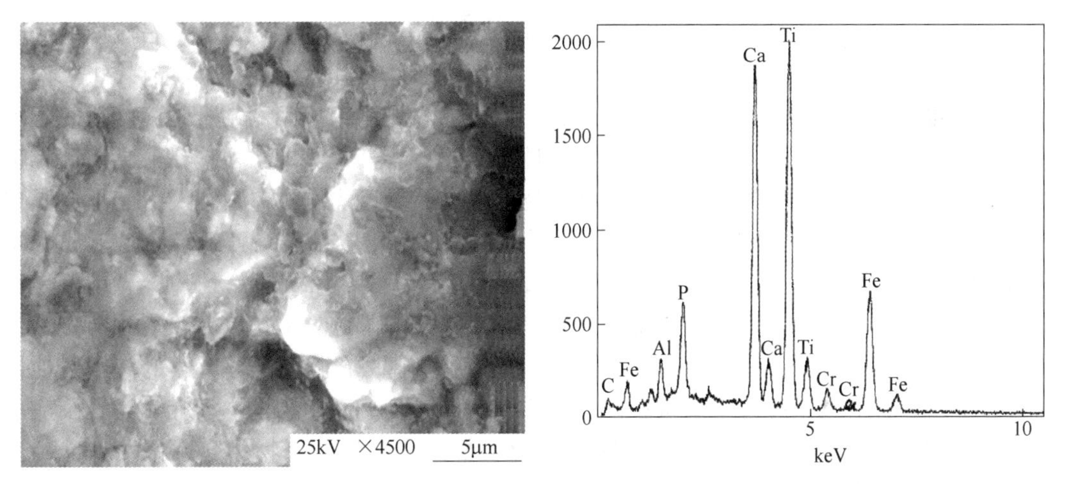

图 5-52　图 5-50 中未磨损区域（2 区）高倍形貌及对应能谱分析结果

纹的数量。稀土元素的加入，使作为强化相的硬质颗粒与作为基体相的固溶体的结合进一步加强，提高了生物陶瓷层抗硬质点剥落的能力。稀土元素可能使生物陶瓷涂层中的夹杂物球化，减少了应力集中，这些都有利于降低生物陶瓷涂层的摩擦系数，降低磨损量，提高耐磨性能。

综上所述，宽带激光熔覆生物陶瓷复合涂层的磨损机理比较复杂，往往同时涉及黏着磨损、磨粒磨损和接触磨损等多种机制，通过对磨损表面形貌的分析可以看出，生物陶瓷复合涂层磨损机理主要为黏着磨损。

5.3.5　梯度生物活性陶瓷涂层的生物活性及生物相容性

生物相容性是生物医用材料与人体之间相互作用产生各种复杂的生物、物理、化学反应的一种概念，生物相容性要求植入人体内的生物医用材料及各种人工器官、医用辅助装置等医疗器械，必须对人体无毒、无致敏性、无刺激性、无遗传毒性和无致癌性，对人体组织、血液、免疫等系统不产生不良反应。生物相容性一直是生物医用材料用于临床医疗的中心话题，概括地说，它主要包括两方面的内容：一是生物安全性，即生物医用材料对人体组织器官无破坏性；二是生物功能性，即生物材料在应用中能激发宿主恰当地应答，进而与受体生物组织很好地结合。

生物相容性反映了生物活体生理环境对植入体的接受程度，包括体相容性和组织体液与植入体的界面相容性。体相容性与材料的力学性能及植入体的结构设计有关；界面相容性主要指发生于材料和体液之间的化学反应及生物体对这些反应的生理反应。实际上，生物相容性是分别针对软组织、硬组织和心血管的。总体上讲，植入体表面粗糙度、润湿性、表面化学组成，晶态、异质和表面电荷等表面性能对其生物相容性产生直接影响。然而，涉及到植入体植入的具体部位，这种影响又有本质区别。

在骨组织工程中，作为硬组织（如股骨、牙齿、关节等）修复和替代的生物陶瓷材料，不仅要求植入体要有良好的力学性能，而且要有良好的生物相容性和成骨性能。迄今为止，众多学者在该领域进行了大量的研究工作，张兴栋等人研究了磷酸钙陶瓷的骨诱导性能，指出多孔磷酸钙陶瓷的骨诱导作用与陶瓷的化学成分和表面结构有关；丁传贤等人研究了等离子喷涂人工骨涂层材料的生物活性和生物相容性，认为羟基磷灰石涂层的结晶度与制备工艺密切相关，高结晶度的涂层具有较高的骨结合强度，在体液中有较小的溶解度。碱处理工艺可改善钛涂层的生物活性，提高涂层与骨组织之间的结合强度。等离子喷涂硅灰石和硅酸二钙涂层具有良好的生物活性和生物相容性。涂层经模拟体液浸泡后，类骨磷灰石在表面形成，这是涂层具有良好生物活性的重要标志；岳文海等人研究了微晶玻璃人工骨材料的生物活性和生物相容性，指出在16周内，微晶玻璃已经与兔骨形成了牢固的化学键合，说明其生物活性优良。将植入体周围组织做成常规石蜡切片，光镜下观察未发现白细胞、单核细胞、吞噬细胞及死细胞，周围组织细胞核形态正常，表明新型微晶玻璃材料是生物相容的；欧亚和陈安玉研究了多孔羟基磷灰石陶瓷诱导成骨的作用，他们认为为了诱导骨形成，在羟基磷灰石内应提供合适于骨形成和生长的内连孔，其孔径应不小于100μm。张亚平等人研究了钛基激光涂覆生物陶瓷涂层的生物相容性，发现这种生物陶瓷涂层具有良好的生物相容性和成骨性能，无组织增生、坏死及其他排斥反应，涂层表面具有一定的粗糙度及微细小孔，它们为骨组织长入植入体创造了生物环境及通道。肖斌等人研究了磷灰石-硅灰石（A-W）/β-磷酸三钙复合生物陶瓷的生物矿化行为，结果表明，经模拟体液浸泡实验显示，A-W/β-TCP表面能形成碳酸羟基磷灰石层，具有良好的生物活性，可作为骨组织工程支架的候选材料。付涛等人用等离子喷涂 $CaHPO_4$ 和水热处理复合制备羟基磷灰石生物涂层，认为喷涂涂层经过水热处理可转化为针状结晶的缺钙羟基磷灰石，这种羟基磷灰石生物涂层与成骨细胞具有良好的生物相容性。

任何骨组织修复和替代材料，是否具有良好的生物活性和生物相容性，应通过体外及动物埋植试验方可知道。本章首先在小鼠体内进行急性毒性实验研究，然后以宽带激光熔覆制备的梯度生物陶瓷复合涂层为植入材料，分别植入日本大白兔和健康成年狗的股骨中，喂养不同的时期后无痛苦处死动物，对植入材料分别进行固定、脱水、包埋、切片，最后将切片染色，在光学显微镜下观察不同时期陶瓷涂层与骨组织之间的键合情况。

5.3.5.1 急性毒性实验

急性毒性实验的目的是观察未经激光熔覆含 Y_2O_3 的白色粉末和宽带激光熔覆生物陶瓷粉末一次性给小鼠肌肉注射后，所产生的毒性反应及死亡情况。试验地点为贵阳医学院药理学教研室。

A 试验材料及方法

（1）试验材料：样品甲：宽带激光熔覆生物陶瓷粉末是将涂层从基体上刮下来，然后在研钵中均匀研磨直到能配制注射液为止。

样品乙：未激光熔覆含 Y_2O_3 的白色粉末，由 0.6% Y_2O_3 +78% $CaCO_3$ + 22% $CaHPO_4 \cdot 2H_2O$ 组成（质量分数）。

试验时两个样品以生理盐水配制成40%混悬液，高压灭菌后备用。

试验动物为昆明种小鼠，二级，体重20±2g，合格证号：SCK（黔）2002-0001。

（2）试验方法：取小鼠25只，随机分为两组，甲组小鼠5只（样品量受限），♂；乙组小鼠20只，♂♀各半，试验当日上午，甲组和乙组分别于每只小鼠右后肢肌肉注射样品甲混悬液（最大浓度40%）0.4mL/10g（最大容量），剂量为16g/kg和样品乙混悬液（剂量同样品甲），观察注射后两组小鼠的外观、行为活动、呼吸、摄食、粪便、右后肢活动及注射局部等情况，记录7、14日内小鼠死亡数。

实验室条件：室温20~25°C，相对湿度40%~60%，常规消毒，专人饲养。

B 试验结果

甲组小鼠注射后7、14日，除右后肢注射局部肿胀，活动受限外，呼吸、摄食均如常，被毛有光泽，无异常分泌物，无稀便，体重增长见表5-11，无一只死亡。乙组小鼠注射后7、14日，右后肢注射局部肿胀明显，活动受限较甲组小鼠明显，不能行走，呼吸、摄食均如常，被毛有光泽，无异常分泌物，无稀便，体重增长见表5-12，无一只死亡。

表5-11 宽带激光熔覆生物陶瓷粉末药后7、14日体重增长情况（$\bar{x} \pm s$）

性别	n	药前体重/g	药后7日体重/g	体重增长	药后14日体重/g	体重增长
♂	5	21.0±2.0	28.2±2.4	6.8±1.6	32.1±1.5	11.8±1.9

表5-12 含 Y_2O_3 的白色粉末药后7、14日体重增长情况（$\bar{x} \pm s$）

性别	n	药前体重/g	药后7日体重/g	体重增长	药后14日体重/g	体重增长
♂	10	22.0±2.1	29.3±2.8	6.8±1.6	35.5±3.0	13.1±3.1
♀	10	21.0±1.5	28.2±1.9	5.9±1.4	33.9±2.1	12.4±2.5

通过以上试验结果可以看出，含 Y_2O_3 的白色粉末和宽带激光熔覆生物陶瓷粉末一次性小鼠肌肉注射最大给药量16g/kg（最大浓度、最大容量）后，除注射局部肿胀，活动受限外，无明显的急性毒性反应及动物死亡。

实验表明，样品甲和样品乙均无明显的生物毒性，只是从活动受限的大小来看，样品甲比样品乙对活体的危害要小得多。由于激光处理后，改变了涂层物相组成，从而大大降低了其生物毒性。众所周知，样品甲中由于含有HA和β-TCP使其与活体组织具有良好的亲缘性而没有毒性。一般认为，Y_2O_3 元素钇有一定的放射性，它对活体是有危害的，但本试验证明涂层中添加少量的 Y_2O_3 对活体也无明显的毒性，故可以预计，我们制备的涂层材料植入体内后不会引起明显的生物毒性反应。

5.3.5.2　大白兔股骨的埋植实验

选用身体健康，血管较粗，体重在 2~2.5kg 之间的日本大白兔进行动物体埋植实验。

A　试验方案

经过组织观察和性能测试，选择组织结构和性能都较好的不同 Ca：P 比的生物陶瓷复合涂层样品，如表 5-13 所示。试验动物分为 3 组，每组 5 只日本大白兔，每只大白兔分别植入不同 Ca：P 比的样品 2 个，第一组埋植时间为 1 个月；第二组埋植时间为 2 个月；第三组埋植时间为 3 个月。将试样用线切割切成 5mm×3mm×1mm 大小的薄片，用无水乙醇仔细清洗其表面，样品经 126℃高温蒸汽灭菌 30min 处理后再植入兔股骨中段。到规定时间将动物处死，取出植有陶瓷片的股骨，把陶瓷片连同周围的肌肉骨组织一同切下长约 4cm 的一段。然后对样品进行固定、脱水、包埋、切片、染色，最后在光学显微镜下观察骨组织长入陶瓷层情况。实验是在贵阳医学院生理学教研室进行的。

表 5-13　动物实验用植入材料

样品编号	Ca：P	Y_2O_3 含量（质量分数）/%	样品数量
1号	1.5	0.6	2
2号	1.5	0	2
3号	1.4	0.6	2
4号	1.3	0.6	2
5号	1.67	0.6	2

B　生物陶瓷材料植入动物体过程

（1）3%戊巴比妥钠 300mg/kg 麻醉动物。

（2）采血：目的是化验血液中的各种指标。

（3）手术前清理，右腿股骨剃剪毛。

（4）动物俯卧固定，右腿部消毒。

（5）切口 5~6cm，切开皮肤，皮下肌肉深达股骨，切开骨膜，在骨上开一长 5mm×1mm 的槽，深达髓腔，用注射器取 0.1mL 骨髓作推片。

（6）股骨槽口作生物陶瓷层片埋植，陶瓷面朝向前，面部滴入少量庆大霉素。

（7）缝合骨膜，分层缝合肌肉，皮下组织和皮膜包扎、固定。

（8）庆大霉素肌肉注射每天两次，共三天（0.3mL/次）。

C　动物处死后样品的处理

生物陶瓷涂层植入日本大白兔的股骨中后，分别经一个月、二个月、三个月后处死动物。然后进行如下工作：

（1）取标本：1）称体重；2）麻醉、固定动物，3%戊巴比妥钠注射；3）静脉取血做临检（是否抗淋）；4）取下埋入陶瓷片的下肢股骨及周围肌肉，做骨髓涂片。

（2）固定：把从植入体取下的股骨及周围肌肉在 10%中性福尔马林溶液中固定半个月左右。

（3）在不同浓度的乙醇中进行梯度脱水：70%乙醇溶液脱水 48h；80%乙醇溶液脱水 24h；90%乙醇溶液分成两份，先在一份中脱水 12h，然后再在另一份中脱水 12h；100%

乙醇溶液分成两份，先在一份中脱水 6h，再在另一部分脱水 6h。

(4) 脱水后的标本在丙烯酸树脂中浸泡 24h，然后用固化剂：丙烯酸树脂=2：1（质量比）的混合体作为包埋剂进行包埋。包埋后放置 10 天左右。

(5) 用内圆切割机进行切片，切片厚度为 20μm 左右。切片经抛磨后，用染色剂着色，然后在光镜下观察。

D 实验结果及分析

a 大体观察

三只兔术后伤口感染，被排除出试验。其余大白兔术后伤口均无感染，均 I 期愈合。有轻度肿胀，但过一段时间后，腿部肿胀消逝。试验组动物全身均无不良反应，饮食和活动正常。图 5-53a 为植有 1 号样品大白兔术后 7 天的生长情况，可以看出，由于大腿创伤较大，腿部尚不能站立，但是该动物伤口愈合较好且精神状态良好，有强烈的进食欲望。图 5-53b 为植有 1 号样品大白兔 30 天时的生长情况，由图可见，30 天的大白兔伤口恢复很好，大腿早已可直立并能四处活动。

a

b

图 5-53 大白兔手术后的生长情况

a—7 天；b—30 天

b 血液理化及生化指标的测定

血液是动物机体主要的流动运输系统，各组织细胞间物质交换都依赖于血液流动来完成，同时维持着机体内环境的稳定。血液生理生化值能在一定程度上反映动物新陈代谢及生理机能的状况。因而有必要对实验前后兔血液理化及生化指标进行测定。在兔一侧股骨上端植入激光熔覆生物陶瓷复合涂层小片，术前由兔耳缘静脉（或耳动脉）采血 2mL（不抗凝）和 1mL（抗凝），标记好，作为术前对照用标本。然后在术后 1、2、3 个月，分别抽取同样血液，进行动物血样化验，植入前后血液理化及生化指标结果见表 5-14。

表 5-14 生物陶瓷涂层血样化验结果

项 目	含 义	实验前 $n=8$	实验后 1 个月 $n=3$	实验后 2 个月 $n=3$	实验后 3 个月 $n=3$
$Nb/g \cdot L^{-1}$	血红蛋白数	100.2	105	123	117
$RBC/\times 10^{12}L$	红细胞数	4.42	5.4	6.57	5.06

续表 5-14

项　目	含　义	实验前 $n=8$	实验后 1 个月 $n=3$	实验后 2 个月 $n=3$	实验后 3 个月 $n=3$
WBC/×10^{12}L	白细胞数	9.96	8.6	9.2	10.25
N/%	中性粒细胞	0.41	0.60	0.4	0.46
L/%	淋巴细胞	0.55	0.39	0.56	0.52
M/%	单核细胞	0.02	0.01	0.03	0.02
PCT/×10^9L	血小板数	177.6	180	279.5	121.5
ALT/μ·L^{-1}	谷丙转氨酶	26.3	35	30	30
ALP/μ·L^{-1}	碱性磷酸酶	88.7	37.8	68.3	46.7
TP/g·L^{-1}	血浆总蛋白	63	58.7	69.4	67.6
Alb/g·L^{-1}	血浆白蛋白	26.7	32	27.3	29.8
A/G	白蛋白/球蛋白	0.8	1.2	0.65	0.93
葡萄糖/mmol·L^{-1}		6.7	6.4	6.5	7.8
尿素氮/mmol·L^{-1}		9.2	8.8	8.5	8.3
CO_2结合率		15.6	16	17	18
K^+		4.01	3.89	3.53	3.74
Na^+		139	144.6	140.1	141.1
Cl^-		100.2	99	100.5	100.6
Ca^{2+}		2.6	2.61	2.85	2.7
P		1.93	2.32	1.65	1.7

由表 5-14 可见，血液主要理化和生化指标的变化不明显。血红蛋白和红细胞主要反映是否贫血，同时与骨髓损伤有关。从表中可以看出，实验前后变化不大，说明对造血不产生影响；白细胞主要与骨髓造血有关，一定程度上反映免疫功能，与炎症关系密切。中性粒细胞是白细胞中的一个成分，也与感染和免疫活动有关；反映炎症的主要指标白细胞数及中性粒细胞术后无显著变化，这说明所制备的生物陶瓷材料对活体未造成感染、出血等症状。淋巴细胞和单核细胞也与免疫有关；血小板数主要反映凝血功能，可见对造血功能未造成影响；谷丙转氨酶主要反应的是肝功，与肝、肌肉细胞的损伤有关，对照实验前后值可以看出，由于肌肉受损，术后一个月有所增加，但术后 2 个月及 3 个月又有所降低，趋于术前值；碱性磷酸酶与肌肉、肾脏有关；血浆总蛋白与肝有关；血浆白蛋白与肝脏及营养功能有关；A/G 比主要反映肝脏及免疫功能。葡萄糖反映了糖代谢，与肝脏、胰岛功能有关；尿素氮反映的是肾脏功能；CO_2结合率主要反映酸碱平衡问题。尿素氮和CO_2结合率变化不大，说明生物陶瓷复合植入活体后，活体肾脏的排泄功能和体内的酸碱平衡维持得较好。K^+、Na^+、Cl^-主要反映水盐平衡问题；Ca^{2+}、P 主要与成骨、造骨有关，表中Ca^{2+}和 P（PO_4^{3-}、HPO_4^{2-}、$H_2PO_4^-$）1 个月、2 个月、3 个月后的数值与实验前的数值相比较，波动不大。可见所制备的生物陶瓷材料对成骨、造骨功能的影响不大。总的来说，生物陶瓷涂层几乎未对活体产生干扰。

5.3.5.3 成年健康狗的股骨埋植实验

限于实验条件，同时由于大白兔股骨小而脆，做切片时难度相当大，使得我们未能进行骨组织与生物陶瓷表面的键合观察。四川大学生物医学材料国家工程技术研究中心具备很好的动物实验条件和人员研究基础，这方面的工作在该中心用成年狗做股骨植入实验，继续进行骨组织与生物陶瓷表面结合的观察。

A 实验动物及植入材料

实验动物为成年健康狗 3 只，体重 25kg 左右。

植入材料为最佳宽带激光熔覆工艺参数下制备的梯度生物陶瓷复合涂层，生物陶瓷复合涂层的 Ca∶P 分别取 1.3、1.4、1.5 和 1.67，生物陶瓷涂层中 Y_2O_3 的含量（质量分数）为 0.6%，其中 2 号样品的 Y_2O_3 的含量为 0%，为便于统计与分析，每一种样品编号的生物陶瓷涂层共准备 6 个样品，植入时期分别为 6 周、12 周和 24 周，如表 5-15 所示。表 5-16 为狗股骨埋植实验的进度安排。

表 5-15 动物实验用植入材料

样品编号	Ca∶P	Y_2O_3 含量（质量分数）/%	样品数量
1 号	1.5(78%$CaHPO_4 \cdot 2H_2O$+22%$CaCO_3$)	0.6	6
2 号	1.5(78%$CaHPO_4 \cdot 2H_2O$+22%$CaCO_3$)	0	6
3 号	1.4(81%$CaHPO_4 \cdot 2H_2O$+19%$CaCO_3$)	0.6	6
4 号	1.3(85%$CaHPO_4 \cdot 2H_2O$+15%$CaCO_3$)	0.6	6
5 号	1.67(72%$CaHPO_4 \cdot 2H_2O$+28%$CaCO_3$)	0.6	6

表 5-16 狗埋植试验进度安排

项 目	动物编号	植入样品数量/个					植入时间	取材时间	埋植期
		1 号	2 号	3 号	4 号	5 号			
第一批埋植	1 号狗左腿	1	1	1	1	1	2004 年 1 月 7 日	2004 年 7 月 7 日	24 周
	2 号狗左腿	1	1	1	1	1	2004 年 4 月 6 日	2007 年 7 月 7 日	24 周
第二批埋植	1 号狗右腿	1	1	1	1	1	2004 年 1 月 7 日	2004 年 7 月 7 日	12 周
	2 号狗右腿	1	1	1	1	1	2004 年 4 月 6 日	2004 年 7 月 7 日	12 周
第三批埋植	3 号狗左腿	1	1	1	1	1	2004 年 4 月 24 日	2004 年 6 月 7 日	6 周
	3 号狗右腿	1	1	1	1	1	2004 年 4 月 24 日	2004 年 6 月 7 日	6 周
固定时间	2004 年 6 月 7 日~7 月 22 日 2004 年 7 月 7 日~8 月 22 日								
包埋	2004 年 7 月 22 日~8 月 22 日 2004 年 8 月 22 日~9 月 22 日								
切片	2004 年 8 月 22 日~11 月 20 日 2004 年 9 月 22 日~11 月 20 日								
抛光	2004 年 11 月 20 日~12 月 1 日								
染色、观察、照相	2004 年 12 月 1 日~12 月 25 日								

B 手术过程

（1）麻醉：3%戊巴比妥钠，按 30mg/kg 体重给药。

(2) 植入手术：在欲植入部位剪毛，用2.5%的碘酒及75%的酒精对术区消毒，铺巾，无菌条件下，逐层切开并分离皮肤、皮下组织、肌肉、骨膜，露出皮质骨。用低转速骨钻间歇地在骨上钻孔，孔间距应大于8mm，植入物直径与植入床应适宜，指压将样品插入孔内。逐层缝合肌筋膜、皮下组织和皮肤。手术后肌肉注射青霉素，预防感染。左右股骨分别植入5个材料。图5-54为5种样品植入狗左腿股骨上的情形，可见5个样品均已植入股骨中。

C 观察指标

(1) 大体观察：术后观察动物一般情况。

(2) X片观察：取样前一天将试验狗用硫喷妥钠麻醉后拍X光片，硫喷妥钠麻醉剂量22mg/kg体重。分别摄术后6周、12周、24周样品植入股骨处的X光片，观察骨的增生情况。

(3) 组织学观察：取材前无痛苦处死动物，取出植入材料的股骨段，用20%福尔马林固定。然后进行PMMA包埋、切片，TB染色，最后用低倍和高倍显微镜观察切片组织。了解骨组织与生物陶瓷涂层之间的生物活性及生物相容性。

D 结果与分析

a 结果

(1) 大体观察：图5-55为手术7天后狗的左腿股骨伤口恢复情况，可以看出，伤口恢复得较好，未见过敏、排斥、化脓、溃烂等现象。狗的左腿活动自如，进食很好。可以认为植入物对动物的机体无明显毒副作用。

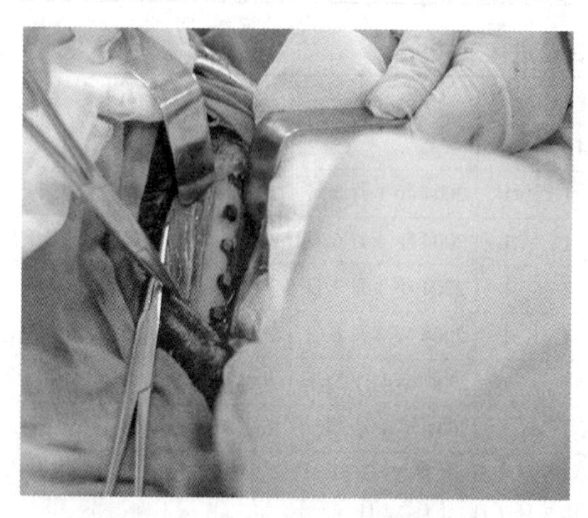

图5-54 5种样品植入狗的股骨中

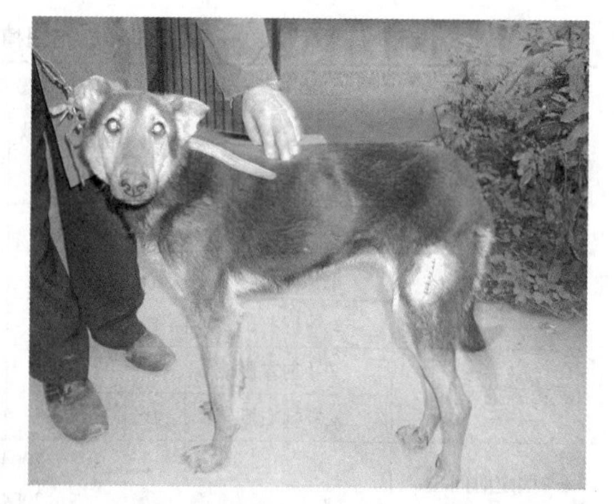

图5-55 术后7天狗的生长情况

(2) X片观察：图5-56为植入股骨6个星期后的拍片，由图可知，五个试样均植入股骨中段，骨质增生不明显。图5-57为植入股骨12周后的X光片，可以看出，有明显的骨质增生现象。图5-58为植入24周后的X光片，也发生了明显的骨质增生现象。但骨质增生厚度变化不显著。由图5-56~图5-58还可看出，生物陶瓷涂层试样均已植入骨髓腔中。

b 组织学观察及分析

(1) 1~5号样品6周时的组织学观察及分析。

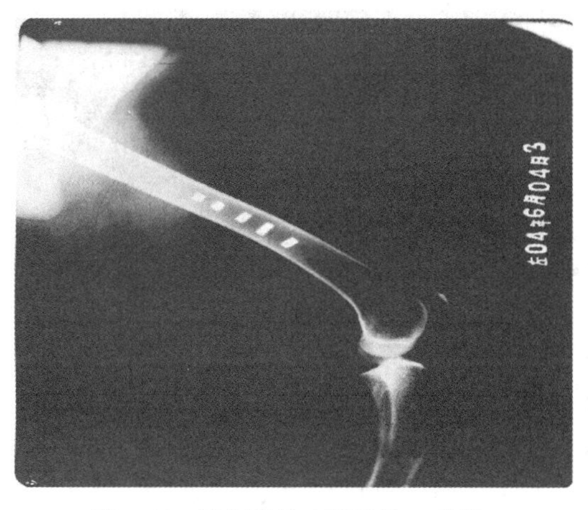

图 5-56 植入股骨 6 周后的 X 光片

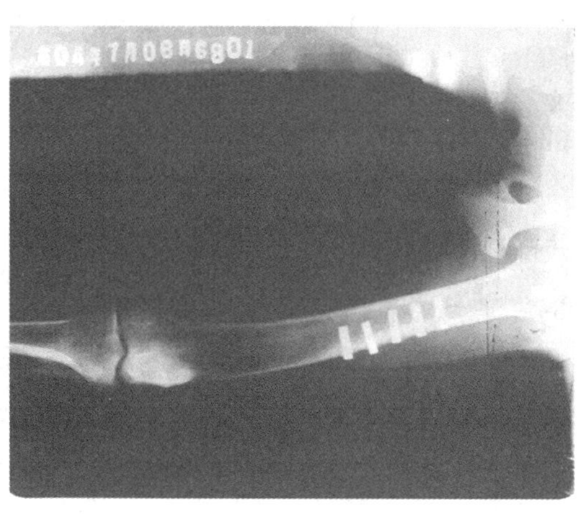

图 5-57 植入股骨 12 周后的 X 光片

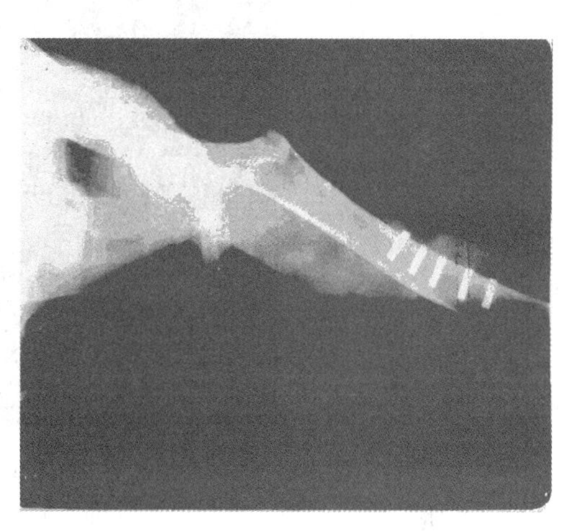

图 5-58 植入股骨 24 周后的 X 光片

1）皮质骨与生物陶瓷涂层的结合状况。图 5-59a~e 分别为 1~5 号样品 6 周时皮质骨与陶瓷涂层的结合状况，由图可以看出，所有样品均未见明显纤维包囊形成，说明陶瓷涂层的组织相容性较好；没有发现慢性炎症，没有明显的组织形貌变性，证明陶瓷涂层中的 Y_2O_3 没有毒性。由图还可看出，在 6 周时新骨组织就长在了 3 号样品涂层上，且骨组织与涂层之间几乎没有间隙，这说明 3 号样品具有较好的成骨性能。4 号样品也有部分新骨组织长在了涂层上，但是局部尚有间隙。而 1 号、2 号及 5 号样品与原骨之间存在较大的间隙，均没有和生物陶瓷涂层产生键合。可以认为，在 5 个样品中，3 号样品具有最好的生物活性，4 号样品次之。

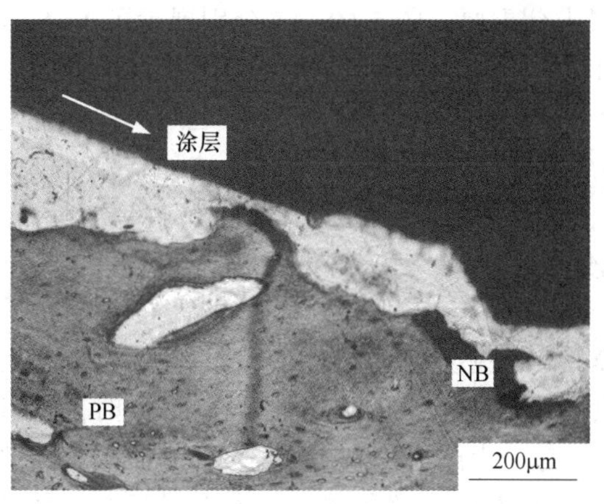

a

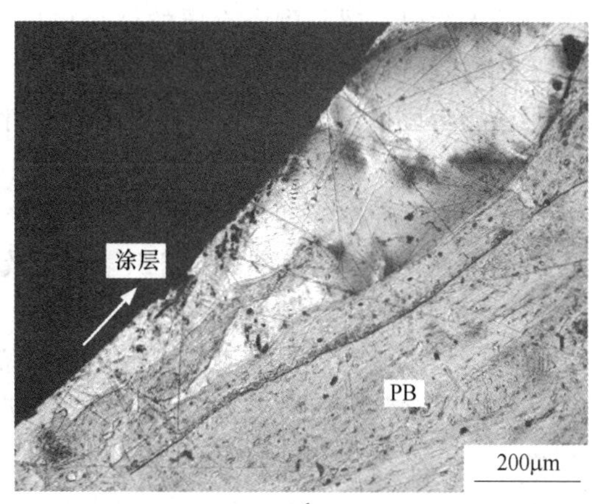

b

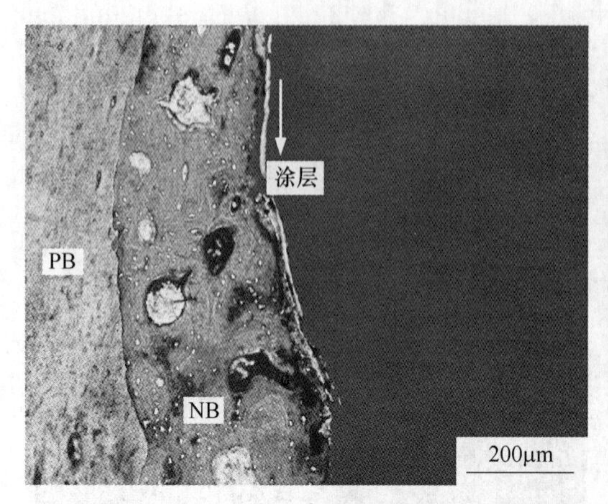

c

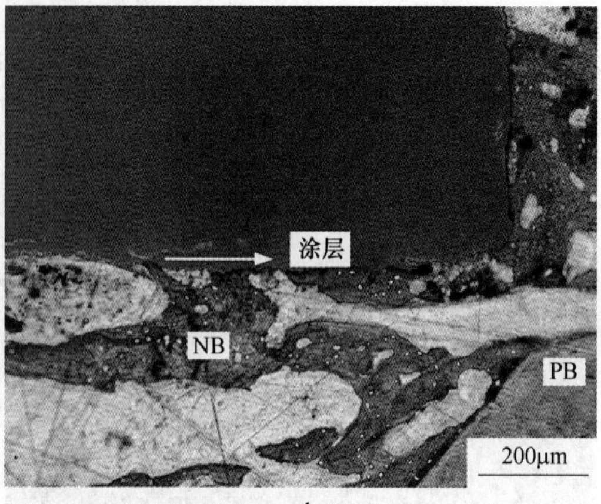

d

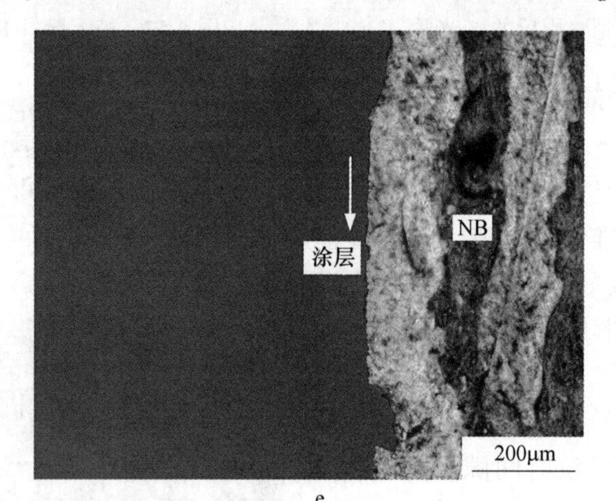

e

图 5-59　不同 Ca：P 比样品 6 周时的 TB 观察（皮质骨）

（PB 为原骨；NB 为新骨）

a—1 号样品（Ca：P = 1.5，0.6%Y_2O_3）；b—2 号样品（Ca：P = 1.5，0%Y_2O_3）；c—3 号样品（Ca：P = 1.4，0.6%Y_2O_3）；d—4 号样品（Ca：P = 1.3，0.6%Y_2O_3）；e—5 号样品（Ca：P = 1.67，0.6%Y_2O_3）

2）骨小梁与生物陶瓷涂层的结合状况。由于植入体植入后骨小梁在承重中起重要作用，因此考察骨小梁与陶瓷涂层的结合也显得十分重要。图 5-60a ~ e 分别展示了 1 ~ 5 号样品 6 周时骨小梁与陶瓷涂层的结合状况，可以看出，骨小梁基本上与 3 号样品陶瓷涂层实现了较为牢固的结合，4 号样品上也长有骨小梁，但骨小梁与陶瓷涂层之间局部尚有间隙。而对于 1 号、2 号和 5 号样品而言，骨小梁少有长在陶瓷涂层表面。这种结果也进一步表明，3 号样品的生物活性最好。

（2）1 ~ 5 号样品 12 周时的组织学观察及分析。

1）皮质骨与生物陶瓷涂层的结合状况。图 5-61a ~ e 分别为 1 ~ 5 号样品 12 周时皮质骨与陶瓷涂层的结合状况，由图可见，所有样品均未见明显纤维包囊形成，说明陶瓷涂层的组织相容性较好；没有发现慢性炎症，也没有明显的组织形貌变性。在 12 周时，骨组织已经完全与 3 号样品涂层表面紧密地结合在一起，由图还可看出，3 号样品涂层表面部分区域发生降解，这主要是由于陶瓷表面的 β-TCP 发生降解所致。长入涂层表面的骨组织开始出现钙化。4 号样品植入股骨 12 周后，骨组织也基本长在了涂层上，但是局部尚

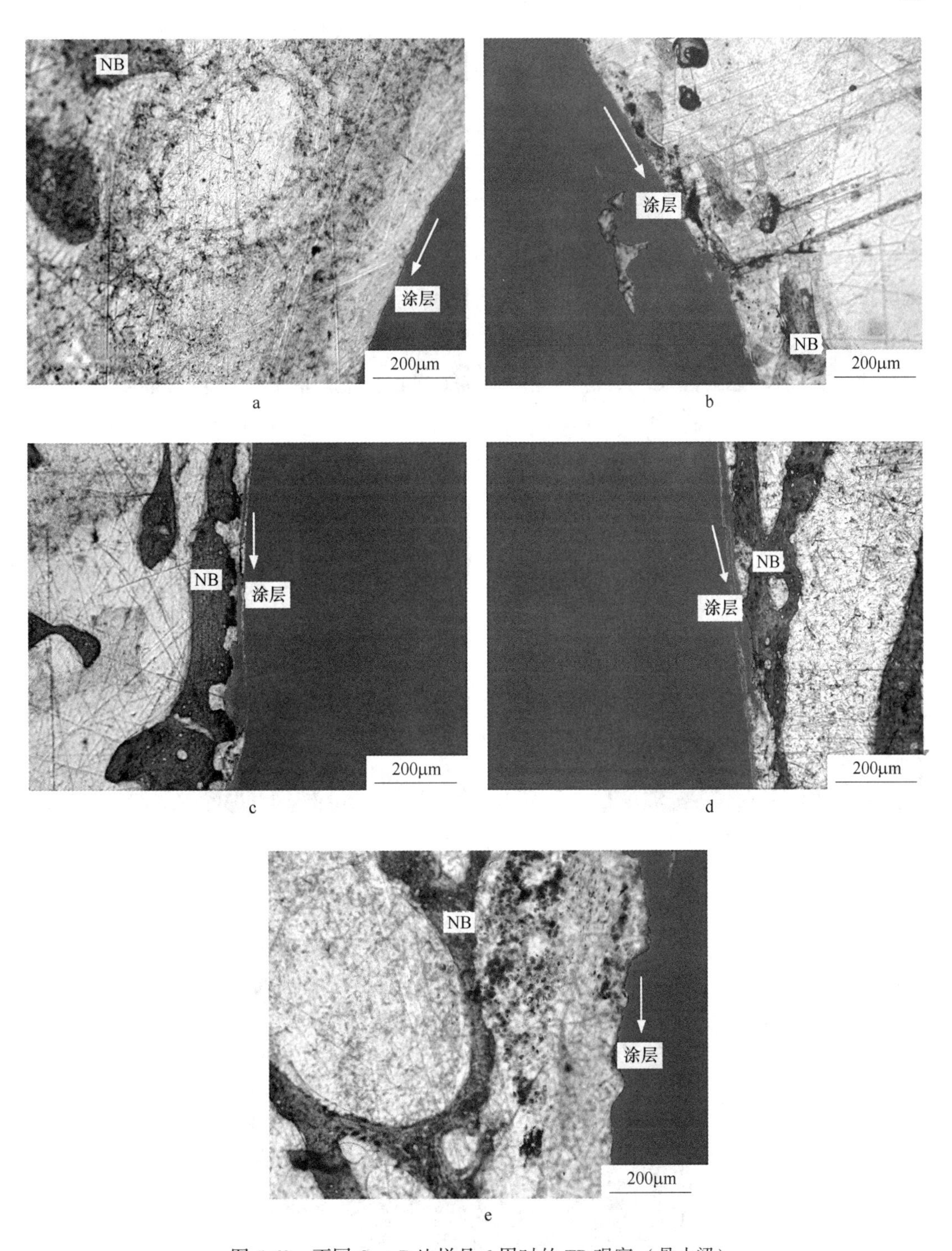

图 5-60 不同 Ca∶P 比样品 6 周时的 TB 观察（骨小梁）

a—1 号样品（Ca∶P=1.5，0.6%Y_2O_3）；b—2 号样品（Ca∶P=1.5，0%Y_2O_3）；c—3 号样品（Ca∶P=1.4，0.6%Y_2O_3）；d—4 号样品（Ca∶P=1.3，0.6%Y_2O_3）；e—5 号样品（Ca∶P=1.67，0.6%Y_2O_3）

有间隙。而 1 号、2 号及 5 号样品尽管经历了 12 周，但骨组织与涂层之间还是存在较大的间隙，均没有和生物陶瓷涂层产生键合。

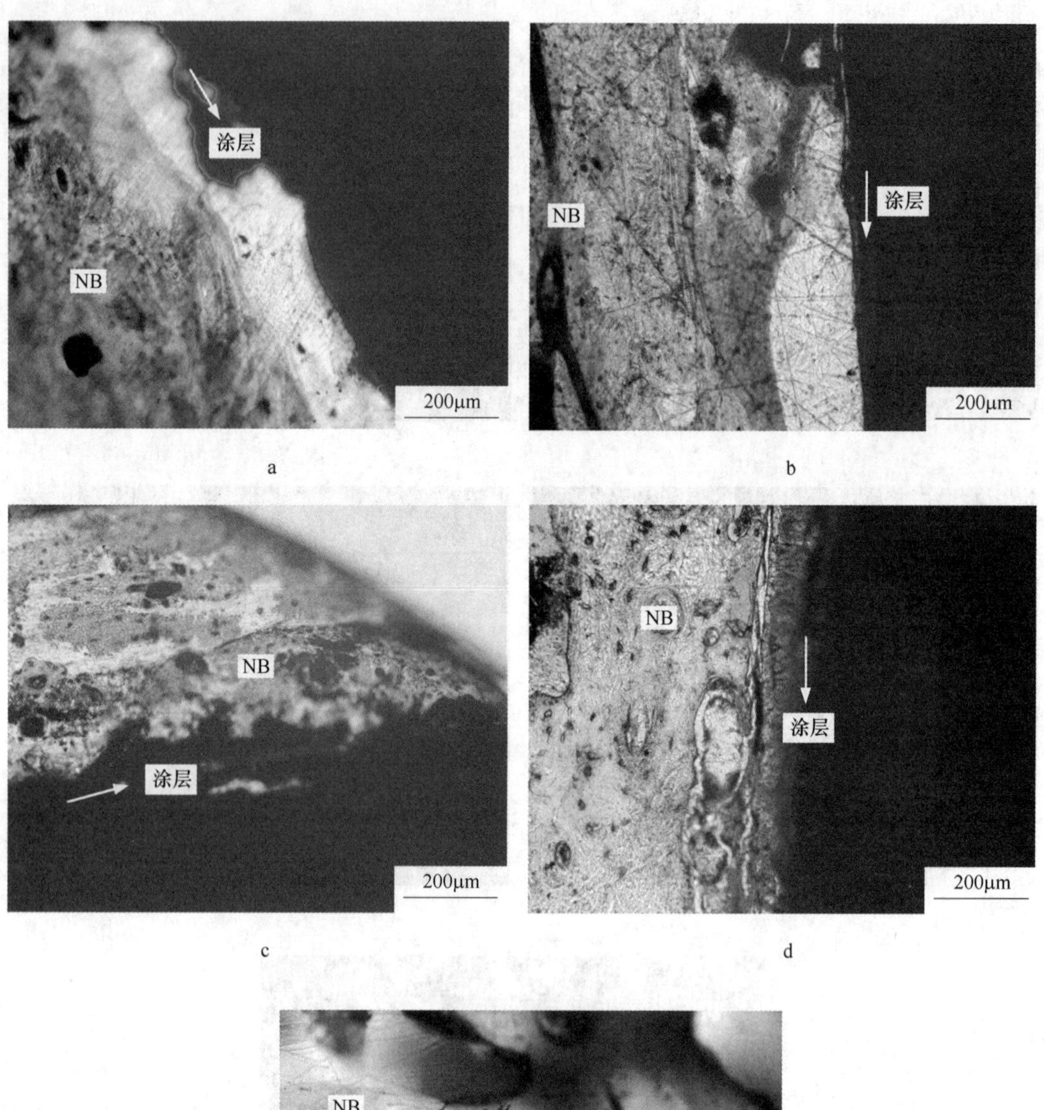

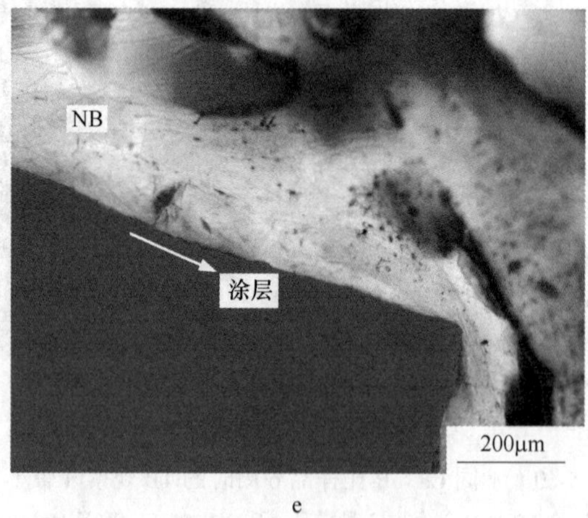

图 5-61 不同 Ca：P 比样品 12 周时的 TB 观察（皮质骨）

a—1 号样品（Ca：P=1.5，0.6%Y_2O_3）；b—2 号样品（Ca：P=1.5，0%Y_2O_3）；
c—3 号样品（Ca：P=1.4，0.6%Y_2O_3）；d—4 号样品（Ca：P=1.3，0.6%Y_2O_3）；
e—5 号样品（Ca：P=1.67，0.6%Y_2O_3）

2）骨小梁与生物陶瓷涂层的结合状况。图 5-62a～e 分别展示了 1～5 号样品 12 周时骨小梁与陶瓷涂层的结合状况，由图可见，骨小梁基本上与 3 号样品陶瓷涂层表面实现了结合，4 号样品涂层表面也与骨小梁发生了结合，但涂层表面与骨小梁之间尚有间隙，且间隙要大于 3 号样品。

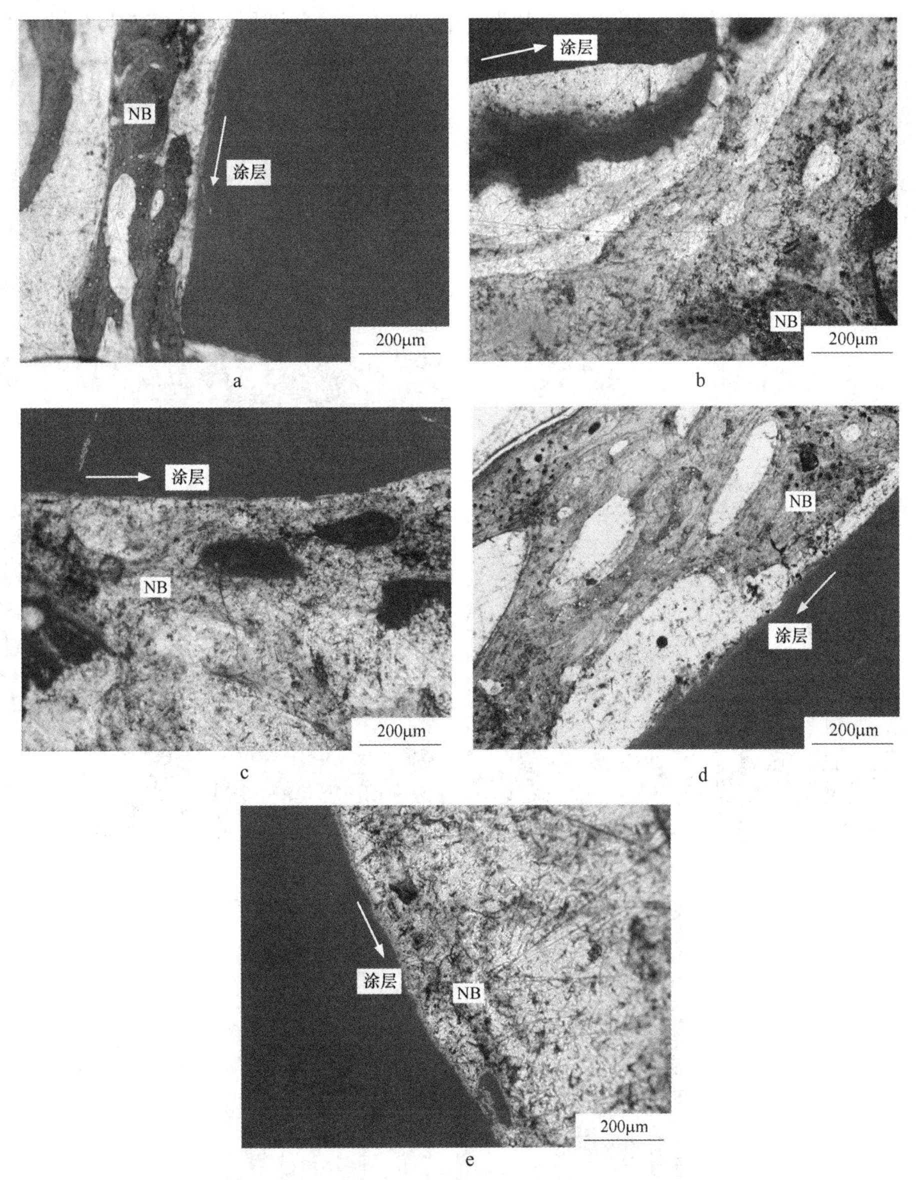

图 5-62　不同 Ca：P 比样品 12 周时的 TB 观察（骨小梁）

a—1 号样品（Ca：P＝1.5，0.6%Y_2O_3）；b—2 号样品（Ca：P＝1.5，0%Y_2O_3）；c—3 号样品（Ca：P＝1.4，0.6%Y_2O_3）；d—4 号样品（Ca：P＝1.3，0.6%Y_2O_3）；e—5 号样品（Ca：P＝1.67，0.6%Y_2O_3）

（3）1～5 号样品 24 周时的组织学观察及分析。

1）皮质骨与生物陶瓷涂层的结合状况图。图 5-63a～e 分别为 1～5 号样品 24 周时皮质骨与陶瓷涂层的结合状况，由图可见，对 3 号样品而言，骨组织已经完全与涂层表面紧密地结合在一起，且长入涂层表面的骨组织大部分钙化。4 号样品涂层表面植入股骨 24 周后，骨组织也基本长在了涂层上，而 1 号和 5 号样品经历了 24 周后，骨组织与涂层表面之间虽然结合在了一起，但是局部存在较小的间隙。对于 2 号样品而言，尽管经历了 24 周的生长，涂层与骨组织之间还是没有产生键合。

2）骨小梁与生物陶瓷涂层的结合状况。图 5-64a～e 分别展示了 1～5 号样品 24 周时

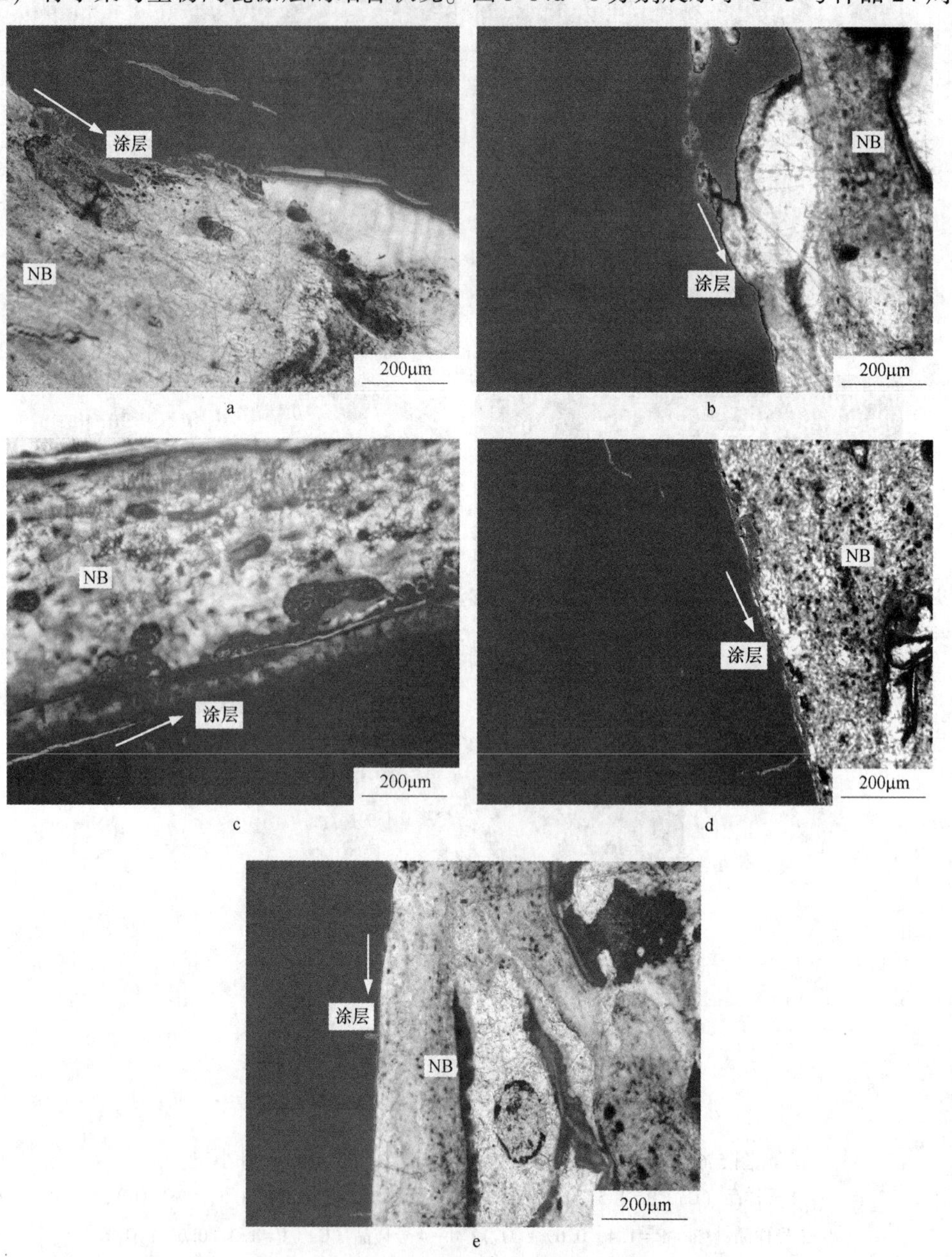

图 5-63 不同 Ca：P 比样品 24 周时的 TB 观察（皮质骨）

a—1 号样品（Ca：P＝1.5，0.6%Y_2O_3）；b—2 号样品（Ca：P＝1.5，0%Y_2O_3）；
c—3 号样品（Ca：P＝1.4，0.6%Y_2O_3）；d—4 号样品（Ca：P＝1.3，0.6%Y_2O_3）；
e—5 号样品（Ca：P＝1.67，0.6%Y_2O_3）

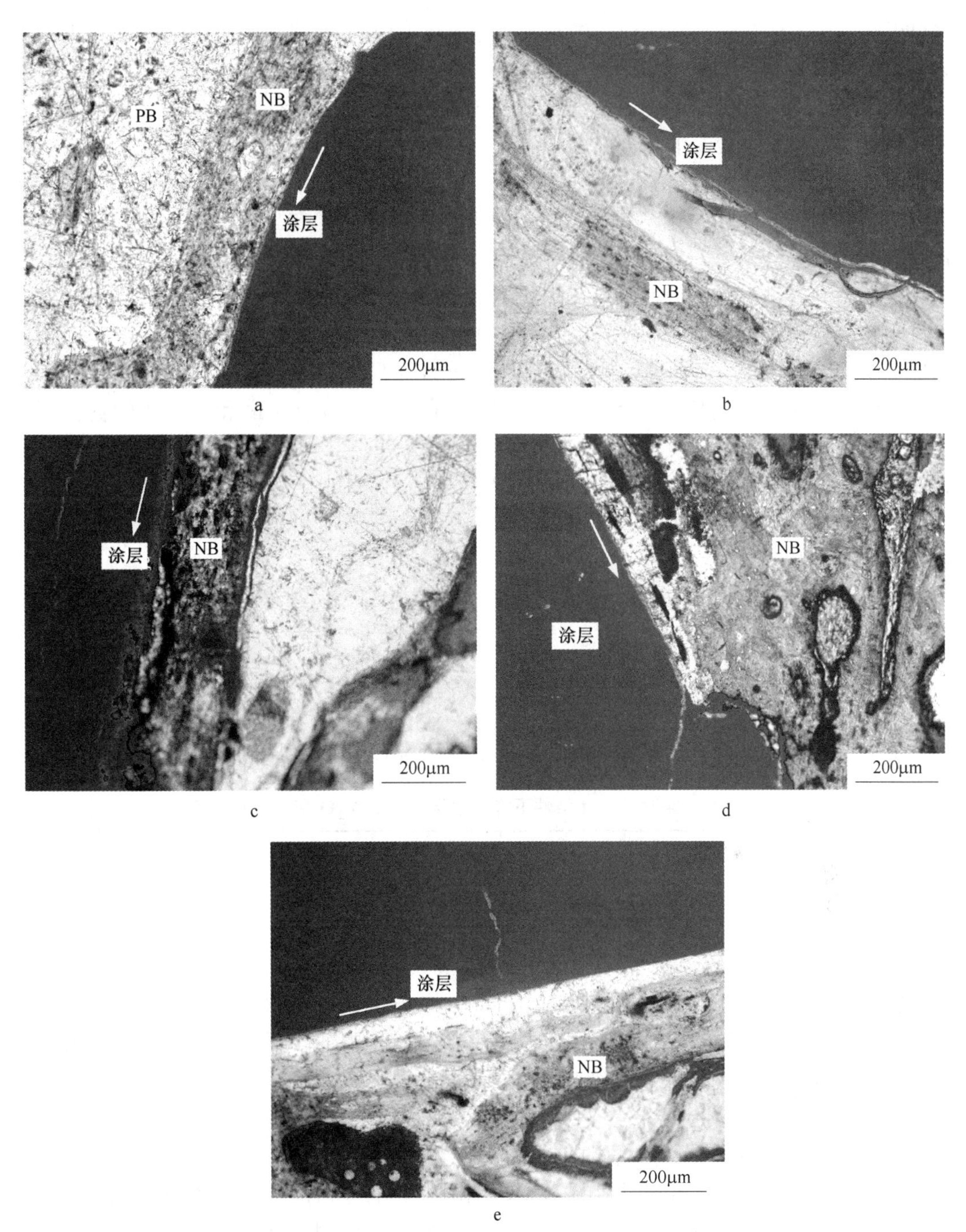

图 5-64 不同 Ca : P 比样品 24 周时的 TB 观察（骨小梁）

a—1 号样品（Ca : P = 1.5，0.6% Y_2O_3）；b—2 号样品（Ca : P = 1.5，0% Y_2O_3）；
c—3 号样品（Ca : P = 1.4，0.6% Y_2O_3）；d—4 号样品（Ca : P = 1.3，0.6% Y_2O_3）；
e—5 号样品（Ca : P = 1.67，0.6% Y_2O_3）

骨小梁与陶瓷涂层的结合状况，可以看出，骨小梁已经完全与 3 号样品的涂层表面实现了结合，这表明随着时间延长至 24 周，骨小梁组织是可以与 3 号样品涂层表面实现键合的。

这可以保证植入体在将来临床应用中具有较好的承重功能。4 号样品的涂层表面也与骨小梁组织产生了结合，但是局部还是存在间隙，键合程度低于 3 号样品。由图还可以看出，尽管经历了 24 周的生长，1 号、2 号和 5 号样品周围骨小梁的形成量有所增加，但是涂层表面仍然没有与骨小梁发生结合。

因此，从不同植入时期的实验结果来看，3 号样品涂层表面无论是与皮质骨，还是与骨小梁，都实现了良好的化学键合。可以认为，3 号样品具有最佳的生物活性和生物相容性。

该样品具有良好的生物相容性和成骨性能的原因可能有以下几个：其一，宽带激光熔覆生物陶瓷复合涂层，其表面具有一定的粗糙度及细小微孔，它们为骨组织的长入创造了生理环境及通道。其二，我们制备的复合涂层的弹性模量接近人体的致密骨，减少了骨头对植入体的应力屏蔽效应，这就为植入后的组织匹配和力学匹配提供了有利条件。第三，在 Ca：P=1.4，添加 $Y_2O_3$0.6%条件下，可能激光熔覆过程中稀土诱导催化合成的 HA 和 β-TCP 数量较多，植入活体后 β-TCP 会发生降解，降解成分（为 Ca^{2+}、PO_4^{3-}）足以为新骨形成提供所需的 Ca 和 P 离子，有可能参与新骨的形成，从而加速骨组织生长。

以上三种因素导致 3 号样品植入后新生骨细胞形成早、生长速度快、骨结合紧密、稳定。

E 梯度生物陶瓷涂层的细胞学实验

a 实验材料

表 5-17 为用于细胞相容性实验的梯度生物陶瓷涂层材料。

表 5-17 Ca/P 为 1.4 条件下样品编号对应的 Y_2O_3和 CeO_2含量

试样编号	S_2	S_4	S_8	O_2	O_4	O_8
稀土氧化物含量	0.2%CeO_2	0.4%CeO_2	0.8%CeO_2	0.2%Y_2O_3	0.4%Y_2O_3	0.8%Y_2O_3

b 试验方法

通过体外细胞培养，采用四唑盐（MTT）比色方法评价材料的细胞毒性，定量地分析细胞在材料表面的分化及增殖情况；通过荧光显微镜观察吖啶橙染色后的鲜活细胞在材料表面生长形态；通过 SEM 观察细胞在材料表面的微观形态。

c 体外细胞培养实验结果

图 5-65 为不同种类及不同含量的含稀土氧化物生物陶瓷涂层试样经 MTT 实验得到的吸光度值（即 OD 值）与培养时间的关系图。由图可见，所有加稀土氧化物的生物陶瓷涂层材料表面的细胞生长均比钛合金表面生长得要旺盛，这说明经过宽带激光熔覆后的陶瓷涂层已经具有了比钛合金更好的细胞相容性；同时，从图中还可以看出加 CeO_2的材料表面的细胞增殖数量比加 Y_2O_3的材料要多。

从时间点来看，在 2 天的时候 S_4和 O_8的细胞数量较多，这与 CeO_2含量为 0.4%时催化合成 HA+TCP 数量最大以及 Y_2O_3含量为 0.8%时催化合成 HA+β-TCP 数量最大的结果一致。在这个时间段内，这两种材料表面细胞繁殖较快。但是到了 4 天和 6 天的时候 S_4相对 S_2和 S_8来说繁殖速度减慢。这是由于 S_4表面的细胞增殖开始时较快，当 4 天的时候，

S_4表面的细胞增殖数量达到最大值，这时可能细胞互相存在挤压导致细胞死亡，故数量有所下降。

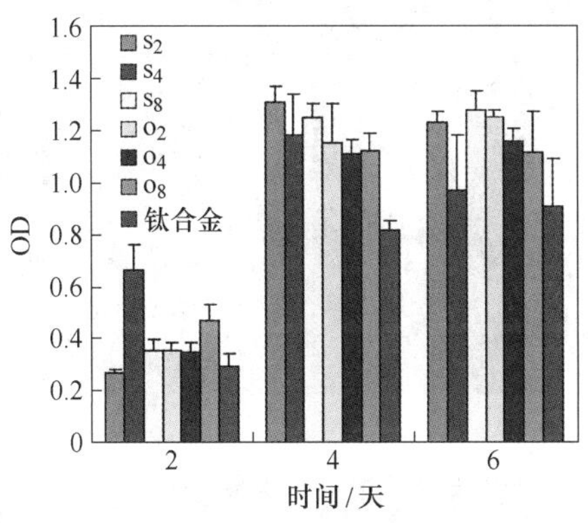

图 5-65 陶瓷涂层试样的 OD 值与培养时间的关系图

利用 Matlab 软件对各试样 OD 值进行统计学分析，表 5-18 给出了各试样 OD 值的差异显著性，可以根据概率判断 $P_{时间}=0$，是小概率事件，因此我们有理由认为时间段之间有显著性差异；$P_{试样}=0$，是小概率事件，我们同样有理由认为不同试样之间有显著性差异；$P_{交互}=0.0006$，是小概率事件，可以认为交互作用有显著性差异。

表 5-18 各试样 OD 值统计学分析结果

ANOVA Table					
来源	SS	df	MS	F	Prob>F
栏目	12.5095	2	6.25477	267.77	0
扰度	1.2897	7	0.18424	7.89	0
交互作用	1.0057	14	0.07184	3.08	0.0006
误差	2.2424	96	0.02336		
总数	17.0473	119			

再通过 F 检验可以看出：$P_{时间}=1-0.05$（2，96）≈3.09<267.77，拒绝；$P_{试样}=1-0.05$（7，96）≈2.10<7.89，拒绝；$P_{人\times试样}=1-0.05$（14，96）≈1.79<3.08，拒绝。

由以上分析可知，加入不同种类和含量的稀土氧化物涂层材料之间有显著性差异，不同时间点也存在显著性差异。

（1）荧光染色分析。图 5-66 为不同稀土种类和含量的生物陶瓷涂层样品接种细胞 2 天时的荧光观察照片，由图 5-66a～c 可见，成骨细胞在添加不同 Y_2O_3含量的生物陶瓷涂层表面的生长形态都很正常呈典型的梭形状，且很好地铺展开来。由图 5-66d～f 可以看出，成骨细胞在添加不同 CeO_2含量的生物陶瓷涂层表面的生长形态及铺展性类似于添加 Y_2O_3的生物陶瓷涂层。这种结果表明稀土氧化物 CeO_2和 Y_2O_3对成骨细胞均无毒副作用。

（2）SEM 形貌分析。图 5-67 为不同种类稀土氧化物和含量的生物陶瓷样品接种细胞 4 天时的扫描电镜图片。成骨细胞通常呈梭形，有贴壁生长的特性，其在材料表面的正常形态为平铺、伸展成梭形或多角形，有伪足伸出紧贴于材料表面。由图 5-67a～c 可见，在添加不同 Y_2O_3含量的生物陶瓷涂层表面的成骨细胞呈典型的梭形状，且很好地铺展开来，

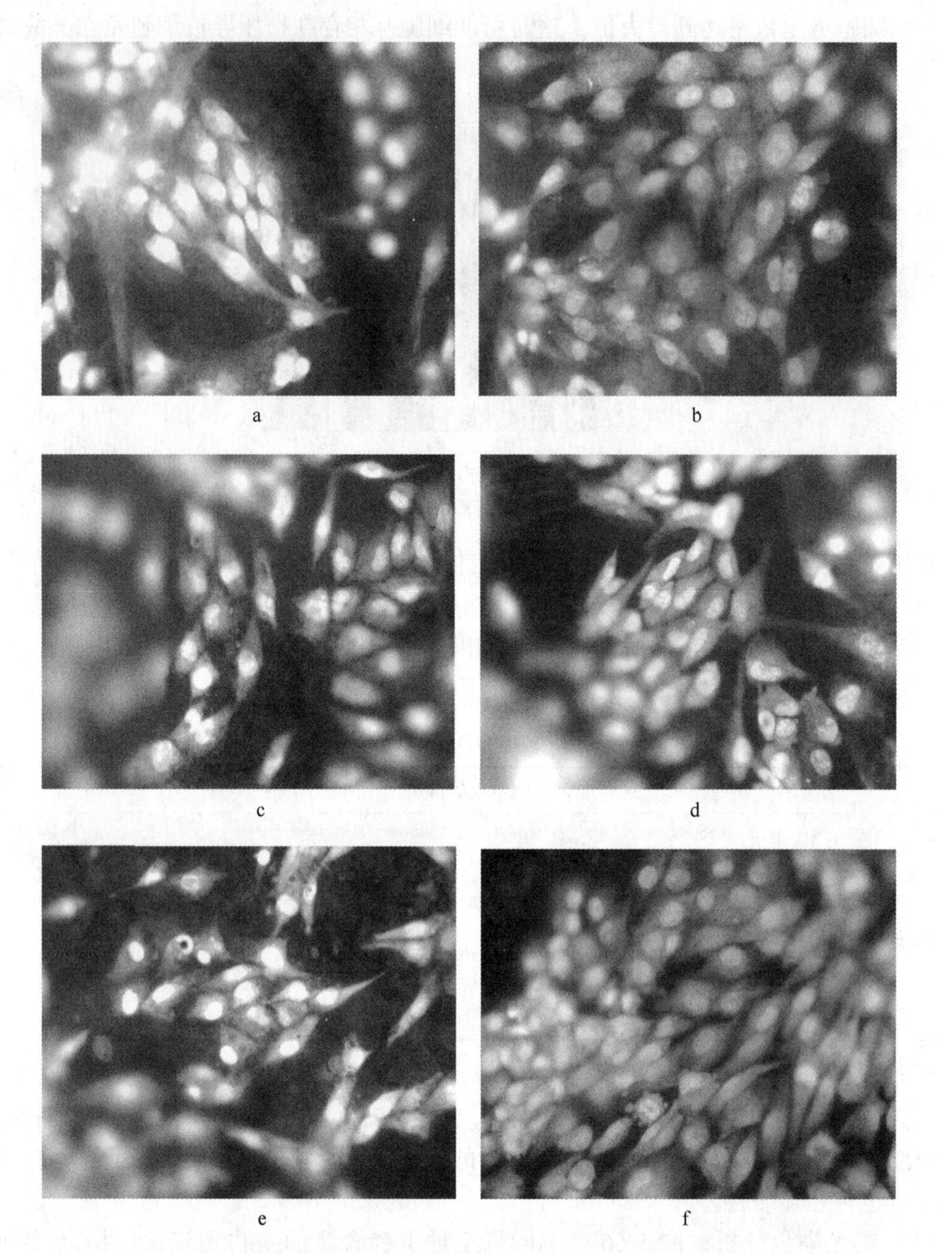

图 5-66 不同稀土种类和含量的生物陶瓷样品接种细胞 2 天时的荧光观察（200×）

a—O_2样品荧光图；b—O_4样品荧光图；c—O_8样品荧光图；

d—S_2样品荧光；e—S_4样品荧光图；f—S_8样品荧光图

并且能清晰地看到细胞分化繁殖的痕迹。由图 5-67d ~ f 可以看出，在添加不同 CeO_2 含量的生物涂层表面，成骨细胞同样也呈现出很好的生长形态。这些现象都说明涂层材料对细胞有较好的生物相容性。

d 梯度生物陶瓷涂层与蛋白质的相互作用

（1）实验材料。表 5-19 为用于蛋白质实验的梯度生物陶瓷涂层材料。

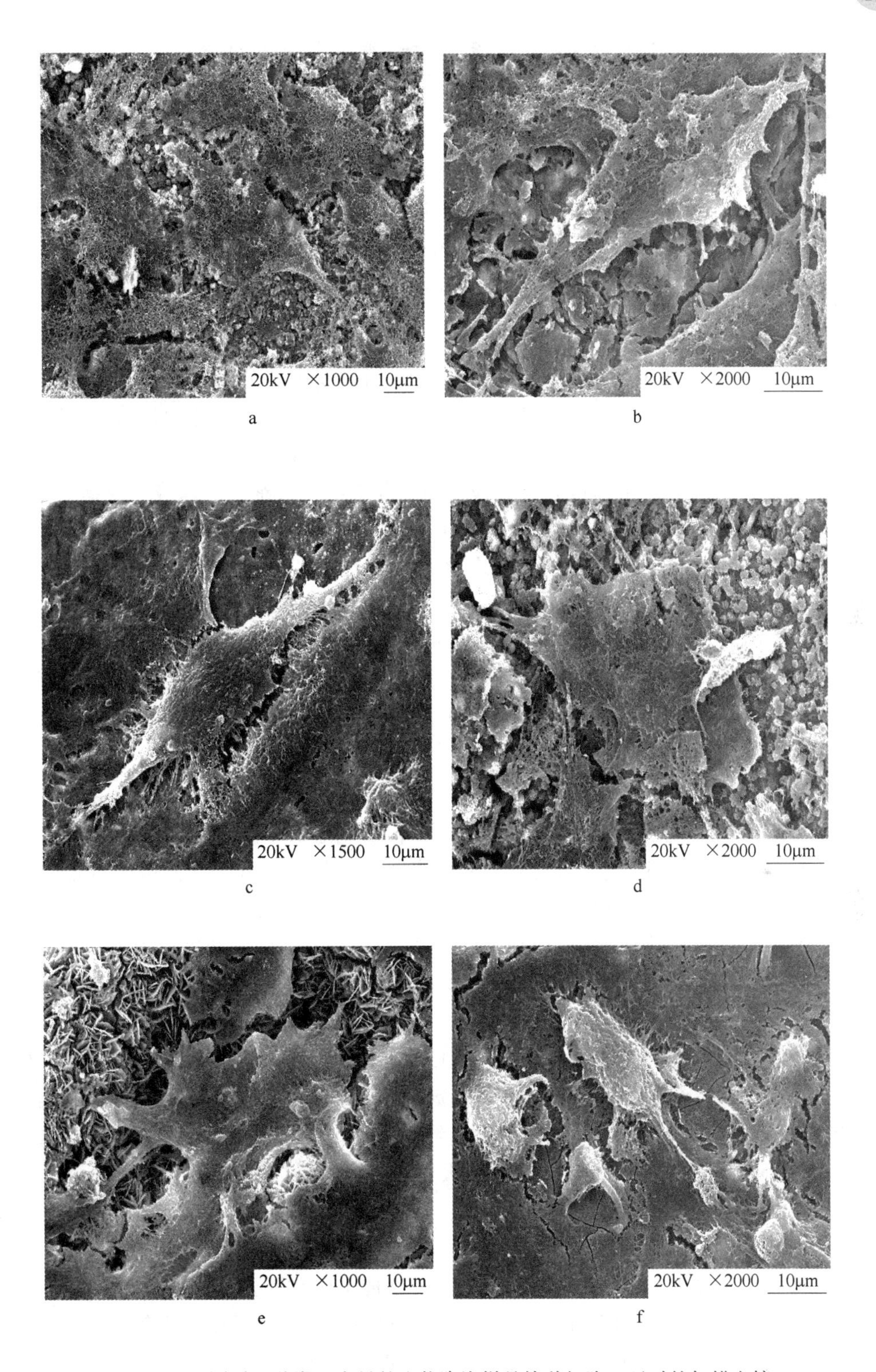

图 5-67 不同稀土种类和含量的生物陶瓷样品接种细胞 4 天时的扫描电镜

a—O_2样品 SEM 图；b—O_4样品 SEM 图；c—O_8样品 SEM 图；

d—S_2样品 SEM 图；e—S_4样品 SEM 图；f—S_8样品 SEM 图

表 5-19 Ca/P 为 1.4 条件下样品编号对应的 CeO_2 含量

样品编号	Ca : P	CeO_2%
40	1.4	0
42	1.4	0.2
44	1.4	0.4
46	1.4	0.6
48	1.4	0.8

注：Ca : P=1.4（81%$CaHPO_4 \cdot 2H_2O$+19%$CaCO_3$）（质量分数）

（2）试验方法。选用大鼠成骨细胞系 Ros17/28 作为研究模型，取 2 天、4 天、6 天作观察时间点。

1）Hyp（羟脯氨酸，hydroxyproline）的测定。参照南京建成生物工程研究所的羟脯氨酸试剂盒：将灭菌后的试样放入培养板，向培养板中注入细胞培养液，观察细胞在涂层表面的生长情况。将细胞培养液从培养板中取出，在 95℃水浴充分水解，将羟脯氨酸指示剂滴入培养液中，调 pH 值，用活性炭萃取，离心处理后得到上清液，加入显色剂显色，在 60℃水浴加热，进行离心处理，取上清液测吸光度值。用公式计算羟脯氨酸含量。

2）ALP（碱性磷酸酶，alkaline phosphatase）的测定。

①取尽试样中的细胞培养液，分别加入 1%的 Triton X-100（曲拉通）1mL 裂解细胞，然后放入-80℃的冰箱里冻存（注意：不要冻干），24h 后取出室温完全解冻。以这种处理方式将样品放入冰箱反复解冻三次。

②参照 BCA 蛋白含量检测试剂盒（BCA™ Protein Assay Kit，23227）测蛋白含量：将室温完全解冻后的细胞裂解液取出，作为待测样品。把 BCA 工作液分别加入待测样品和去离子水的蛋白标准溶液，然后振荡并在 37℃水浴使其充分混匀，测吸光度值，并绘制蛋白标准曲线及从曲线图中查相应的蛋白含量。

③参照南京建成生物工程研究所的碱性磷酸酶试剂盒：将室温完全解冻后的细胞裂解液取出，将碱性磷酸酶试剂盒的缓冲液、基质液加入裂解液，在 37℃水浴，然后加入显色剂显色，测吸光度值。用公式计算碱性磷酸酶含量。

（3）实验结果及分析。碱性磷酸酶（ALP）和Ⅰ型胶原（Ⅰcollagen）一般在成骨分化的早期高度表达。羟脯氨酸（Hyp）是脯氨酸经过羟基化酶催化之后的产物，是胶原蛋白中特有的氨基酸，在正常胶原蛋白中含量约 13.4%。图 5-68 代表不同 CeO_2 含量的梯度稀土生物陶瓷涂层分别在 2 天、4 天和 6 天时 Hyp 的分泌数量，可以看出，在 2 天时，Hyp 在 0.4% CeO_2 陶瓷涂层上的表达数量最大，这表明该涂层具有最强的成骨能力。

ALP 是成骨细胞向骨细胞分化的早期标志蛋白，它的活性与成骨细胞向骨细胞转化的能力直接相关。图 5-69 为不同 CeO_2 含量的梯度稀土生物陶瓷涂层分别在 2 天、4 天和 6 天时 ALP 的分泌数量，可以看出，在 6 天时，ALP 在 0.4% CeO_2 陶瓷涂层上的表达数量最大，这说明，该涂层具有较强的使成骨细胞向骨细胞转化的趋势。

以上结果表明，梯度稀土生物陶瓷涂层的生物活性与不同含量 CeO_2 合成的 HA+β-TCP 的数量密切相关。我们制备的梯度稀土生物陶瓷涂层不只是能够引起细胞的黏附生长，更重要的是要能够促进细胞分化，即合成大量与目标组织修复和再生相关的蛋白质，进而实现受损组织的再生和功能的恢复。

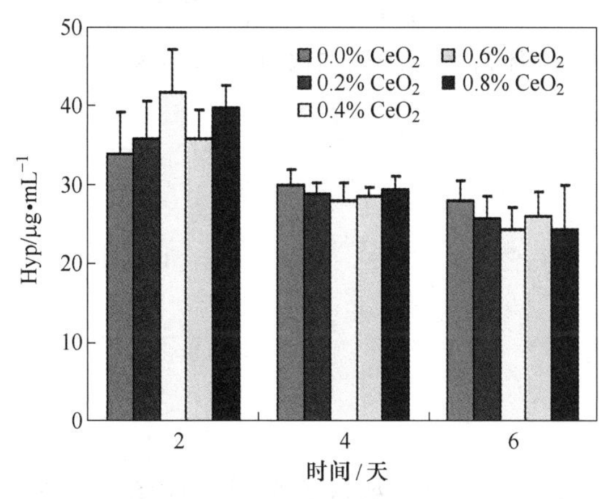

图 5-68 成骨肿瘤细胞在不同陶瓷涂层试样表面培养不同时间后羟脯氨酸分泌量的柱状图（质量分数）

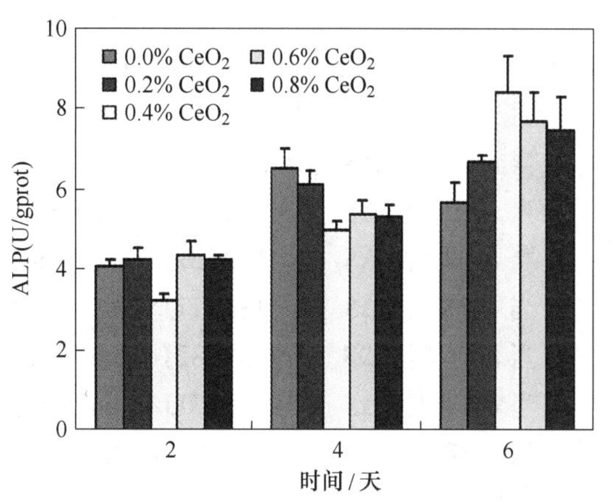

图 5-69 成骨肿瘤细胞在不同陶瓷涂层试样表面培养不同时间后碱性磷酸酶分泌量的柱状图（质量分数）

e 梯度生物陶瓷涂层的应用

迄今为止，我们有关激光制备梯度生物陶瓷涂层的原创性研究成果已获得了两项美国发明专利的授权［US 8，206，843，B2］以及［US 8，623，526，B2］，六项国家发明专利的授权［ZL 2005 1 0200011.5］，［ZL 2007 1 0200621.8］，［ZL 2007 1 0200627.1］，［ZL 2007 1 0200628.6］，［ZL 2007 1 0200632.2］以及［ZL 2012 1 0075332.7］。我们研制的梯度陶瓷涂层制品可应用于坏死股骨的置换和修复，缺损关节的修复等。

5.4 激光熔覆制备高熵合金涂层

1995 年，中国台湾学者叶均蔚教授等突破了材料设计的传统观念，提出了新的合金设计理念，制备多主元高熵合金或称多主元高乱度合金。研究发现，高熵合金因具有较高的熵值和原子不易扩散的特性，容易获得热稳定性高的固溶相和纳米结构，不同的合金具有不同的特性，其表现优于传统合金。多主元高熵合金是一个可合成、可加工、可分析、可应用的新合金领域，具有很高的学术研究价值和很大的工业发展潜力。

5.4.1 高熵合金理论基础

高熵合金通常须具有五种以上主要元素，每种元素以等摩尔或者近似等摩尔进行配比，且每个主要元素原子分数介于 5%～35%。根据传统物理冶金的认知以及二元、三元相图，具有如此多种元素的合金，应该出现许多相及金属间化合物，造成微结构复杂，难以分析应用。实验发现却并非如此，高熵效应使得各元素混合成为固溶体，高熵合金一般形成单一的固溶相。

熵在物理上表示体系混乱程度，体系的微观状态数越多，体系的混乱度越大。熵直接影响热力学稳定性。根据熵和系统复杂性关系的波尔斯曼（Boltzmann）假设，N 种元素以等摩尔比形成固溶体时，形成的摩尔熵变 ΔS_{conf} 可以通过以下公式表示：

$$\Delta S_{conf} = -k\ln w = -R\left(\frac{1}{n}\ln\frac{1}{n} + \frac{1}{n}\ln\frac{1}{n} + \cdots + \frac{1}{n}\ln\frac{1}{n}\right) = -R\ln\frac{1}{n} = R\ln n$$

式中，k 为玻耳兹曼常数；w 为混乱度；R 为摩尔气体常数：$R=8.3144\text{J/(mol·K)}$。

通过以上公式可以计算：

当 $n=2$ 时，$\Delta S_{conf} = 5.761\text{J/(mol·K)}$；

当 $n=3$ 时，$\Delta S_{conf} = 9.120\text{J/(mol·K)}$；

当 $n=4$ 时，$\Delta S_{conf} = 11.527\text{J/(mol·K)}$；

当 $n=5$ 时，$\Delta S_{conf} = 13.377\text{J/(mol·K)}$；

当 $n=6$ 时，$\Delta S_{conf} = 14.882\text{J/(mol·K)}$；

当 $n=7$ 时，$\Delta S_{conf} = 16.171\text{J/(mol·K)}$；

当 $n=8$ 时，$\Delta S_{conf} = 17.285\text{J/(mol·K)}$。

利用上述计算结果可绘制 n 元等摩尔合金混合熵与元素数目关系图（如图 5-70 所示）。从图中可以看出随着合金组元数的增多，混合熵增大。但根据叶教授的研究，相对于一个元素为主的传统合金，元素数目超过五元时，混合熵的增加比较显著，高熵效应能更大发挥。不过元素太多对高熵效应的增强效益不大，只是增加了元素的复杂性而已，故一般高熵合金的上限以 13 种元素最适宜。同时根据混合熵的大小可以把合金分为三大类，低熵合金、中熵合金、高熵合金，其中混合熵 $\Delta S_{conf} \leqslant 5.762\text{J/(mol·K)}$ 为低熵合金，混合熵 $\Delta S_{conf} \geqslant 13.382\text{J/(mol·K)}$ 为高熵合金，当混合熵介于 $5.762\text{J/(mol·K)} \leqslant \Delta S_{conf} \leqslant 13.382\text{J/(mol·K)}$ 为中熵合金（如图 5-71 所示）。

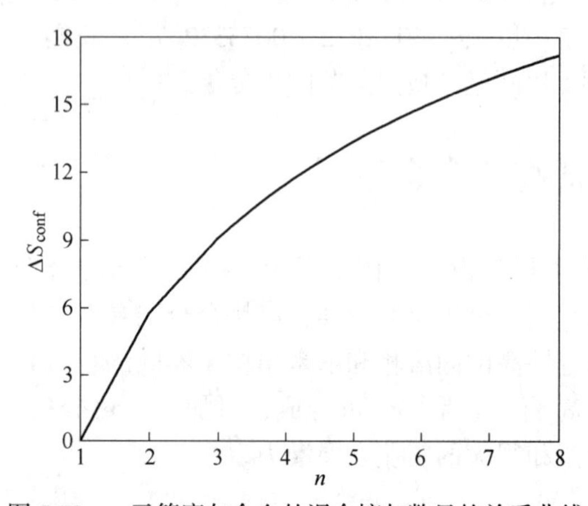

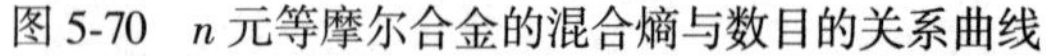

图 5-70　n 元等摩尔合金的混合熵与数目的关系曲线

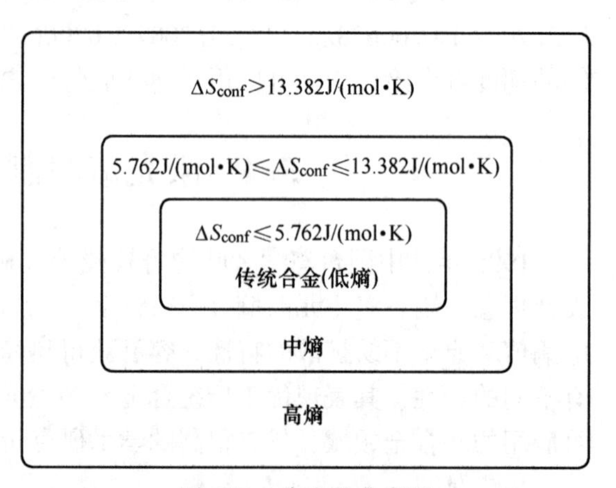

图 5-71　合金的分类图

从热力学角度分析，吉布斯自由能变 ΔG、焓变 ΔH、绝对温度 T、熵变 ΔS 直接的关系式为：$\Delta G = \Delta H - T\Delta S$，通常一个体系中的吉布斯自由能越低，则体系越稳定。因此在多主元高熵合金中，随着元素的增多，其混合熵也增大，则吉布斯自由能越低，系统更加稳定。这就说明，当高熵合金的组元足够多时，熵值很高，高熵效应会抑制金属间化合物的析出，促进简单固溶体的析出。

5.4.2　高熵合金特性

高熵合金的设计完全不同于传统合金，所以其独特的结构决定了其独特的性能。中国台湾国立清华大学教授叶均蔚通过大量研究最后总结出了高熵合金的四大效应。

5.4.2.1 高熵效应

前文中已经简要地阐述了高熵合金的高熵效应是高熵合金形成简单固溶体的主要原因。高熵合金与传统合金的区别不仅体现在设计理念上，同时热力学原理也有很大的区别。严格意义上来讲，一个系统的熵值不仅仅是指混合熵 ΔS，还包括由原子电子组态、振动组态、磁矩组态等排列混乱所带来的熵值。然而对于高熵合金而言，这些熵值相对于混合熵值 ΔS 来说都比较小，所以高熵合金熵值的计算中一般选用混合熵 ΔS。多元合金体系的混合自由能 ΔG_{mix}，可用下式表示：

$$\Delta G_{mix} = \Delta H_{mix} - T\Delta S_{mix} = \frac{1}{2}\sum_{i=1}^{n}\sum_{i=1,\ j\neq i}^{n} C_{ij}X_iX_j + RT\sum_{i=1}^{n} X_i \ln X_j$$

式中，ΔH_{mix} 为混合焓；ΔS_{mix} 为混合熵；T 为温度；R 为气体常数；C_{ij} 为交互作用因子。

通过以上的公式可以分别计算出二元和八元等摩尔比合金在1200℃下的自由能（见图5-72）。图5-72a是高熵合金形成单一固溶相的情况下的自由能，可以看出八元高熵合金的自由能远远低于二元合金的自由能，高温下多元固溶体相形成了热力学的稳定相。但通常情况下，高熵合金不仅出现单一固溶体，会出现多元固溶相共存的情形，图5-72b为高熵合金中出现两固溶相的自由能比较，两者都具有高混合熵及低混合自由能，图中切点为共存相的成分，共存相的存在抑制了金属间化合物的形成。通过此分析，可以得到，混合熵与混合焓相互抗衡，使得多元固溶相易成为稳定相。

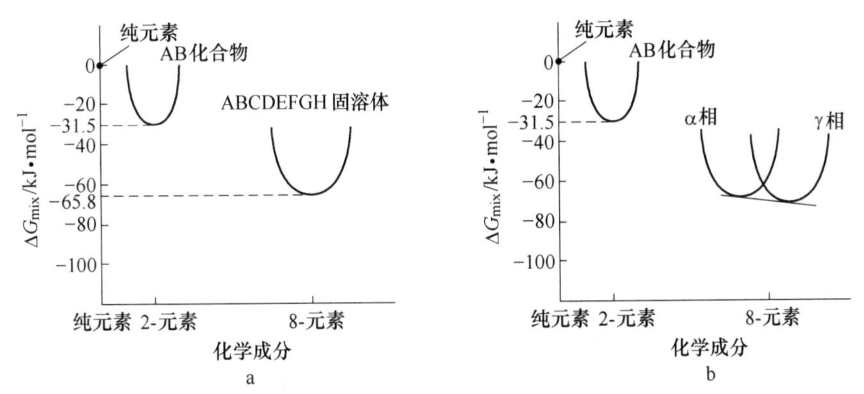

图5-72 八元等摩尔合金固溶相与二元合金化合物在1200℃自由能的比较图

a—单一固溶体相自由能比较图；b—两固溶相平衡存在自由能比较图

图5-73表示的是一系列二元到七元合金铸造状态的XRD衍射图，从图中看出高熵合金CuNiAlCoCrFeSi系列合金形成单一相的BCC或者FCC结构，而且合金中相的种类也没有随着合金元素数目的增加而增加，也没有出现复杂的金属间化合物。显然由于混合熵较高引起自由明显降低，这种特殊的现象在很大程度上应归因于高混合熵的作用，高的混合熵增进了组元间的相溶性，从而避免发生相分离而导致合金中复杂相或者金属间化合物的生成。

5.4.2.2 晶格畸变效应

传统合金中有一个主要元素，其他元素固溶于其中，晶格比较规则。高熵合金中各元素原子大小不同，要共同形成单一晶格必然会造成晶格的应变。图5-74为元素晶格与六元高熵合金晶格示意图，可以看出较大的原子占据的空间较大，而较小的原子周围则没有多余的空间，这就造成了晶格的扭曲及晶格的畸变现象。晶格这种畸变提高了能量，使得材料的性能发生变化，使得高熵合金固溶强化效果作用增强。固溶强化效应抑制了位错的运动，因此能极大地提高这些合金的强度。也有研究表明有些高熵合金的硬度可以达到1000HV，有些高熵合金在1000℃经过12h退火后冷却，其极高硬度仍未出现回火软化现象，说明合金具有很好的红硬性。

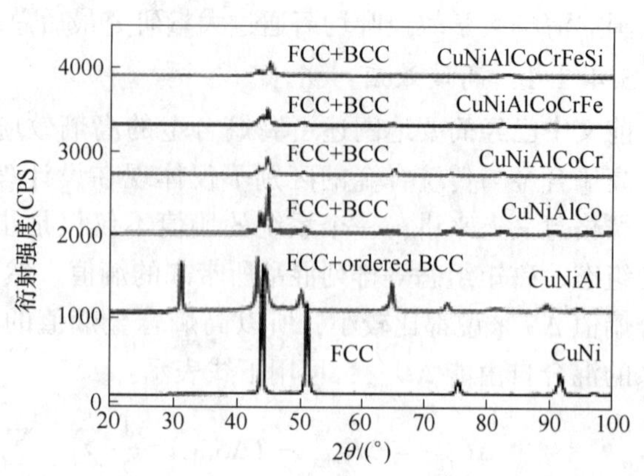

图5-73　高熵合金系列二元到七元铸造状态XRD衍射图

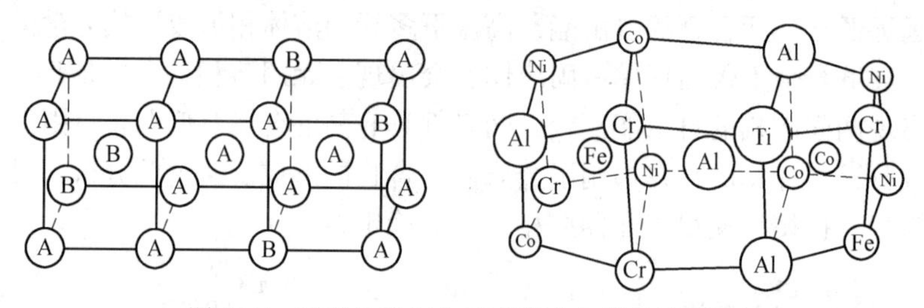

图5-74　元素晶格与六元高熵合金晶格示意图

5.4.2.3　迟滞扩散效应

合金中的相变取决于原子扩散，其中原子的扩散依靠“空位”原理，空位机制认为晶体中存在大量空位在不断移动位置，当扩散原子邻近有空位时，该原子则跳入空位，传统合金中主元素的原子跳入跳出空位的势垒相同，这样就使得原子的移动及空位的形成比较容易，从而原子的扩散较快。而高熵合金中由于合金元素的种类不同，原子大小各异，当合金中出现空位时，原子竞争进入，一旦原子进入，周围的环境也随即发生了变化，使得原子跳入跳出势垒发生了很大的变化，造成原子扩散缓慢。高熵合金的迟滞扩散效应使得合金中容易出现非晶或者纳米晶。图5-75为铸态CuCoNiCrAlFe高熵合金的微观结构，从图中看出在高熵合金的铸造过程中，冷却时的相分离在高温区间通常被抑制从而延迟到低温区间，这正是铸态高熵合金中往往出现纳米析出物，或者形成非晶的原因。

5.4.2.4　鸡尾酒效应

传统合金的性质主要由其主元决定，其他的微量元素起辅助作用，高熵合金性质是多种合金元素相互作用的结果，是元素的集体效应。但有时也表现出个别元素的效应，比如，在高熵合金中添加轻质元素，会降低高熵合金整体密度。又如添加耐氧化的元素如Cr、Al、Si，也会提高合金的抗氧化性。除了元素个别性质外，某一元素的添加，会使高熵合金出现不同的性质，如Al是一低熔点且较软的金属，加入高熵合金中，其硬度却显著提高。如果在还有Co、Cr、Fe、Ni、Cu的高熵合金中添加结合能力很强的Al元素，能促成BCC相的生成，从而提高合金的强度和硬度。图5-76为高熵合金Al_xCrFeCoNiCu系硬度与晶格常数示意图。可以看出，随着 Al 含量的提高，高熵合金中由原来的 FCC 相转变为 BCC 相，该合金系的机械强度和硬度也极大地提高了。

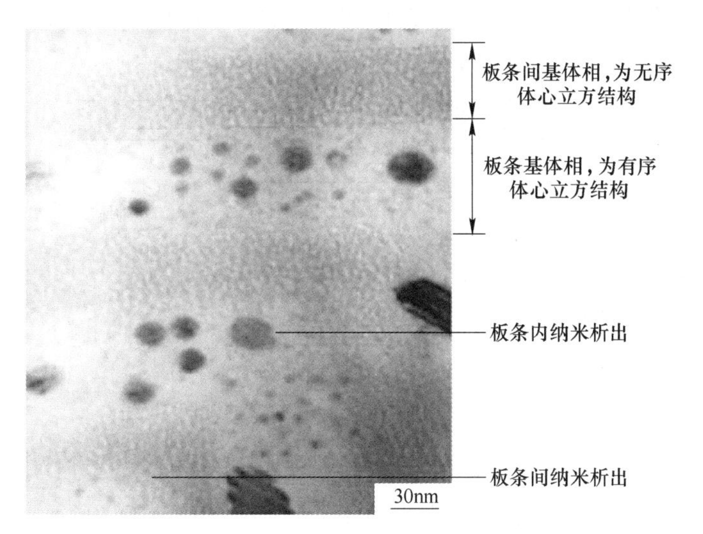

图 5-75　为铸态 CuCoNiCrAlFe 高熵合金的微观结构

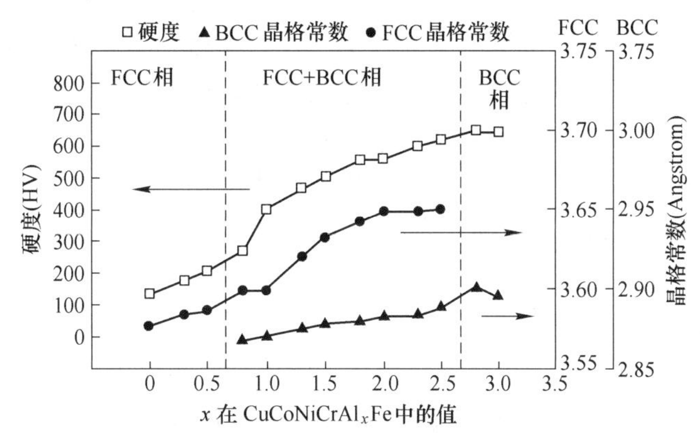

图 5-76　高熵合金 Al_xCrFeCoNiCu 系硬度与晶格常数示意图

5.4.3　高熵合金的制备方法

目前高熵合金的制备方法比较多，大致可以归纳为以下几种：

（1）真空电弧熔炼：台湾学者叶均蔚首次获得高熵合金也正是采用这种方法，随后很多学者采用这种方法制备了其他的合金系列，真空电弧熔炼是在真空下，利用电极和坩埚两极间电弧放电产生的高温作为热源，将金属熔化，在坩埚内冷凝成铸锭的过程。熔炼的温度高，可以熔炼熔点较高的合金，并且对于易挥发杂质和某些气体（如氢气）的去除有良好的效果。

（2）磁控溅射法：又称高速低温溅射法，是一种十分有效的薄膜沉积方法，常用于微电子，光学薄膜，材料等领域的薄膜沉积和表面处理等。溅射技术作为沉积镀膜的方法于 20 世纪 40 年代开始得到广泛应用和发展。磁控溅射原理见图 5-77，磁控溅射是在阴极靶表面上方形成一个正交电磁场，被离子轰击而从靶材产生的二次电子，在阴极位区被加速为高能电子后，在正交电磁场作用下作来回振荡的近似摆线的运动。在运动中高能电子通过与气体分子的碰撞而发生能量的转移，使本身变为低能电子，从而避免了高能电子对基板的轰击。故它具有溅射速率高，可控性和重复性好，膜层与基材结合强，镀膜层致密均匀等优点。已经有许多高熵合金系列薄膜通过这种方法制得。

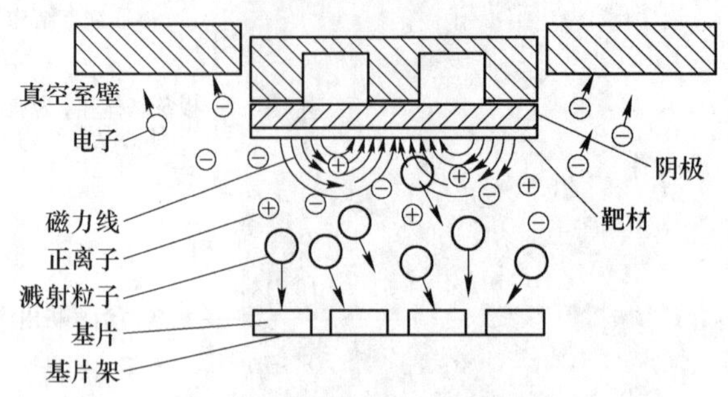

图 5-77 磁控溅射工作原理图

机械合金化：机械合金化（MA）是一种非平衡态粉末固态合金化方法，在材料制备过程中表现出非平衡性和强制性。利用这种技术不仅仅能制备稳态材料，而且能制备亚稳态材料，机械合金化是一种高能球磨法，用这种方法可制备具有可控细显微组织的复合金属粉末。在高速搅拌球磨的条件下，金属粉末混合物的重复冷焊和断裂进而实现合金化。图 5-78 为磨球和粉末碰撞的过程示意图。在高能机械球磨过程中，粉末颗粒受到球磨强烈的冲击作用，粉末颗粒不断地被挤压，碰撞，发生严重的塑性变形，不断地重复断裂和冷焊的过程。

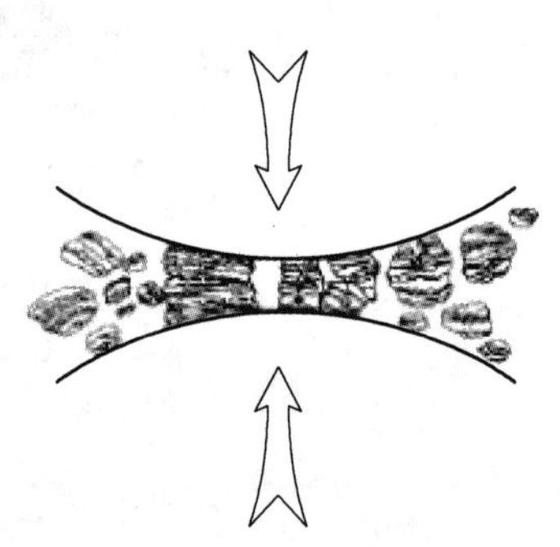

图 5-78 机械合金化过程示意图

机械合金化制备方法的优点是工艺简单，成本较低，制备效率较高，不足之处在于制备工程中易引入杂质、纯度不高。但对于细小的固体杂质颗粒在晶界上的分布能够有效钉扎晶界迁移，抑制晶粒长大。与其他制备方法相比，机械合金化制备的高熵合金粉末具有稳定的微观结构，良好的化学均质性和优异的室温加工性能。印度学者 S. Varalakshmi 在 2007 年首次利用机械合金化方法制备了 AlFeTiCrZnCu 高熵合金。其他学者也利用机械合金化制备了高熵合金。

（3）电化学沉积法。电化学沉积是指在电场作用下，在一定的电解质溶液（镀液）中阴极和阳极构成回路，通过发生氧化还原反应，使溶液中的离子沉积到阴极或者阳极表面上而得到所需镀层的过程。电化学沉积可在各种结构复杂的基体均匀沉积，而且可以精确控制沉积层的厚度，沉积的速度也可以通过电流控制，同时电化学沉积是一种经济的沉积方法，设备投资少，工艺简单，操作容易，环境安全，生产方式灵活，适于工业化大生产。姚陈忠等人利用电化学沉积法制备了具有良好的软磁性能的非晶纳米 NdFeCoNiMn 高熵合金薄膜。

（4）除了以上制备方法外，还有文献报道利用电子束蒸发沉积和放电等离子烧结的方法制备了高熵合金，获得涂层或者薄膜具有优异的性能。同时真空熔体快淬法和激光熔覆的方法也用来制备高熵合金。通过大量的实验可以看出，对于高熵合金的制备可以选择传统的方法，也可以用比较新颖的制备手段。

5.4.4 高熵合金的性能及应用

高熵合金的特殊结构使得它具有特殊性能，通过研究获得了一系列高硬度，高强度，耐高温氧化，耐腐蚀，高电阻率等优异性能的高熵合金。

（1）高强度高硬度。高熵合金具有较高的硬度及强度，大多数铸态高熵合金的硬度在600~1000HV，有的甚至超过了1000HV，其硬度远远超过了传统合金，改变合金元素的含量，还可进一步提高合金的硬度。近年来，很多学者探究了Al对高熵合金的影响，结果表明大多数的高熵合金随着Al元素含量的增加，合金的硬度和强度会显著增加。此外，与传统合金钢相比，高熵合金不仅强度和耐磨性能显著提高，同时塑性和韧性也没有下降，如$FeCoNiCrCuAl_{0.5}$经50%压下冷压后，不仅没有出现裂纹，反而在晶内出现了纳米结构。

（2）耐磨性能。通常情况下，硬度较大的合金也具有较好的耐磨性能，高熵合金$Al_xCoCrCuFeNi$的研究发现，随着Al含量的增加，BCC相的体积分数增加，磨损系数降低，合金的硬度提高，同时磨损机制由剥层磨损转变为氧化磨损，氧化磨损产生的氧化膜有助于提高耐磨性。史一功等对高熵合金AlCoCrFeNiCu及GCr15摩擦副在不同介质中不同速度下的摩擦磨损研究表明，高熵合金和GCr15的摩擦系数和磨损量均随H_2O_2浓度的升高而减小，此外，在高浓度H_2O_2（90%）中，由于生成的氧化膜较稳定，使得高熵合金的磨损表面仅有很浅的犁沟，磨损程度明显降低。

（3）耐腐蚀性能。高熵合金具有良好的耐腐蚀性能，李伟等人研究了高熵合金$AlFeCuCoNiCrTi_x$的电化学性能，发现在0.5mol/L的H_2SO_4溶液中，该系列合金比304不锈钢的腐蚀速率低，在1mol/L的NaCl溶液中，该系列合金的腐蚀速率与304不锈钢相当，但抗孔蚀的能力却优于304不锈钢。徐右睿研究发现，在高熵合金$FeCoNiCrCu_x$中，过量Cu元素的添加不利于钝化的发生，钝化电位区间会变小。Cu对提高合金的抗还原酸能力贡献很大，还可提高腐蚀电位，降低腐蚀电流密度。文献指出高熵合金$CrFeCoNiCuAl_x$在硫酸溶液中的耐腐蚀性要优于不锈钢，这主要是因为合金中的Ni和Cr使得合金的耐蚀性提高。

（4）良好的塑韧性。高熵合金不仅具有高的强度硬度，而且具有良好的塑韧性，特别是当合金具有单一的FCC相时，塑性非常好。比如合金$FeCoNiCrCuAl_{0.2}$经过50%压缩率冷压，不但没有开裂，相反合金的硬度进一步提高。$AlCoCrFeNiTi_{1.5}$在32%以内的压缩率冷压，也表现出非常好的延展性。在高熵合金$Al_xCoCrCuFeNi$的研究中，合金晶粒尺寸越小，单位体积内晶界面积增加，使得晶界的滑动更方便，晶界的迁移有助于塑性变形，从而提高塑性。

（5）耐热性。研究发现，许多高熵合金具有很高的熔点，即使在高温下仍然具有极高的硬度和强度。这是因为高熵合金在高温下混乱度会变得更大，无论是结晶态还是非结晶态都会变得更加稳定，固溶强化效果没有减弱，可获得极高的高温强度。吴桂芬等研究发现，$Al_{0.5}CoCrFeNiSi_{0.2}$高熵合金在温度低于800℃时，随着淬火温度升高，晶粒细化、FCC相含量减少，硬度随淬火温度的升高而提高。有研究表明$AlFeCuNiCrTi_1$高熵合金，当退火温度达到800℃时，会有Fe_2Ti型的Laves相析出，这有助于提高材料的硬度，当退火温度达到1200℃时，其硬度可以提高到51.3HRC。

(6) 磁学性能。通过研究发现，利用电化学沉积方法制备的非晶态高熵合金 $Fe_{13.8}Co_{28.7}Ni_{4.0}Mn_{22.1}Bi_{14.9}Tm_{16.5}$ 薄膜呈颗粒状结构，具有软磁性能，经过加热晶化处理后具有单一的立方晶型结构。姚陈忠等人通过电化学制备了非晶纳米高熵合金薄膜NdFeCoNiMn，发现此高熵合金不论在常温还是低温，其矫顽力均非常小，而且很容易达到饱和磁化强度，随着温度降低，饱和磁化强度不断增大。磁性测量表明，不定型的NdFeCoNiMn高熵合金薄膜适合做软磁材料。关于高熵合金的磁学性能，目前的研究还比较少，研究的空间比较大。

高熵合金拥有很多特性，可以通过合适的合金配方设计，获得高硬度、高加工硬化、耐高温软化、耐腐蚀、高电阻率等的具有组合优异性能的合金，其超越传统合金的优异性能，可以用在很多领域：

(1) 制造高硬度且耐磨耐高温的工具、模具、刀具。

(2) 利用高熵合金高的抗压强度和优良的耐高温性能可以制造超高大楼的耐火骨架。

(3) 利用高熵合金的耐腐蚀性能，替代不锈钢，制造船舶化工容器等易于被腐蚀的器件。

(4) 利用高熵合金具有的软磁性及高电阻率，从而制作高频变压器，马达的磁芯、磁头、高频软磁薄膜及喇叭等。

(5) 高熵合金用于储氢材料的研发。

(6) 高熵合金用于微机电元件、电路板等封装材料的研制。

(7) 高熵合金用于表面防护材料的制造。

5.4.5 激光制备高熵合金工艺优化

目前，激光熔覆技术主要用于制备镍基、钴基、铁基合金涂层以及具有陶瓷颗粒增强相的合金涂层。而借助激光熔覆技术制备高熵合金涂层的研究比较少，自从高熵合金被提出，几乎都是采用真空电弧炉熔炼和熔铸等方法制备，这种制备使得制备尺寸受到很大限制，同时生产大型零件的成本太高。激光熔覆具有快速加热快速冷却的效果，对基体的热影响小，熔覆层晶粒细小且在基体中分布均匀，涂层与基体为冶金结合，结合强度高，涂层厚度最高可达到几毫米。因此，激光熔覆制备高熵合金涂层在工业和理论上都具有可行性，已经成为高熵合金研究的一个新亮点。

迄今为止，相关的研究主要是在不同基体钢表面通过激光熔覆制备高熵合金涂层。张晖等人以Q235钢作为基材，用激光熔覆的方法制备了 $FeCoNiCrAl_2Si$ 高熵合金涂层，其涂层的平均硬度达到了 $900HV_{0.5}$，同时具有良好的相结构和硬度以及高温稳定性能。Huang Can等人以Ti-6Al-4V合金为基体，利用激光熔覆技术制备了等摩尔比的高熵合金涂层TiVCrAlSi，其涂层不仅具有高的硬度，而且具有很好的耐磨性。何力等人研究了 $Al_2CrFeNiCo_xCuTi$ 高熵合金涂层，通过Co摩尔比例的变化，研究其对高熵合金层性能的影响，通过研究发现；随着Co含量的增加，合金中的面心立方结构相逐渐增多，进而增加了合金的晶间腐蚀作用，降低了合金的耐腐蚀性能。黄祖凤等人采用 CO_2 横流激光器制备添加WC颗粒的FeCoCrNiCu高熵合金涂层，文章指出WC含量的提高使枝晶细化，硬度提高。随着高熵合金涂层研究的深入，研究者开始着手高熵合金涂层的应用研究。张爱荣等人利用激光熔覆技术制备了 $AlCrCoFeMoTi_{0.75}Si_{0.25}$高熵合金涂层刀具，这种刀具和普通刀具相比具有很多优越性，比如高温稳定性，表面硬度高，摩擦因数小，断屑效果好，被加工材料表面光洁度高。

综上所述，激光熔覆高熵合金涂层硬度较高且具有良好的耐热性、耐腐蚀性和耐磨损性。但是，由于激光熔覆的速冷速热势必造成熔覆层与基体材料之间温度梯度和热膨胀系数的差异可能导致熔覆层中出现多种缺陷。激光熔覆参数对高熵合金涂层的影响比较大，不同的激光功率，不仅影响涂层表面粗糙度，而且直接影响涂层的质量，功率过大，基体稀释率过高，使得高熵合金的性能大打折扣，功率过低，基体和涂层的结合不牢固，容易形成裂纹或者脱落。同时搭接率和激光光斑尺寸也是影响涂层性能的重要因素，完善制备方法，热加工工艺，尝试特定性能高熵合金的设计，以使高熵合金尽快实用化是目前亟需解决的问题。

国内外关于激光熔覆制备高熵合金的报道还比较少，此领域的研究还处于起步阶段，对于高熵合金设计的理论研究还很欠缺，涂层组织的形成机制，不同合金材料对涂层的影响因素及原理还不明确，从成分设计到组织性能的研究，都面临很大的困难，从科学研究到生产应用还有很长的路要走。然而，通过现有的研究成果不难看出，激光熔覆高熵合金涂层已经显示出许多优异的性能，相信随着研究的深入及制备技术的提升，理论知识的不断完善，这种制备技术必将为高熵合金涂层开辟广阔的空间。

激光熔覆涂层的质量一般包括宏观熔覆层质量和微观熔覆层质量两个方面，宏观熔覆层质量包括熔覆层厚度，表面粗糙程度及熔覆层表面是否有裂纹或者孔洞等缺陷；微观熔覆层质量包括稀释率，涂层与基体结合程度，组织结构等。影响熔覆层质量的因素很多，其中激光熔覆工艺参数是主要影响因素，工艺参数设定包括：激光熔覆功率，扫描速度，光斑直径，搭接率等，其中功率和扫描速度的影响最为显著。为了获得最佳工艺参数，重点研究了功率及扫描速度对熔覆层质量的影响。

5.4.6　激光熔覆功率对高熵合金涂层组织的影响

选择光斑直径 3～4mm，扫描速度为 240mm/s，分别研究了高熵合金在 1800W、2000W、2200W、2400W、2600W、2800W、3000W、3200W、3400W、3600W、3800W、4000W 功率下的熔覆涂层的质量（见表 5-20）。

表 5-20　不同功率下涂层表面质量

功率/W	程　度	涂 层 特 征	表面质量
1800	功率过低	涂层与基体结合程度较低，部分区域出现了严重的剥落，涂层表面性能较差，表面凹凸不平	极差
2000			
2200			
2400	功率偏低	涂层与基体没有呈冶金结合，涂层表面粗糙，局部区域出现裂纹	较差
2600			
2800			
3000			
3200			

续表 5-20

功率/W	程 度	涂 层 特 征	表面质量
3400	最佳功率	涂层表面质量较好，整体平整	较好
3600	功率偏高	功率过高导致熔池过深，同时造成部分粉末挥发，局部区域出现团聚现象，表面质量较差	较差
3800			
4000			

图 5-79 为不同激光功率下，高熵合金熔覆涂层的宏观形貌，由图可以看出，在激光光斑直径及扫描速度不变的条件下，激光功率过高或者过低都会影响涂层的熔覆效果，也影响了熔覆层的宏观质量。国内外研究表明，激光比能过低，导致稀释率太小，由图 5-79a、b 可以看出，熔覆层和基体结合不牢固，容易剥落，熔覆层表面出现局部起球、空洞等外观缺陷。然而当激光比能过高，导致稀释率很大，不仅严重降低熔覆层的耐磨、耐蚀性能，熔覆材料容易发生过烧、造成材料蒸发、表面呈现散裂状，涂层不平度增加(见图 5-79)。选择合适的激光功率，使得稀释率在比较合适的范围之内，形成良好的工艺参数，提高熔覆层质量，同时改善涂层与基体结合能力。

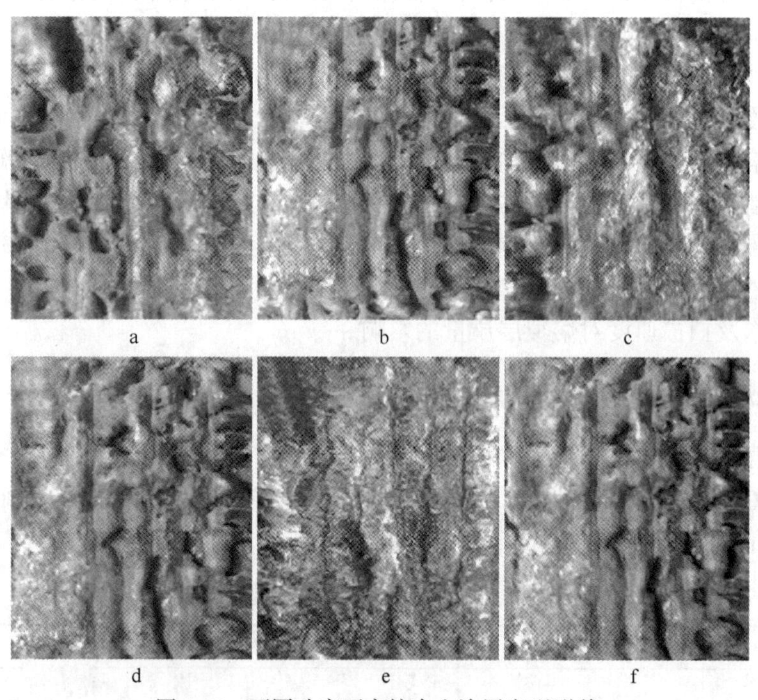

图 5-79 不同功率下高熵合金涂层宏观形貌

5.4.7 激光熔覆扫描速度对高熵合金涂层组织的影响

众多实验研究表明，增大能量的输入，减慢扫描速度，这样做能起到一些好的效果，但要适度控制，一般来说，大的功率密度，慢的扫描速度，都有利于粉末层的充分熔融，延长熔池寿命，使其中的杂质充分上浮到表面。熔覆层材料熔点过低，会使熔覆层和基体难以形成良好的冶金结合。其中单位面积的熔覆材料的比能决定了激光熔覆层和基体的结合强度以及涂层的表观质量。

比能 $$\eta = P/Dv \quad (5\text{-}2)$$

式中，P 为激光功率；D 为光斑直径；v 为扫描速度

由公式（5-2）可以看出，在光斑直径不变的情况下，激光功率和比能成正比，而扫描速度和比能成反比。故可以推断扫描速度对涂层质量的影响可以归结于激光功率的影响。

图 5-80 为相同功率，不同扫描速度下的涂层表面宏观质量，可以看出扫描速度对其质量产生很大的影响，通常来讲，不同的涂层材料和基体，对应不同的极限速度（即激光只熔化合金粉末，而基体几乎不熔化时的扫描速度）。研究表明，在保持其他参数不变的条件下，激光扫描速度较低，涂层材料表面易烧损，导致材料表面的粗糙程度变大（如图 5-80a、b 所示）。

另一方面，如果扫描速度较快，激光能量不够，短时间内涂层材料熔化不均匀，不透彻，很难形成结合性较好的涂层，而且表面质量很差，容易在表面产生气孔，熔渣等缺陷，甚至易剥落（如图 5-80e、f 所示）。从而选择恰当的扫描速度，对形成良好的涂层具有很大的影响，控制扫描速度是一个很关键的因素。

此外，金属粉末的供给方式（预置粉末和同步送粉）、涂层厚度、光斑尺寸、搭接率及激光器的型号等都会对涂层造成影响。比如涂层厚度太大，激光能量不足，短时间内涂层无法熔透，影响涂层质量，太薄则对基材表面性能改善不大。选择合适的搭接率使相邻熔覆道之间获得相同高度的关键，也是获得具有平整表面成形件的关键。

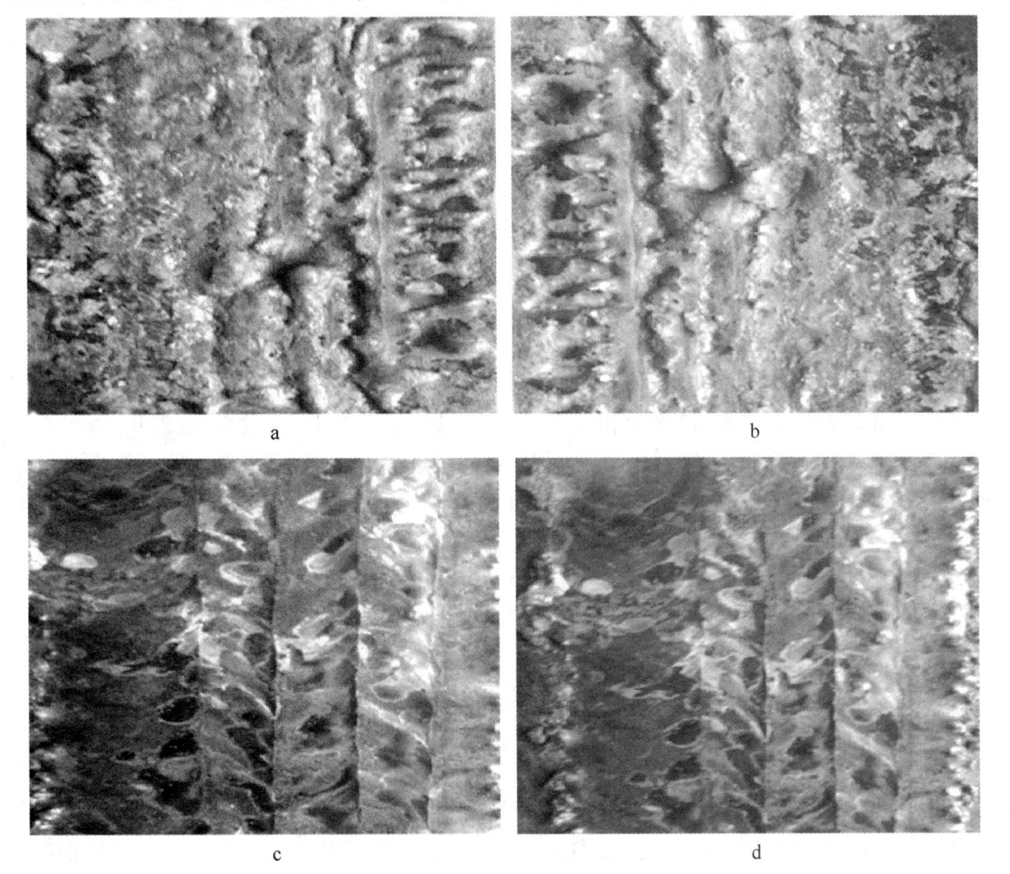

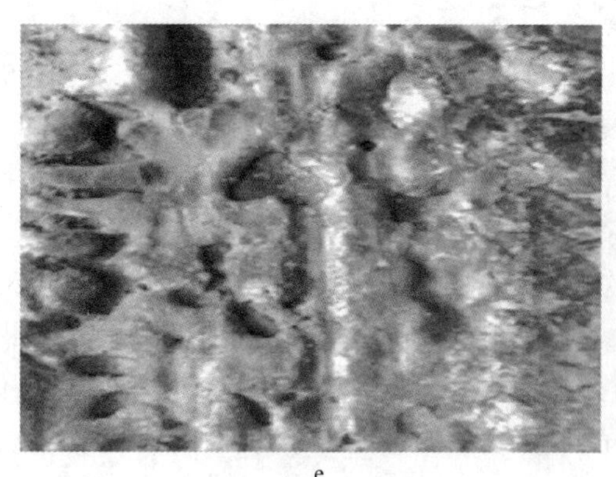
e

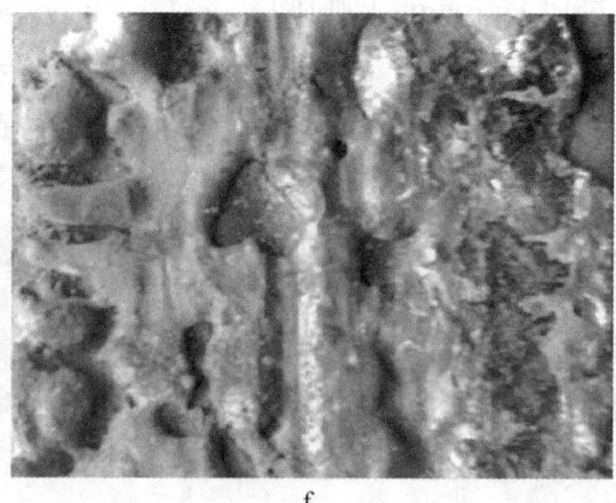
f

图 5-80 不同扫描速度下高熵合金涂层宏观形貌

a—$P=3400$W、$v=200$mm/s；b—$P=3400$W、$v=220$mm/s；
c—$P=3400$W、$v=240$mm/s；d—$P=3400$W、$v=260$mm/s；
e—$P=3400$W、$v=280$mm/s；f—$P=3400$W、$v=300$mm/s

激光熔覆过程中裂纹、气孔的产生及控制在激光熔覆中非常重要，在激光熔覆过程中，高能密度的激光束快速加热使熔覆层与基材间产生很大的温度梯度。随着快速冷却，这种温度梯度导致熔覆层与基体的结构发生变化，体积膨胀不一致，相互牵制形成了表面残余应力。一般情况，残余压应力可提高材料的可靠性和使用寿命，残余拉应力将会导致裂纹的产生。激光加热使得金属表面不熔化，其组织应力起主要作用，在其表面形成压应力。当激光加热使金属表面和添加合金粉层熔化时，随着激光束的移动，熔池内的溶液因凝固而产生体积收缩，由于受到熔池周围处于低温状态的基材限制而逐渐由压应力转变成为拉应力状态。当激光熔覆层表面呈压应力状态，不容易出现裂纹，若在该熔覆层基础上进行重叠处理，其表面由压应力状态变为拉应力，宏观裂纹就好产生。根据裂纹产生的不同部位，可以分为三种裂纹：熔覆层裂纹、界面裂纹及扫描搭接区裂纹。以 45 号钢为基础时，其基材的韧性往往高于熔覆层，再加上熔覆层自身的气孔等缺陷，因此裂纹主要产生在熔覆层中。

激光熔覆层裂纹的产生与基材的特性或合金化材料、熔覆层厚度、预热和后处理温度、激光功率、扫描速度、光斑尺寸以及涂层厚度或送粉率等因素有关。要控制或避免熔覆层裂纹，首先要保证基材的成分和组织均匀。其次，尽量降低合金元素 B、Si、C 的含量，而且尽量采用大光斑，单道熔覆。对热应力和组织应力较敏感的工件，熔覆前进行预热处理。最重要的是针对激光熔覆速冷速热的特性，设计无裂纹、高强度激光熔覆专用合金粉末。

5.4.8 激光制备高熵合金涂层组织结构分析

5.4.8.1 XRD 物相分析

图 5-81 为高熵合金 Ti_xFeCoCrWSi 涂层的 XRD 图，从图中可以看出，当高熵合金 FeCoCrWSi 没有添加 Ti（$x=0$）时，其高熵合金涂层由 BCC+FCC 两相构成，同时有大量的金属间化合物析出，且基本是含铁化合物，比如 $Cr_{0.78}Fe_{2.22}Si_2$、$Fe_{0.905}Si_{0.095}$ 及其他未知金属间化合物。当 $x=0.5$ 时，原来的 FCC 相消失，仅由 BCC 相构成，且相对于 Ti_0 其衍射峰的强

度增强，出现大量含 Ti 的金属间化合物，如 $Fe_{0.975}Ti_{0.025}$、$TiCo_2Si$。当 $x=1$ 时，涂层中仍然为 BCC 相结构，与 $Ti_{0.5}$相比金属间化合物明显增多，不仅还有钛的化合物 $TiCo_2Si$，同时出现了新的金属间化合物 $Cr_{9.1}Si_{0.9}$及其他未知相。当 $x=1.5$ 时，BCC 衍射峰明显增强，其衍射峰向右发生了小角度偏移，且金属间化合物种类减少。当 $x=2$ 时，涂层中除了 BCC 相，只有金属间化合物 $Cr_{9.1}Si_{0.9}$出现，并且其衍射峰强度增强。

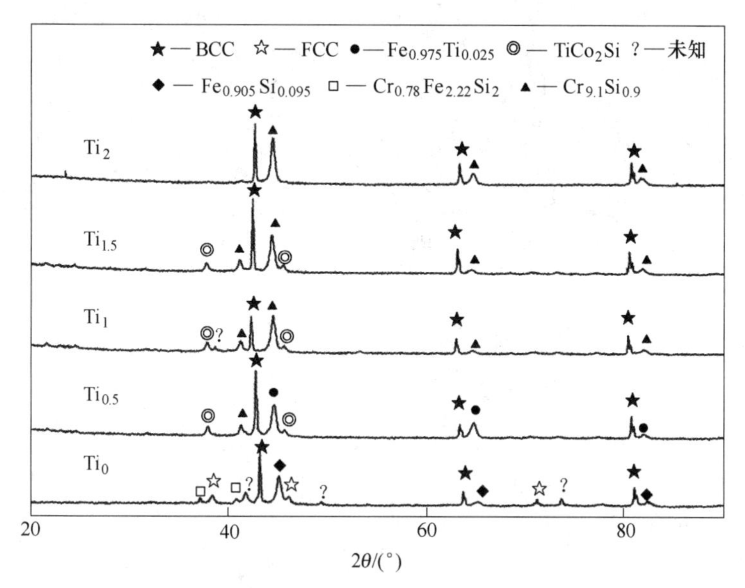

图 5-81 高熵合金 $Ti_xFeCoCrWSi$ 涂层的 XRD 图

前人的研究已经表明，随着大原子半径 Al 元素的逐渐添加会更有利于合金中 BCC 相的析出，通过前面的现象也可以得到 Ti，元素的添加也起到了相同的作用，同时随着 Ti 含量的增加，金属间化合物相对减少，特别是含铁化合物的析出被抑制。

5.4.8.2 SEM 分析

图 5-82 为高熵合金 $Ti_xFeCoCrWSi$ 涂层的 SEM 图，从图中 a 和 b 比较可以看出，添加一定量的 Ti 元素，能够促进合金形成树枝晶，而且 Ti 元素的含量从 0.5~1.5（摩尔比）增加时，其形成枝状晶的程度更强烈。这主要是因为在凝固的过程中，Ti 的化学活性较高，容易与其他元素发生化学反应，形成稳定的形核质点，成为凝固过程中的形核场所，增加了形核几率，随着凝固的进行，在液固界面前沿新形成的质点，打破了液固界面的稳定状态，在界面上形成微小凸起而深入过冷液中不断长大，促使树枝晶的形成，进而形成发达的树枝晶状态。然而当 Ti 含量增加到 2 时，晶粒出现了粗化，随着 Ti 含量的增加，涂层中的 Ti 含量增多，Ti 元素具有高的熔点，使得涂层的单位比能降低，凝固过程中的过冷度减小，枝晶的生长速度减慢，形成了比较粗大的晶粒。

表 5-21 为高熵合金 $Ti_xFeCoCrWSi$ 涂层各元素成分分布表。表中分别列出了不同 Ti 含量的高熵合金涂层中各元素的理论值（thoeretical）、枝晶间（DR）实际含量及枝晶内（ID）实际含量。从表中可以看出，涂层中 Si 的含量较理论值低很多，其主要是因为 Si 的密度较小，其烧蚀严重。同时由于基体的稀释作用，使得基体中的 Fe 和 C 进入涂层，造成 Fe 元素含量的升高，枝晶中 Cr 和 W 的含量较高，易于在晶界偏聚。枝晶间 Fe、Co

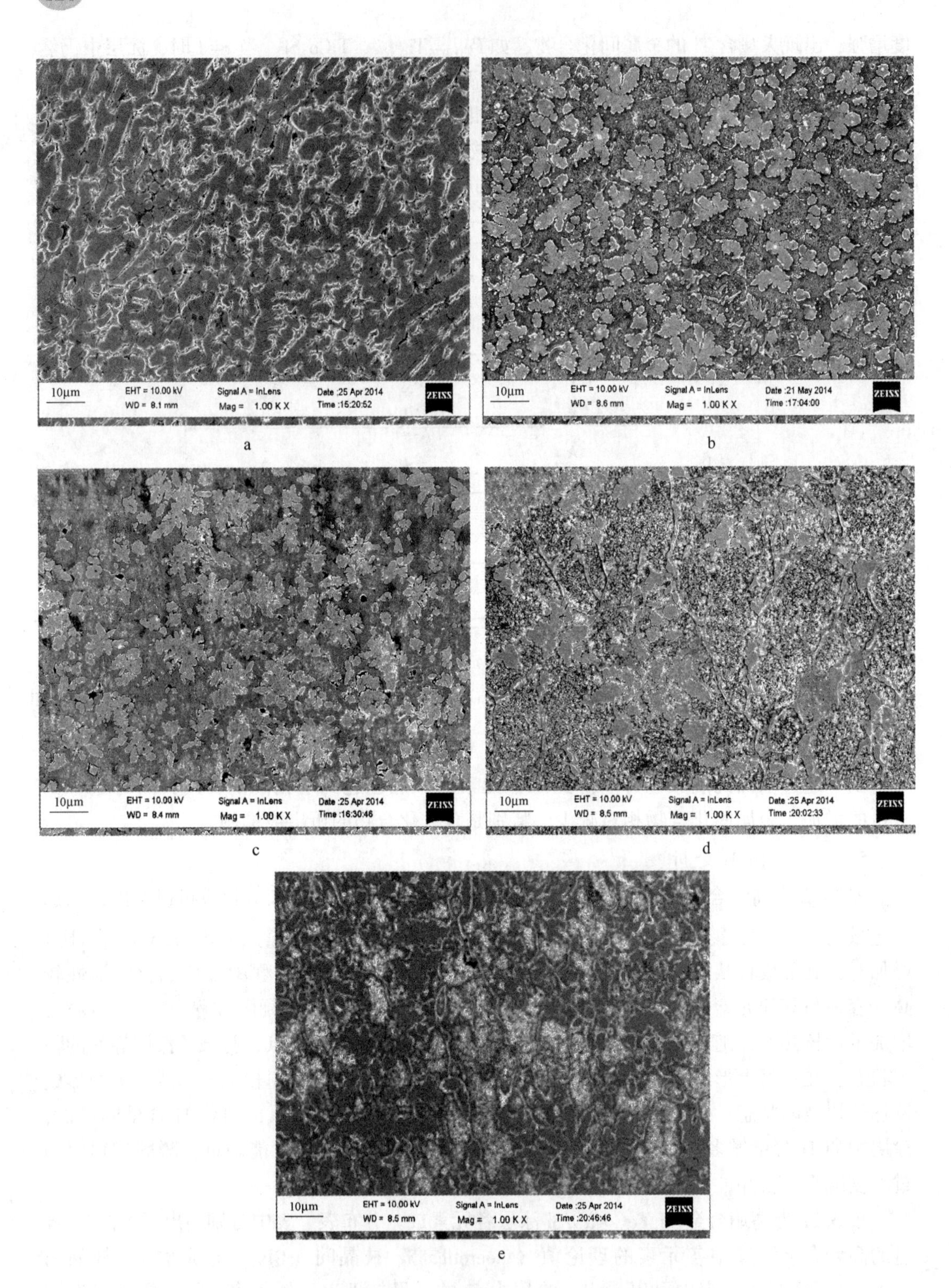

图 5-82　高熵合金涂层 $Ti_xFeCoCrWSi$ 的 SEM 图

a—Ti_0；b—$Ti_{0.5}$；c—Ti_1；d—$Ti_{1.5}$；e—Ti_2

及 Ti 元素的含量较高。随着 Ti 含量从 0~2（摩尔比）增加，基体的稀释率也相对升高，Fe 的含量高于理论值。

表 5-21 高熵合金 $Ti_xFeCoCrWSi$ 涂层各元素成分分布表 （质量分数/%）

合金	元素	Ti	Fe	Co	Cr	W	Si	C
Ti_0	theoretical	0	14.75	15.56	13.72	48.55	7.42	0
	ID	0	17.12	13.25	12.45	47.78	5.76	3.64
	DR	0	20.91	14.72	11.4	42.73	4.98	5.26
$Ti_{0.5}$	theoretical	5.95	13.87	14.64	12.9	45.66	6.98	0
	ID	4.98	18.33	12.6	10.15	45.04	3.74	4.23
	DR	5.08	20.7	13.25	9.6	41.85	5.08	5.78
Ti_1	theoretical	15.95	12.4	13.08	11.53	40.81	6.23	0
	ID	10.43	18.32	10.21	12.09	42.53	4.32	2.1
	DR	11.97	19.63	12.45	9.31	39.32	3.87	3.45
$Ti_{1.5}$	theoretical	20.19	11.77	12.42	10.95	38.75	5.92	0
	ID	17.8	18.37	10.32	9.85	37.29	4.67	1.7
	DR	18.84	20.21	12.32	7.86	34.32	3.65	2.8
Ti_2	theoretical	15.95	12.4	13.08	11.53	40.81	6.23	0
	ID	12.87	19.64	8.98	11.43	39.89	4.65	2.54
	DR	13.58	23.51	12.3	9.44	36.41	3.46	1.3

图 5-83 为高熵合金 FeCoCrWSi 涂层的 SEM 及 EDS 图，其中 1 区（枝晶）中 W 及 Cr 的含量较高，2 区（枝晶间）中 Fe 和 C 的含量较高，说明基体的稀释作用，导致 Fe 和 C 元素在晶界处偏聚。

从图 5-84 可以看出，高熵合金 $Ti_{0.5}FeCoCrWSi$ 涂层（电子图像 14）中，W、Si、Cr 元素主要分布在枝晶，元素 Fe 虽然在整个扫描面都出现，但在晶界分布较多，而 Ti 和 Co 主要分布在晶界间。高熵合金 $Ti_1FeCoCrWSi$（电子图像 12）涂层中，扫描的区域并未出现 Si 元素，主要可能是因为高功率的激光熔覆，导致局部 Si 的烧损，造成该区域的 Si 含量大大减少。同时元素 W、Cr 仍然在枝晶聚集。

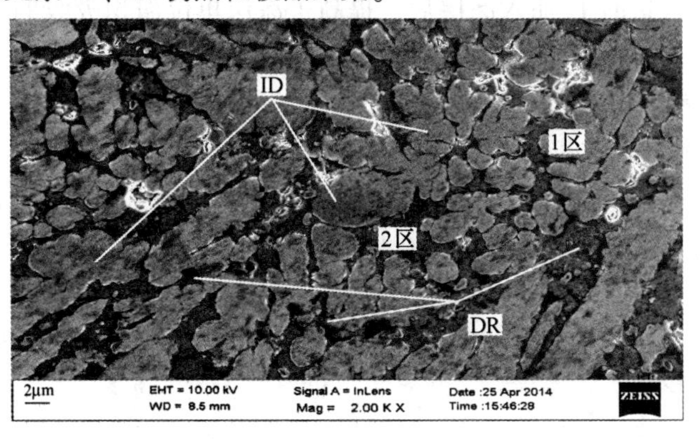

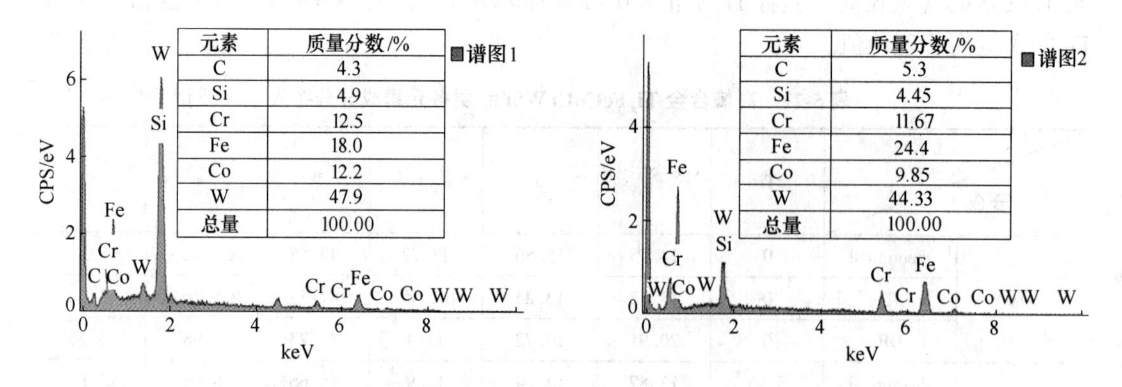

图 5-83　高熵合金 FeCoCrWSi 涂层的 SEM 及 EDS 图

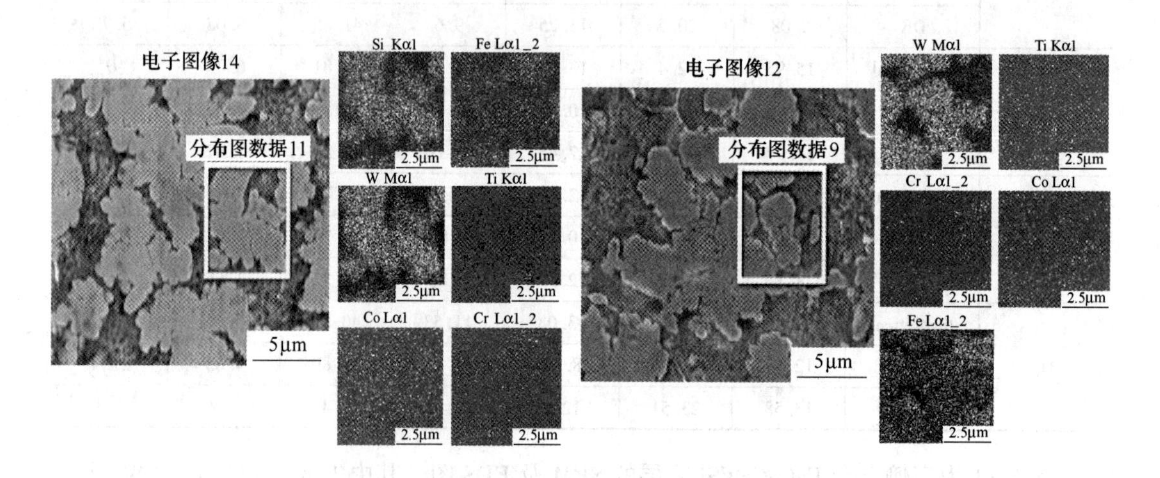

图 5-84　高熵合金 $Ti_{0.5}FeCoCrWSi$（电子图像 14）及

$Ti_1FeCoCrWSi$（电子图像 12）涂层的元素分布图

图 5-85 为高熵合金 $Ti_{1.5}FeCoCrWSi$（图 5-85a）及 $Ti_2FeCoCrWSi$（图 5-85b）涂层的成分分析图，图 5-85a 中 A 区中 Fe 的含量为 18.36%，而 B 区中 Fe 的含量为 20.56%，图 15-85b 中 A 区的 Fe 含量为 28.75%，B 区中 Fe 的含量为 47.1%。可以发现 Fe 的含量远远高于理论值，并随着 Ti 含量的增加，Fe 的含量越高，这主要是基体稀释造成的，由于 Ti 具有较高的熔点，大量的 Ti 加入涂层后，提高了涂层单位面积吸收的比能，从而提高了基体与涂层的受热量，导致基体稀释率增大。

5.4.8.3　金相组织分析

图 5-86 为 $Ti_0FeCoCrWSi$ 高熵合金涂层金相组织图，由图可知，整个涂层组织分布均匀，晶体的生长方向趋于一致，主要以胞状晶及枝状胞状晶为主。涂层中无明显裂纹，沿着冷却方向，胞状晶呈现从大到小的变化规律。

图 5-87 为 $Ti_{0.5}FeCoCrWSi$ 高熵合金涂层金相组织图，从图中看出，涂层主要由细小的胞状晶组成，且分布致密均匀。胞状晶生长没有明显的方向性。与图 5-86 相比，可以看出其晶粒明显细化。

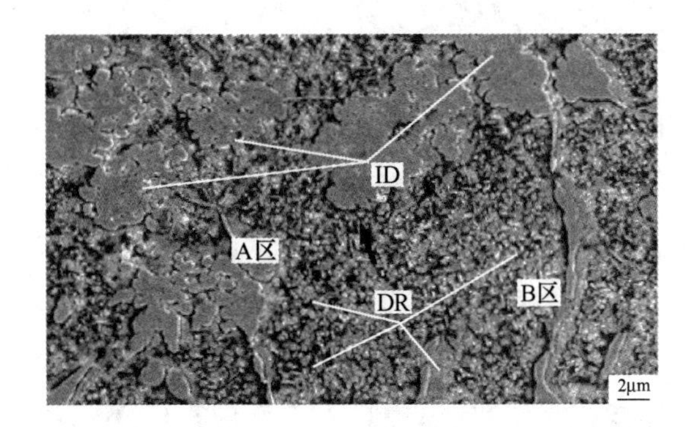

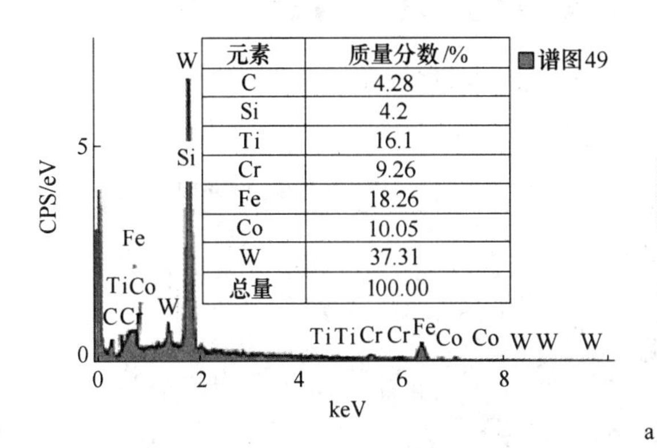

元素	质量分数/%
C	4.28
Si	4.2
Ti	16.1
Cr	9.26
Fe	18.26
Co	10.05
W	37.31
总量	100.00

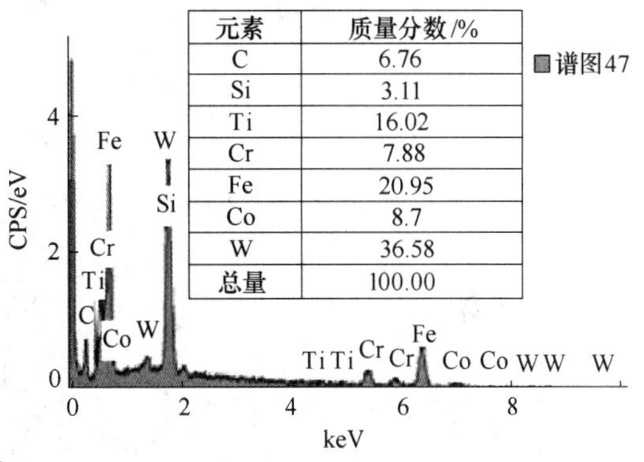

元素	质量分数/%
C	6.76
Si	3.11
Ti	16.02
Cr	7.88
Fe	20.95
Co	8.7
W	36.58
总量	100.00

a

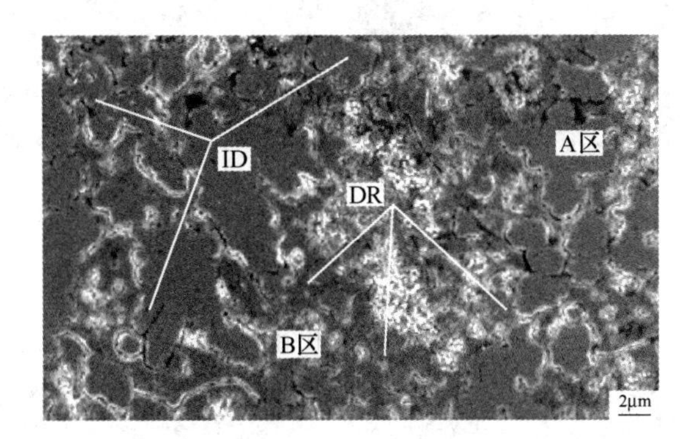

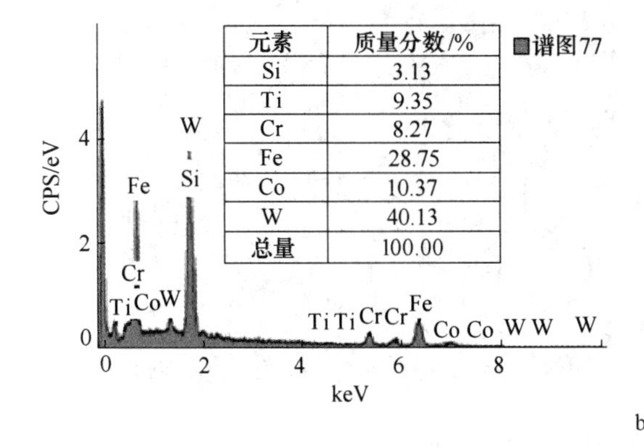

元素	质量分数/%
Si	3.13
Ti	9.35
Cr	8.27
Fe	28.75
Co	10.37
W	40.13
总量	100.00

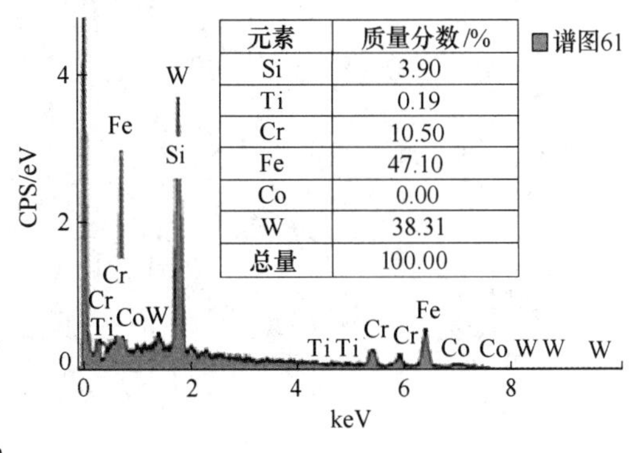

元素	质量分数/%
Si	3.90
Ti	0.19
Cr	10.50
Fe	47.10
Co	0.00
W	38.31
总量	100.00

b

图 5-85 高熵合金 $Ti_{1.5}FeCoCrWSi$ 及 $Ti_2FeCoCrWSi$ 涂层的 SEM 及 EDS 图

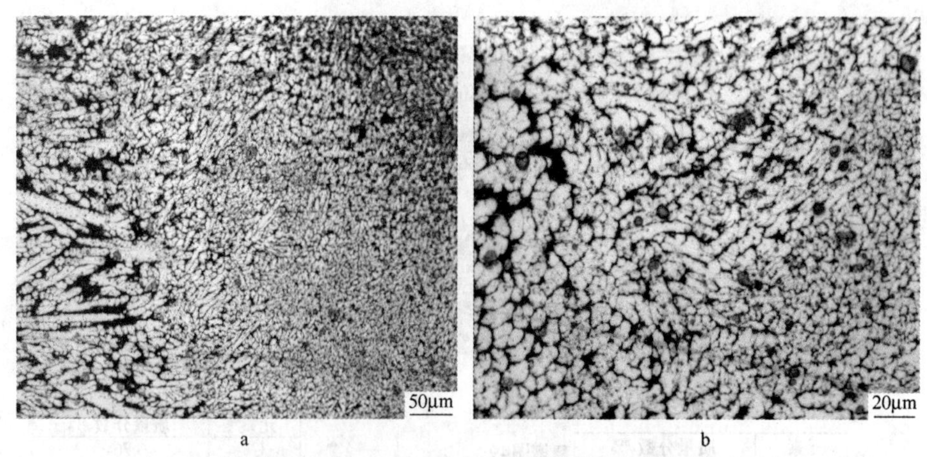

a　　b

图 5-86　$Ti_0FeCoCrWSi$ 高熵合金涂层金相组织图

a—200 倍；b—500 倍

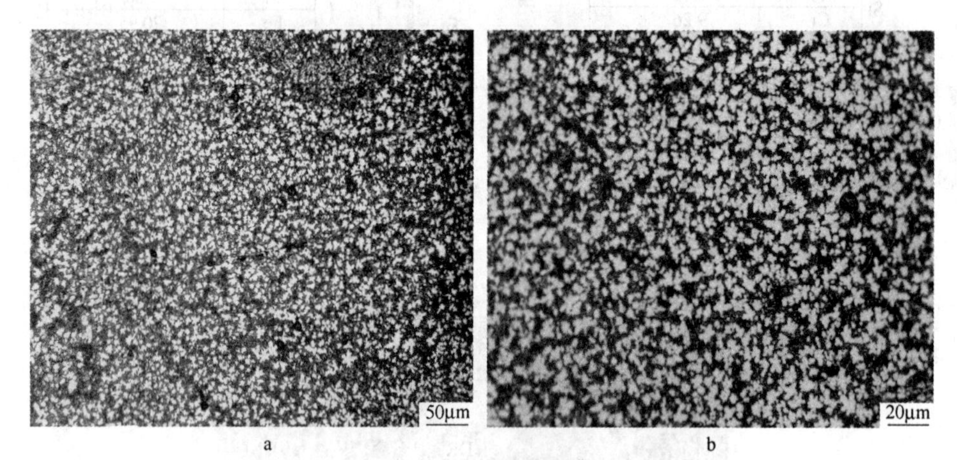

a　　b

图 5-87　$Ti_{0.5}FeCoCrWSi$ 高熵合金涂层金相组织图

a—200 倍；b—500 倍

图 5-88 为 $Ti_1FeCoCrWSi$ 高熵合金涂层金相组织图，随着 Ti 含量的增加，不仅枝晶晶

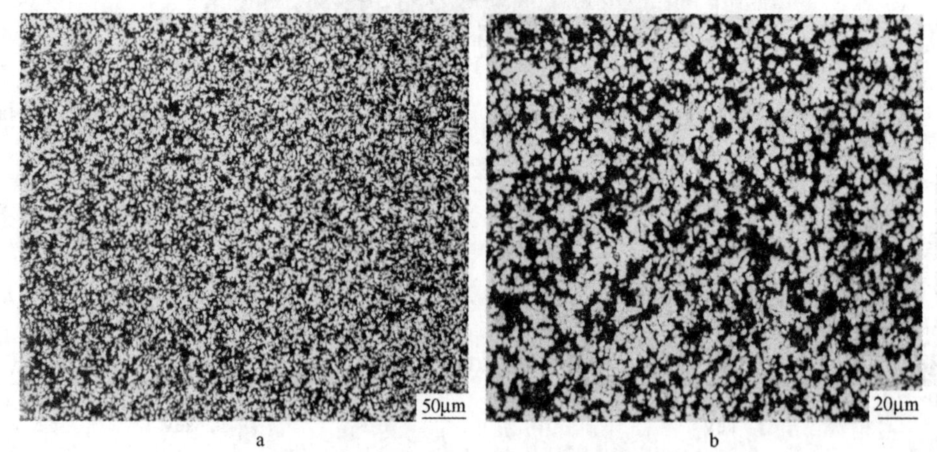

a　　b

图 5-88　$Ti_1FeCoCrWSi$ 高熵合金涂层金相组织图

a—200 倍；b—500 倍

粒变的细小，而且析出很多共晶组织。涂层中组织为细小的枝状晶，主干枝状晶在室温下冷却的过程中，沿着四周生长，形成多枝型枝状晶粒。部分区域出现类似“雪花状”晶粒，其晶粒细小，散乱排列，形成致密的晶粒组。

图 5-89 为 $Ti_{1.5}FeCoCrWSi$ 高熵合金涂层金相组织图，从图中可以看出，晶粒散乱分布，部分区域晶粒粗大，而部分区域则比较细小。与图 5-87 相比，晶粒分布致密程度降低，而且出现粗化。

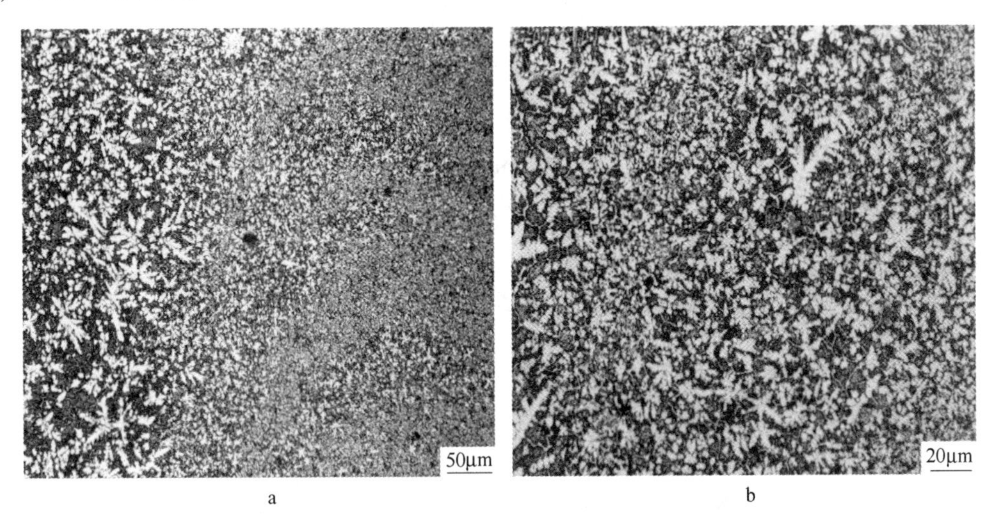

图 5-89　$Ti_{1.5}FeCoCrWSi$ 高熵合金涂层金相组织图

a—200 倍；b—500 倍

图 5-90 为 $Ti_2FeCoCrWSi$ 高熵合金涂层金相组织图，从图中可以看出其主要为比较粗大的枝状晶，半径较大的 Ti 元素的大量加入，使得涂层组织发生很大变化，改变了其生长方向及规律。

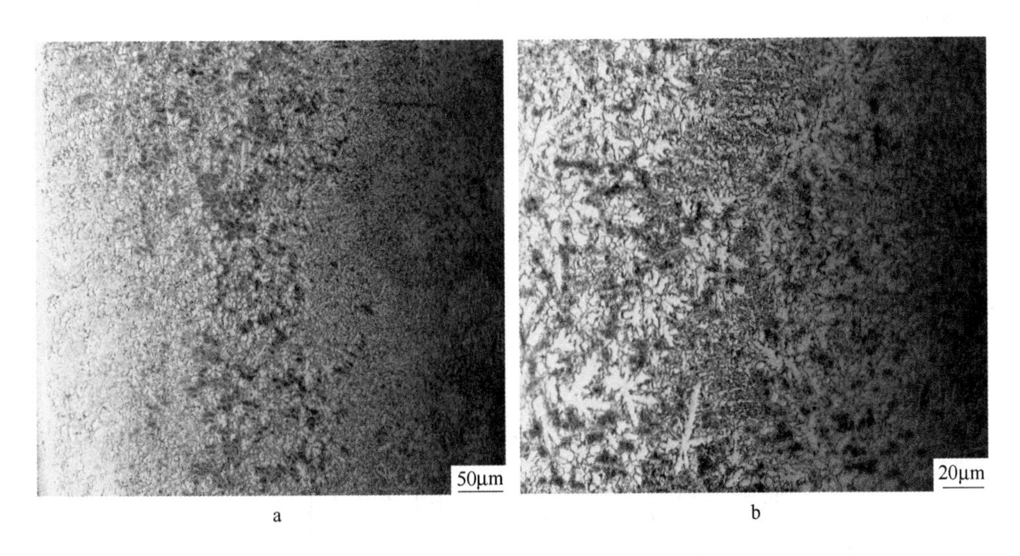

图 5-90　$Ti_2FeCoCrWSi$ 高熵合金涂层金相组织图

a—200 倍；b—500 倍

5.4.8.4 激光熔覆高熵合金 $Ti_xFeCoCrWSi$ 涂层的硬度

图 5-91 为高熵合金 $Ti_xFeCoCrWSi$ 涂层的显微硬度图，从图中可以看出，由表及里，涂层的整体硬度变化不大，结合图 5-90 可以看出，随着 Ti 元素的增加，涂层的硬度反而下降，高熵合金 FeCoCrWSi 涂层的平均硬度为 779.5$HV_{0.2}$，而高熵合金 $Ti_2FeCoCrWSi$ 平均硬度仅为 529.8$HV_{0.2}$，然而当 $x=1$（即各元素形成等摩尔比）时，硬度升高。继续增加 Ti 含量，硬度明显下降。未添加 Ti 元素的高熵合金 FeCoCrWSi 涂层，由于激光熔覆后形成各种金属间化合物，故整体硬度偏高。

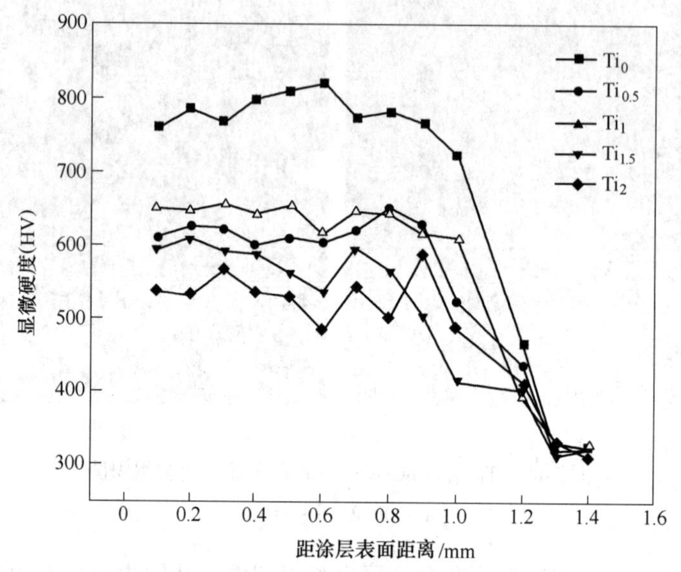

图 5-91　高熵合金 $Ti_xFeCoCrWSi$ 涂层的显微硬度图

图 5-92 为高熵合金 $Ti_xFeCoCrWSi$ 涂层平均硬度比较图，可以明显地看到，未添加 Ti 元素的涂层平均硬度远高于添加后的涂层，随着 Ti 含量的增加，涂层硬度总的变化趋势是逐渐减少，但当 $x=1$ 时，硬度略微增加。这主要是因为等摩尔比情况下，其混合熵最高，晶格畸变效应明显，导致其硬度增加。

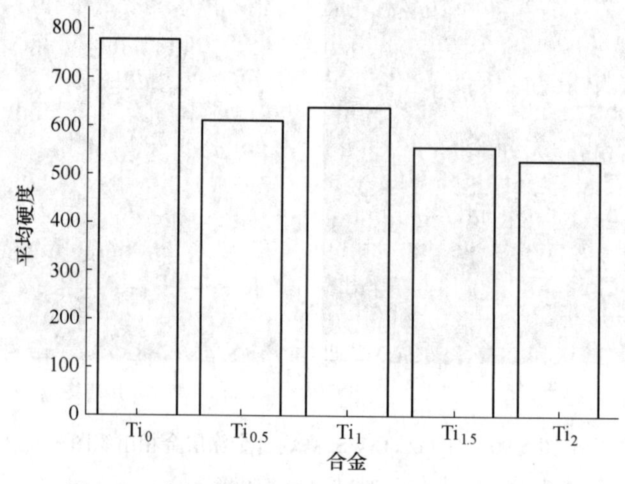

图 5-92　高熵合金 $Ti_xFeCoCrWSi$ 涂层的平均硬度

5.4.8.5 激光熔覆高熵合金 Ti_xFeCoCrWSi 涂层磨损性能

图 5-93 为高熵合金涂层 Ti_xFeCoCrWSi 体系摩擦系数随时间的变化规律。经过计算，可以得到 Ti_0、$Ti_{0.5}$、Ti_1、$Ti_{1.5}$、Ti_2 的平均摩擦系数分别为 0.22、0.38、0.25、0.44、0.60，当未添加 Ti（$x=0$）时，整个涂层的摩擦系数最小。Ti 添加量 x 从 0.5 到 2 增加的过程中，随着 Ti 含量的增大，整体涂层的摩擦系数随之增大，但在 $x=1$ 时，出现了极小值 0.25，同时结合图 5-93，可以看出 Ti_1 合金摩擦系数随时间呈现先减小后增大的趋势，摩擦前 15min，摩擦系数较小，后 15min，摩擦系数明显增大。

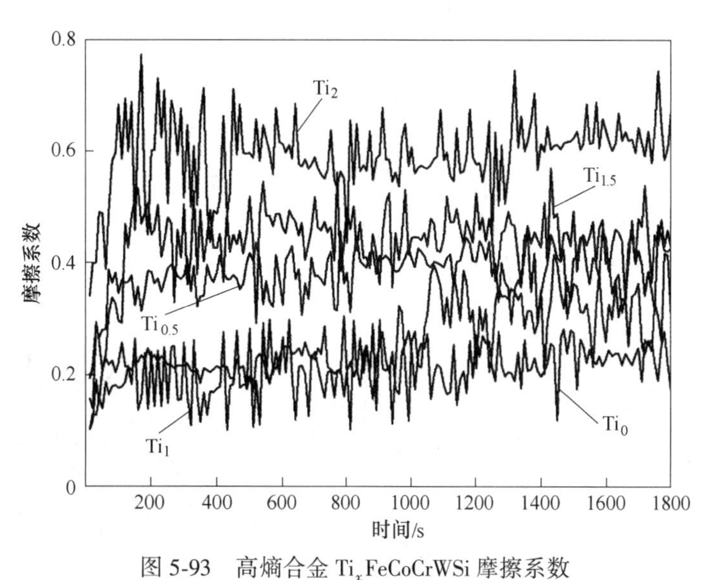

图 5-93 高熵合金 Ti_xFeCoCrWSi 摩擦系数

从表 5-22 中可以看出，高熵合金 Ti_xFeCoCrWSi 经过磨损后损失的质量分别为 0.0021g、0.011g、0.0067g、0.0324g、0.056g，根据磨损率公式：$\varepsilon = \frac{\Delta m}{\Delta t}$，（其中 Δm 为磨损量，Δt 为磨损量），分别计算出 Ti_0、$Ti_{0.5}$、Ti_1、$Ti_{1.5}$、Ti_2磨损率分别为 0.7×10^{-5}g/min、3.67×10^{-4}g/min、2.23×10^{-4}g/min、10.8×10^{-4}g/min、18.9×10^{-4}g/min，其磨损率对比如图 5-94 所示。

表 5-22 高熵合金 Ti_xFeCoCrWSi 的磨损失重表 (g)

合 金	之前	之后	质量损失
FeCoCrWSi	9.8964	9.8985	0.0021
$Ti_{0.5}$FeCoCrWSi	9.9145	9.9255	0.011
Ti_1FeCoCrWSi	9.8894	9.8961	0.0067
$Ti_{1.5}$FeCoCrWSi	9.7654	9.7978	0.0324
Ti_2FeCoCrWSi	9.9863	10.043	0.0567

图 5-95 为高熵合金 Ti_xFeCoCrWSi 涂层磨损后的表面形貌，从图中可以看出，不同 Ti 含量对其涂层的磨损机理产生很大的影响，其中 $x=0$（图 5-95a）及 $x=1$（图 5-95c）时

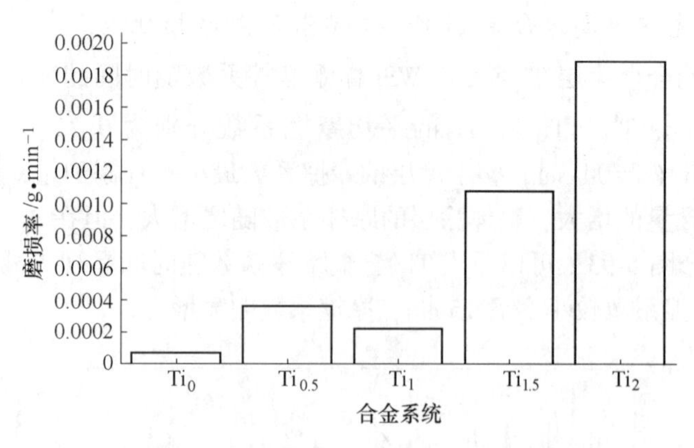

图 5-94 高熵合金 Ti_xFeCoCrWSi 磨损率

主要发生磨粒磨损，具有比较光滑的磨损形貌，犁沟痕迹很浅，无明显的黏着痕迹，表明涂层具有较好的抵抗磨损能力。而 $x=0.5$（图 5-95b）、1.5（图 5-95d）、2（图 5-95e）时主要部位发生了黏着磨损和氧化磨损，部分部位发生了剥落，沟痕比较深，磨损表面粗糙。

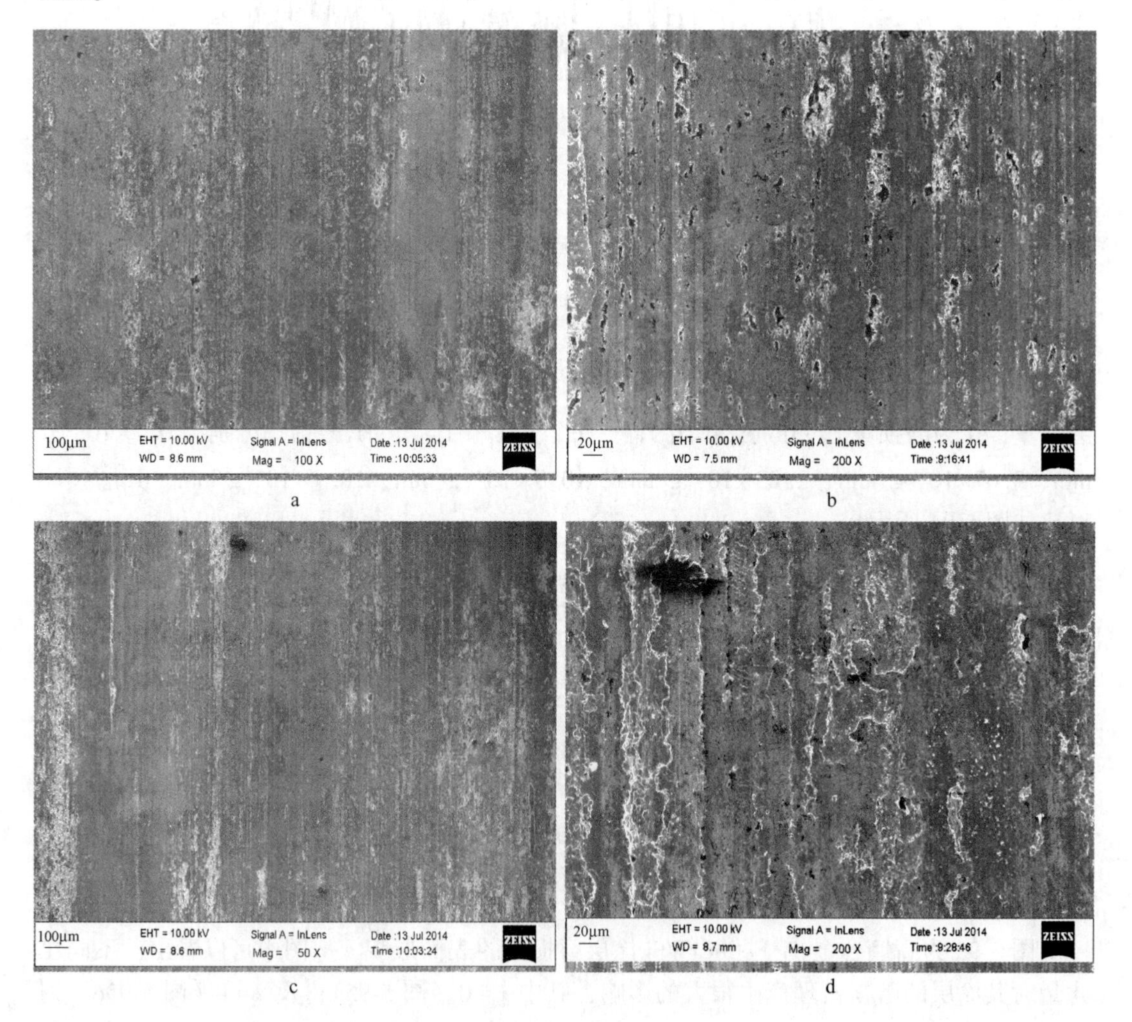

e

图 5-95 高熵合金涂层磨损表面形貌图

a—Ti_0；b—$Ti_{0.5}$；c—Ti_1；d—$Ti_{1.5}$；e—Ti_2

5.4.8.6 激光熔覆高熵合金 Ti_xFeCoCrWSi 涂层电化学腐蚀性能

广义上讲，材料的腐蚀是指材料与环境之间发生作用而导致材料的破坏或者变质。为了研究材料的腐蚀性能，实验室通常利用电化学工作站，测定其线性扫描伏安，电化学阻抗及极化曲线等。本实验主要通过对极化曲线进行电化学参数解析，获得极化电阻、Tafel 斜率、腐蚀电流密度和腐蚀速率等电化学参数。

图 5-96 为高熵合金 Ti_xFeCoCrWSi 涂层在 1mol/L NaCl 溶液中的电化学极化曲线。通过稳定极化曲线测定，由 Tafel 直线段外延相交可测定出对应的腐蚀电位 E_{corr} 和腐蚀电流 I_{corr}（如表 5-23 所示）。从图中可以看出高熵合金涂层没有出现明显的钝化曲线，根据文献，Cl^- 经由空隙或者缺陷贯穿氧化膜比其他离子容易得多，而且当吸附 Cl^- 增加金属阳极溶解的交换电流数值大于氧气覆盖表面所达到的数值时，则测试材料表面金属连续地以高速率溶解。

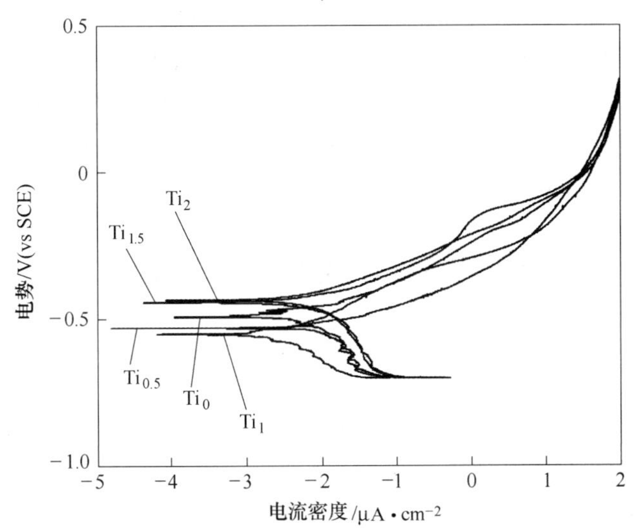

图 5-96 高熵合金 Ti_xFeCoCrWSi 涂层的极化曲线

表5-23为不同Ti含量高熵合金在1mol/L NaCl溶液中的极化参数，从表中可以看出高熵合金$Ti_2FeCoCrWSi$（$x=2$时）涂层腐蚀电位为−414.77mV，腐蚀电流为2.067μA，通过比较发现高熵合金中Ti（$x=2$时）涂层的腐蚀电位E_{corr}最大（即最正），而腐蚀电流I_{corr}最小，说明高熵合金$Ti_2FeCoCrWSi$的耐腐蚀性能最好。

表5-23　不同Ti含量高熵合金在1mol/L NaCl溶液中的极化参数

合　金	E_{coor}/mV	I_{coor}/μA·cm^{-2}
FeCoCrWSi	−526.914	16.352
$Ti_{0.5}FeCoCrWSi$	−577.043	8.167
$Ti_1FeCoCrWSi$	−581.554	6.734
$Ti_{1.5}FeCoCrWSi$	−496.235	10.575
$Ti_2FeCoCrWSi$	−414.772	2.067

通过以上分析，本章总结如下：

（1）如前所述，高熵合金$Ti_xFeCoCrWSi$涂层主要由树枝晶组成，而且Ti含量（$x=0.5\sim1.5$）时，随着Ti含量的增加，晶粒细化。当继续增加Ti含量（$x=2$）时，枝晶增多，且出现粗化，而且分布不均匀。能谱EDS分析可知Cr和W主要在枝晶富集，Fe、Co和Ti在晶界偏聚，随着Ti含量的增加，基体中Fe的稀释率升高。实验结果表明，Ti的添加有利于BCC相的形成，当Ti含量（$x=0.5\sim1$）时，高熵合金涂层主要由BCC与大量含铁金属间化合物构成；当Ti含量（$x=1.5\sim2$）时，高熵合金涂层主要由BCC与大量含钛金属间化合物构成。当Ti含量为2时（摩尔比），金属间化合物最少。

（2）高熵合金$Ti_xFeCoCrWSi$涂层，随着Ti元素的增加，涂层的平均硬度下降，未添加Ti时涂层的硬度为779.5$HV_{0.2}$，而当Ti含量增加到2时，硬度降到529.8HV。

（3）高熵合金涂层Ti_0、$Ti_{0.5}$、Ti_1、$Ti_{1.5}$、Ti_2磨损率分别为0.7×10^{-5}g/min、3.67×10^{-4}g/min、2.23×10^{-4}g/min、10.8×10^{-4}g/min、18.9×10^{-4}g/min，随着Ti含量的增大磨损率增大，耐磨性能降低。

（4）高熵合金$Ti_xFeCoCrWSi$涂层电化学实验表明：未添加Ti时，腐蚀电位为−526.914mV，腐蚀电流为16.352μA，腐蚀电流较大，腐蚀电位较小（较负），耐腐蚀性能较差；而高熵合金$Ti_2FeCoCrWSi$（$x=2$时）涂层腐蚀电位为−414.77mV，腐蚀电流为2.067μA，涂层的腐蚀电位E_{corr}最大（即最正），而腐蚀电流I_{corr}最小，说明高熵合金$Ti_2FeCoCrWSi$的耐腐蚀性能最好。

5.5　激光熔覆制备形状记忆合金涂层

激光熔覆技术虽已得到了广泛的研究与应用，但仍存在一些关键问题尚未得到解决。具体表现在以下几个方面：

（1）涂层和基体材料的温度梯度和热膨胀系数差异，常使熔覆涂层中产生气孔、裂纹、变形和表面不平整等多种缺陷。

（2）激光熔覆专用材料体系较少，缺乏系列化的专用粉末材料，缺少熔覆材料评价和应用标准。

（3）在激光熔覆快速熔化和凝固过程中，涂层会残余较大的热应力，影响工件结构刚度、静载强度、疲劳强度以及加工精度和尺寸稳定性等。

传统降低残余应力的方法主要有：基材预热、优化工艺参数、在涂层中加入塑性材料等，但这些手段会导致额外工序的产生，同时增大了生产成本。小工件可以采用高温回火、震荡法等消除热应力，但对于大型精密零部件是不可行的。因此，消除涂层残余应力成为了国内外研究的重点和难点之一。

Fe-Mn-Si 系记忆合金的形状记忆特性是由于 FCC↔HCP 相界面可逆运动所致，在晶体学上存在可逆性，具有应力“自适应特性”：即合金受到外界应力作用时，可通过应力诱发 ε 马氏体正逆相变及其贡献的相变变形来适应外界宏观应力和变形的变化。Fe-Mn-Si 记忆合金的应力“自适应特性”可以大大改善其力学性能，主要表现在如下两个方面：

（1）优良的应变疲劳强度。Fe-Mn-Si 记忆合金在机械力驱动下发生 Shockley 不全位错的择向迁移时，即产生 γ→ε 马氏体相变变形时，不会像全位错塑性滑移变形那样破坏晶体结构。因此，Fe-Mn-Si 记忆合金在相变变形的应变水平内（≤3%），具有更高的疲劳强度。例如，Fe17Mn5Si10Cr4Ni 合金在拉压应变幅值±1.5%下的循环应变疲劳寿命高达 1300 多次，而在同样试验条件下，不锈钢的循环应变疲劳寿命只有 130 次。

（2）良好的耐磨性和较高表面接触疲劳强度。Fe-Mn-Si 记忆合金在摩擦磨损过程中，通过摩擦应力诱发马氏体相变引起的“相变强化作用”和“相变变形”，可以显著提高其表面的耐磨损能力和接触疲劳强度。例如，不锈型 Fe-Mn-Si 记忆合金的耐磨性大大高于不锈钢，而耐腐蚀性相近。

基于 Fe-Mn-Si 记忆合金的“应力自适应”特性并具有优异的疲劳特性和较好的耐磨性，作者提出开发 Fe-Mn-Si 记忆合金激光熔覆材料，涂层中的残余应力将成为相变驱动力诱发 γ→ε 马氏体相变，其相变变形将松弛涂层中的残余应力，这将有助于解决涂层裂纹及工件变形问题。

5.5.1 激光熔覆 Fe-Mn-Si 记忆合金涂层的制备工艺

运用 Fe-Mn-Si 记忆合金内部发生的 γ→ε 马氏体相变来释放残余应力原理，采用激光熔覆技术，研究了在 304 不锈钢表面制备 Fe-Mn-Si 记忆合金涂层的相关工艺，为制备低残余应力的形状记忆合金涂层提供工艺指导。

5.5.2 激光熔覆 Fe-Mn-Si 记忆合金涂层的试验方法

5.5.2.1 记忆合金涂层的试验流程

本文制定的试验方案流程如图 5-97 所示。

研究表明，Fe-Mn-Si 记忆合金存在着应力自适应特性，即受到外界应力作用时，可通过诱发ε马氏体正逆相变及其贡献的相变变形来适应外界宏观应力的变化。因而，若能利用激光熔覆技术在 304 不锈钢表面制备 Fe17Mn5Si10Cr5Ni 形状记忆合金涂层，当涂层内部存在残余热应力时，可通过自身 γ→ε 马氏体组织转变来释放该残余应力，达到降低或消除残余应力的目的。

此外，不锈型 Fe17Mn5Si10Cr5Ni（质量分数,%）记忆合金具有优良的耐磨、耐蚀及

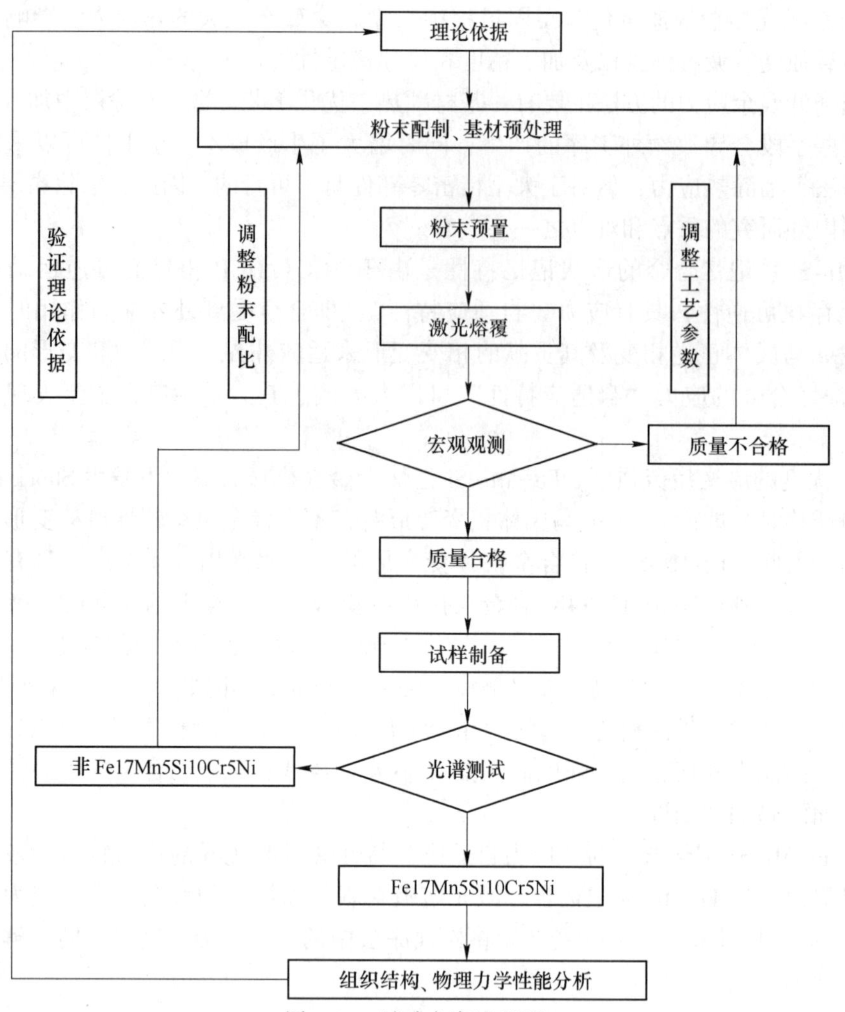

图 5-97 试验方案流程图

耐疲劳性能，且该记忆合金与 304 不锈钢在各项物理化学性能方面较为相近，这就决定了记忆合金涂层与 304 不锈钢基材的润湿性较好，能够满足激光熔覆粉末与基材的相容性原则，为激光熔覆记忆合金涂层提供了理论依据。因此，选择在 304 不锈钢表面激光熔覆 Fe17Mn5Si10Cr5Ni 记忆合金涂层。

5.5.2.2 记忆合金涂层的粉末配制

本实验采用球磨法进行熔覆粉末的制备，首先将单质 Fe、Mn、Si、Cr、Ni 粉末以 Fe17Mn5Si10Cr5Ni 记忆合金中的成分比进行设计，即按 Mn : Si : Cr : Ni : Fe = 17 : 5 : 10 : 5 : Bal.（质量分数，%）配制，利用 QM-1 型卧式球磨机对混合粉末进行干磨，所用磨介为刚玉球，球料比约为 10 : 1，转速固定为 120r/min，当球磨时间为 1h 时，利用 SEM 观测所得混合粉末微观形貌图如图 5-98 所示，由图可知，经 1h 球磨后的混合粉末粒度大小不均匀，在激光照射下，粉末熔化所需时间长短不一，不利于形成成分均一的熔池，因而不适用于激光熔覆。

当球磨时间为 2.5h 时，利用 SEM 观测所得混合粉末微观形貌图如图 5-99 所示，由图可知，粉末粒度大小均匀性较1h球磨的粉末而言较好，对于本实验文所用的预置粉末法激光熔覆而言，较为合适。

图5-98　球磨时间1h时混合粉末扫描电镜图

图5-99　球磨时间2.5h时混合粉末扫描电镜图

当球磨时间为4h时，利用SEM观测所得混合粉末微观形貌图如图5-100所示，由图可知，球磨时间过长导致绝大部分粉末粒度过小，由于本试验需预置粉末，粉末粒度过小会导致粉末黏度增大、流动性变差，给预置粉末带来不利影响。

因此，本试验最终选择的球磨时间为2.5h，在此工艺条件下能够得到混合均匀、粒度适中的熔覆粉末。将球磨之后的混合粉末进行放入DZF-6030B型真空干燥箱内进行150℃×2h真空干燥处理备用。

图5-100　球磨时间4h时混合粉末扫描电镜图

5.5.2.3　记忆合金涂层的工艺优化

为得到表面平整，无“根瘤”、裂纹等缺陷的激光熔覆涂层，需对工艺参数进行优化。本试验使用5kW横流CO_2激光加工成套设备，在激光束输出模式固定的情况下，可调工艺参数为：预置粉末厚度、搭接率、光斑直径、激光功率及扫描速度。各工艺参数均需进行优化。

5.5.2.4　记忆合金涂层的预置粉末厚度

在激光熔覆过程中，涂层质量对预置粉末厚度敏感性较大。粉末厚度过大，在粉末快速熔化和凝固过程中，熔池内金属液滴无法充分混合，所形成的涂层平整度较低，易出现裂纹、孔洞等缺陷。粉末厚度过小，基材熔池相对较多，进入熔池的基材合金元素较多，会过多稀释涂层，对涂层性能产生不利影响。前期试验表明，当粉末厚度为1mm时，能够得到质量较为优异的记忆合金涂层。

5.5.2.5　记忆合金涂层的多道搭接率

在多道搭接熔覆过程中，搭接率是一个非常重要的工艺参数，它强烈影响着熔覆涂层表面的平整度。多道搭接率 α 是指在多道搭接熔覆过程中，相邻两道单道熔覆涂层重合部分与单道熔覆涂层宽度的比值。当搭接率过大时，涂层重合部分过多，同样面积的涂层需要更多的熔覆时间和能量，会导致一系列诸如裂纹、变形等缺陷并造成较大的浪费。当搭接率过小时，相邻两道涂层之间会出现较深的沟壑，严重影响涂层的平整度。因此，在激光熔覆过程中，需选择合适的多道搭接率。

图 5-101 为不同搭接率（overlapping rate）对表面平整度的影响。当搭接率为 30%时，记忆合金涂层表面存在着较深的沟壑，表面平整度较差；当搭接率为 70%时，尽管涂层表面较为平整，但由于单位面积内涂层所受激光能量过大，造成粉末过烧，最终形成的涂层发黑。最终确定，在激光熔覆记忆合金涂层过程中选取的合适的搭接率为 50%。

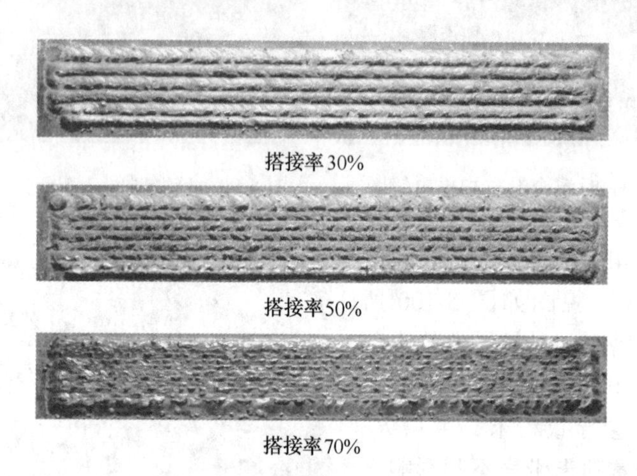

图 5-101 搭接率对表面平整度的影响

5.5.2.6 记忆合金涂层的比能量

激光熔覆的工艺参数对涂层宏观及微观性能的影响并不是独立存在的，二者是彼此间协同作用的。为解释光斑直径 D、激光功率 P、扫描速度 v 三者之间的综合协同作用，比能量（单位面积上激光束能量输入的大小）E_s 的概念被提出，如式（5-3）所示：

$$E_s = P/(D \cdot v) \tag{5-3}$$

比能量越大，单位面积上激光束能量输入越大，熔池深度越大，反之越小。激光熔覆工艺参数选择过程中引入比能量概念能够把各项工艺参数对熔覆涂层性能的影响清晰化，为实际生产提供可靠的理论依据。

（1）激光功率 P。激光功率越大，粉末和基材金属熔化量越多，产生气孔的概率就越大，当熔覆涂层深度达到极限深度后，随着功率的提高，基体表面温度升高，变形和开裂现象加剧；激光功率过小，仅表面涂层熔化，基体未熔，此时涂层表面出现局部起球、孔洞等，达不到表面熔覆的目的。因而，激光熔覆过程中应选取合适的激光功率值。

（2）扫描速度 v。扫描速度 v 与激光功率 P 对涂层质量有着相似的影响。这是因为扫描速度的大小同样能代表激光能量输入的多少，扫描速度越大，激光束在同一位置的能量输入越小，当扫描速度过大时，熔覆粉末不能完全熔化。扫描速度越小，激光束对熔池的能量输入越大，当扫描速度过小时，熔池存在时间过长、粉末过烧，合金元素损失，同时基体的热输入量大，会增加变形。选取适当的扫描速度值才能形成质量优良的激光熔覆涂层。

（3）光斑直径 D。激光束一般为圆形，光斑直径的大小实质反映了激光的离焦量，在激光功率一定的情况下，光斑尺寸越小能量密度越高，光斑尺寸不同会引起涂层表面能量分布变化，将使涂层形貌和组织性能产生较大差别。涂层宽度主要取决于激光束的光斑直径，光斑直径越大，涂层宽度也越大。一般来说，在小尺寸激光光斑照射下，涂层质量较好，随着光斑尺寸的增加，涂层质量下降。但光斑直径过小，能量过于集中，容易对涂层造成过烧，且不利于进行大面积激光熔覆。

光斑直径的大小是由离焦量决定的。当被加工工件表面处于聚焦镜焦点位置时，光斑直径最小，此时能量最为集中。被加工工件表面到聚焦镜的距离与焦距相差越大时，光斑直径越大。如图 5-102 所示，第 1～9 点的离焦量从 340mm 依次递减到 260mm，每次递减 10mm。

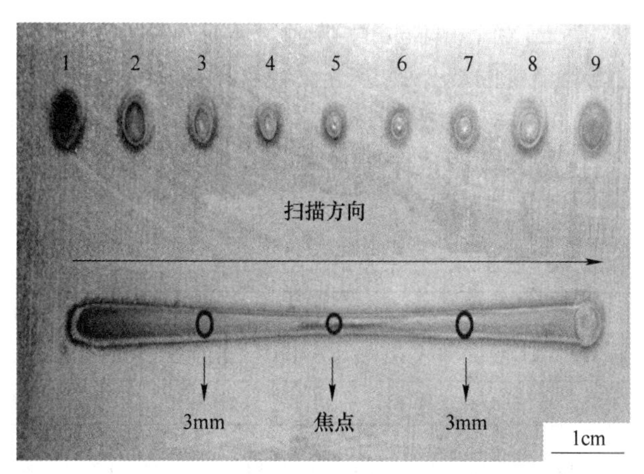

图 5-102　离焦量对光斑直径的影响

测量九个点位置光斑直径的大小，即可得到离焦量对光斑直径的影响图，如图 5-103 所示。

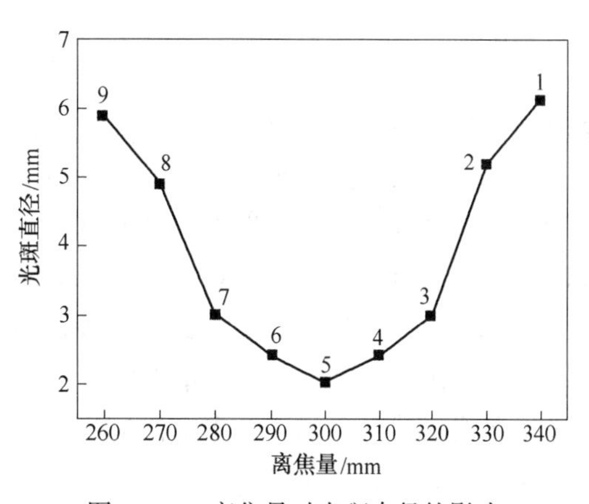

图 5-103　离焦量对光斑直径的影响

编号为 5 的光斑处于焦点位置，此时离焦量等于聚焦镜焦距，为 300mm。此处光斑直径最小，约为 2mm，激光能量最为集中。若选取 5 点的光斑直径，激光熔覆过程中不仅容易对粉末造成过烧，而且为得到相同面积的涂层时需要的搭接道数越多，造成能量的浪费。4 点和 6 点的离焦量分别为 310mm 和 290mm，两点所处的位置光斑直径相等。以此类推，1 点和 9 点的离焦量为 340mm 和 260mm，两点光斑直径约为 6mm，此时光斑直径过大，激光能量过于分散，甚至难以将预置粉末完全熔化。试验结果表明，当激光光斑处于 7 点或 3 点时，光斑直径约为 3mm，利用此直径大小的光斑能够得到性能优异的涂层。1～4 点处于正离焦状态，6~9点处于负离焦状态，对于同步送粉激光熔覆而言，采用负离焦方式可最大限度地保证粉末在激光束内的流动，使粉末有较长的预热时间，有利于形成良好的涂层；但对于预置粉末法来说，不存在预热粉末的情况，选用正离焦方式能使聚焦镜与被加工工件保持更远的距离，能够更好的避免激光熔覆过程中热辐射、熔池液滴的飞溅等对镜头的损害。因此，最终确定选取3点处的光斑直径，此时光斑直径为3mm，离焦量为320mm。

试验表明，在激光熔覆Fe17Mn5Si10Cr5Ni记忆合金涂层过程中，当预置粉末厚度为1mm，搭接率为50%，激光光斑直径为3mm，激光功率为2~3kW，扫描速度为600~1200mm/min时，所得熔覆层质量较好。

5.5.3 记忆合金涂层的成分设计

5.5.3.1 激光熔覆过程中各元素的变化规律

为获得目标涂层成分，试验首先将单质Fe、Mn、Si、Cr、Ni粉末以Fe17Mn5Si10Cr5Ni记忆合金中的成分比进行设计，即按Mn∶Si∶Cr∶Ni∶Fe=17∶5∶10∶5∶Bal.（质量分数,%）配制并进行激光熔覆，所得涂层表面经打磨后利用QSN750型多通道火花直读光谱仪对其化学成分组成进行分析，粉末及涂层的化学成分如表5-24所示。

表5-24 粉末及记忆合金涂层化学成分

涂 层	Mn	Si	Cr	Ni	Fe
粉 末	17.00	5.00	10.00	5.00	Bal.
熔覆涂层	3.75	1.31	15.89	6.89	Bal.

由表5-24可知，在激光熔覆之后，Mn和Si的元素含量分别从熔覆前的17%和5%下降到熔覆后的3.73%和1.31%；而Cr、Ni和Fe的元素含量分别从熔覆前的10%、5%和63%上升为熔覆后的15.89%、6.89%和72.16%。这是由于：一方面，在激光熔覆过程中，Mn和Si元素烧损率较大；另一方面，由于304不锈钢中Cr、Ni和Fe的含量较大，基材的一部分合金原子进入熔覆层使Cr、Ni和Fe质量分数增加。

因此，本书在设计获得Fe17Mn5Si10Cr5Ni记忆合金涂层的混合粉末时，按元素的失重和增重比例进行配比。根据混合粉末中各元素的变化规律，选定的混合粉末成分配比Mn∶Si∶Cr∶Ni∶Fe=30∶10∶5∶3∶Bal.（质量分数,%）继续进行试验。

5.5.3.2 比能量对记忆合金涂层化学成分的影响

激光束比能量输出大小决定着熔覆试样稀释率大小，稀释率大小决定了304不锈钢基材进入熔覆层的合金元素的多少。因而，为得到固定化学成分的Fe17Mn5Si10Cr5Ni记忆合金涂层组织，需研究比能量对激光熔覆Fe-Mn-Si记忆合金涂层的化学成分影响。

表5-25为在光斑直径3mm、激光功率2kW、搭接率50%的工艺条件下，选取扫描速度为600mm/min、800mm/min和1000mm/min得到的熔覆涂层的化学成分。可见，在其他工艺参数一定时，扫描速度越大，熔覆涂层中Mn和Si的含量越大，其烧损率越低，而Cr和Ni的含量越小。

表 5-25 不同扫描速度下涂层的化学成分

扫描速度/mm · min^{-1}	Mn	Si	Cr	Ni	Fe
600	14.17	5.64	11.56	4.93	Bal.
800	14.20	6.11	10.84	4.78	Bal.
1000	17.05	8.67	10.54	4.04	Bal.

当固定光斑直径、扫描速度时，不同的激光功率同样对熔覆层化学成分有着规律性影响。当激光功率越小时，熔覆涂层中 Mn 和 Si 的含量越大，其烧损率越低，而 Cr 和 Ni 的含量越小。由比能量的公式（式(5-2)）可知，比能量越小，熔覆粉末中的 Mn 和 Si 烧损量越小，熔覆层中 Mn、Si 含量增大。同时，随着稀释率的减小，熔覆层中 Cr、Ni 含量亦减小。

5.5.3.3 记忆合金涂层粉末配方优化

如前所述，当扫描速度为 1000mm/min 时，涂层的化学成分组成实际上已经在形状记忆合金范围之内。为使涂层的化学成分更加接近 Fe17Mn5Si10Cr5Ni 记忆合金，调整混合粉末成分配比为 Mn：Si：Cr：Ni：Fe = 32：9：4：3：Bal.（质量分数,%），采用光斑直径 3mm、搭接率 50%，激光功率分别选取 2kW、2.5kW、3kW，扫描速度分别选取 600mm/min、800mm/min、1000mm/min、1200mm/min 在 304 不锈钢表面进行激光熔覆，所得涂层化学成分如表 5-26 所示。混合粉末成分配比为 Mn：Si：Cr：Ni：Fe = 32：9：4：3：Bal.（质量分数,%）时，采用预置粉末 1mm、光斑直径 3mm、激光功率 2kW、扫描速度 600mm/min、搭接率 50% 的工艺条件下时，涂层化学成分最为接近于 Fe17Mn5Si10Cr5Ni 形状记忆合金的成分。

表 5-26 不同工艺条件下熔覆涂层化学成分

激光功率/kW	扫描速度/mm · min^{-1}	Mn	Si	Cr	Ni	Fe
2	600	16.77	5.45	10.17	4.97	Bal.
2	800	16.25	5.98	10.98	4.97	Bal.
2	1000	17.55	6.93	10.98	5.56	Bal.
2	1200	16.68	6.57	11.04	4.87	Bal.
2.5	600	14.2	4.5	11.54	5.41	Bal.
2.5	800	13.52	4.88	12.96	5.77	Bal.
2.5	1000	16.59	5.61	10.26	4.94	Bal.
2.5	1200	13.65	3.92	11.73	5.7	Bal.
3	600	10.12	3.39	13.45	5.95	Bal.
3	800	10.02	3.69	14.19	6.24	Bal.
3	1000	8	2.73	16.53	7.64	Bal.
3	1200	9.14	2.86	13.88	6.48	Bal.

因此，当球料比约为 10：1，转速为 120r/min，当球磨时间为 2.5h 时，能够得到混合均匀、粒度适中的熔覆粉末；当预置粉末厚度为 1mm，搭接率为 50%，激光光斑直径为 3mm，激光功率为 2~3kW，扫描速度为 600~1200mm/min 时，利用 Fe、Mn、Si、Cr、Ni 混合粉末得到的激光熔覆层表面相对平整，无裂纹、孔洞等缺陷产生，质量较为优异；

在304不锈钢表面激光熔覆形成的熔覆层中，添加粉末中的Mn和Si元素质量分数大大降低，而Cr和Ni元素质量比不降反增。比能量越小，熔覆粉末中的Mn和Si烧损量越小，熔覆层中Mn、Si含量增大，Cr、Ni含量随稀释率的减小而减小；当混合粉末成分配比为Mn∶Si∶Cr∶Ni∶Fe=32∶9∶4∶3∶Bal.（质量分数,%），采用光斑直径3mm、激光功率2kW、扫描速度600mm/min、搭接率50%的激光熔覆工艺，在空气环境下可成功地在304不锈钢表面原位生成Fe17Mn5Si10Cr5Ni记忆合金涂层组织。

5.5.4 记忆合金涂层的组织结构分析

5.5.4.1 记忆合金涂层的宏观形貌分析

工艺参数为预置粉末厚度1mm、离焦量320mm、激光功率2kW、扫描速度为600mm/min、搭接率50%，粉末配比为Mn∶Si∶Cr∶Ni∶Fe=32∶9∶4∶3∶Bal.（质量分数,%）时，所得记忆合金多道熔覆层表面较为平整，无“根瘤”、裂纹等缺陷产生，但有黑色和浅红色氧化皮生成（如图5-104所示）。当熔覆试样冷却之后，部分黑色析出物和灰色氧化皮剥落。

图5-104 记忆合金熔覆涂层表面宏观形貌

利用场发射扫描电镜对记忆合金涂层表面微观形貌进行分析，如图5-105所示。图5-105a中A区域为表层黑色析出物，图5-105b中B区域为氧化皮剥落后露出的记忆合金涂层，C区域为钱红色氧化皮。

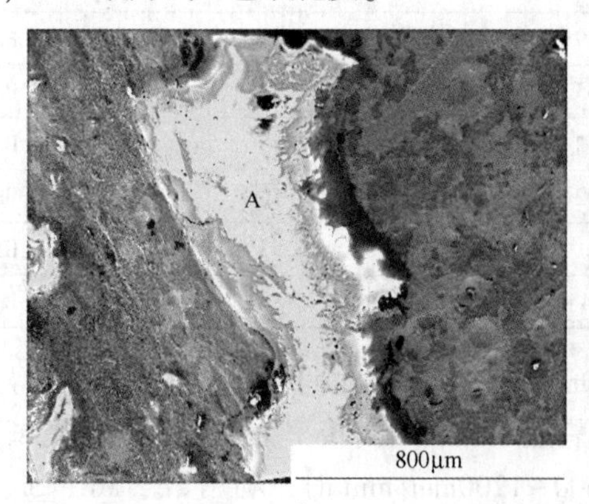

a

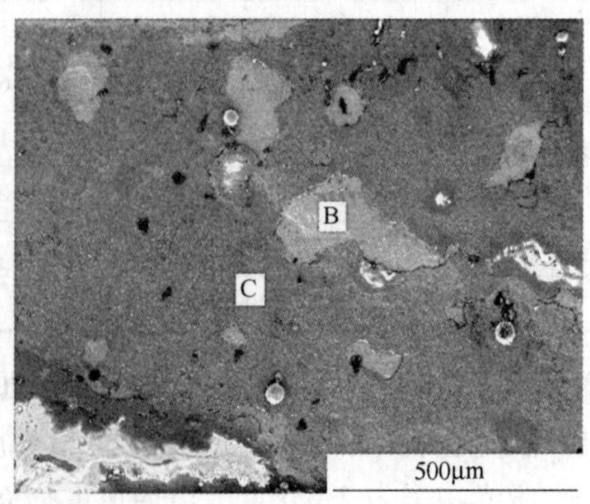

b

图5-105 记忆合金涂层表面微观形貌

表 5-27 为各区域微区化学成分，分析可知，Mn、Si 在熔覆过程中与 O_2发生反应，生成的黑色氧化物为 SiO_2和 MnO_x；FeO_x和 MnO_x构成了灰色氧化皮。

表 5-27 各区域化学成分

区 域		O	Mn	Si	Cr	Ni	Fe
A	质量分数	32.89	54.46	7.48	0.00	0.00	0.00
	原子分数	55.49	26.76	7.19	0.00	0.00	0.00
B	质量分数	0.00	17.71	3.44	12.20	3.91	余量
	原子分数	0.00	13.83	5.25	10.06	2.86	余量
C	质量分数	1.15	8.56	1.74	11.25	13.82	余量
	原子分数	3.41	7.35	2.93	10.19	11.09	余量

5.5.4.2 记忆合金涂层的显微组织分析

对记忆合金涂层进行 1000℃×1h 固溶处理，固溶前后的显微组织如图 5-106 所示。固溶前涂层自界面向顶端分别由平面晶、胞状晶、树枝晶、等轴晶组成，表层存在氧化皮。而固溶后的涂层则由比基材更为粗大的奥氏体组成。

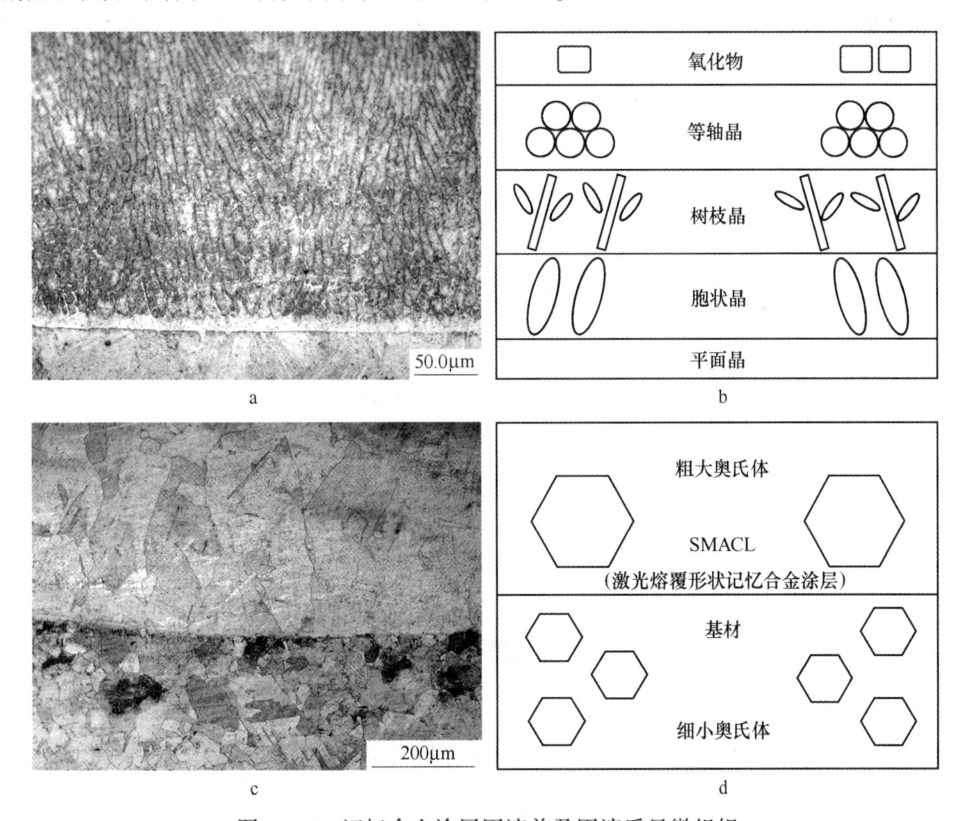

图 5-106 记忆合金涂层固溶前及固溶后显微组织

在激光熔覆过程中，Fe、Mn、Si、Cr、Ni 混合粉末与 304 不锈钢基材表层同时熔化，形成熔池，熔池内金属液滴的凝固是一个晶粒形核与长大的过程。根据凝固理论，凝固组织各区域形态是由固液界面稳定因子（G/R）决定的，如图 5-107 所示。基材与记忆合金涂层的交界处为一整块平面晶，这是由于熔池凝固遵循由表及里的顺序，界面处与涂层顶端的金属液体是最先凝固的，界面处的温度梯度 G 相对较大，凝固速度 R 相对较小，固液界面稳定因子（G/R）较大，决定了界面处平面晶的生成。由于熔池温度很高，且熔池顶端直接与空气接触，熔池顶端部分 Fe、Mn、Si 元素与空气中的 O_2 发生反应，生成的氧化物析出于涂层表层。平面晶生成后，熔池固液界面向内部推移，胞状晶、树枝晶依次生成。尽管涂层次表层处温度梯度较大，但此处由于靠近空气，主要是向熔池外的空气散热，而空气的散热系数很低，因而此处的固液界面稳定因子相对较大，只能生成等轴晶粒。

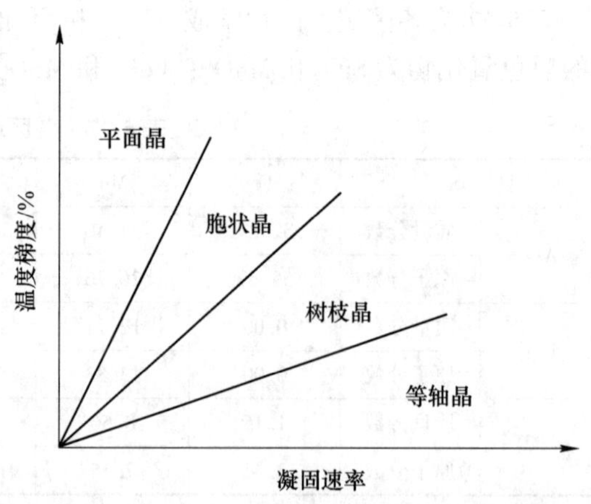

图 5-107　熔池凝固时控制晶粒生长形态的因素

5.5.4.3　记忆合金涂层的相组成分析

图 5-108 为 Fe17Mn5Si10Cr5Ni 记忆合金熔覆层的 X 射线衍射图谱。由图可知，涂层由 γ 奥氏体和 ε 马氏体组成，可见在骤热、骤冷的激光熔覆过程中，涂层内残余热应力诱发发生 γ（FCC）→ε（HCP）马氏体相变，导致涂层中存在 γ 奥氏体和 ε 马氏体。

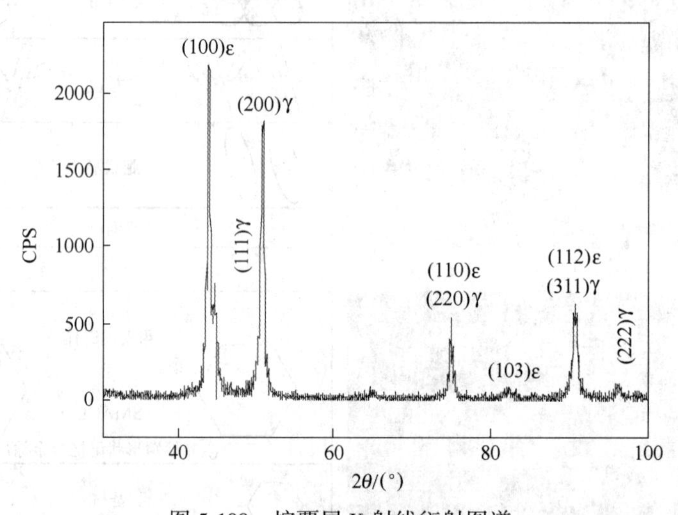

图 5-108　熔覆层 X 射线衍射图谱

经 1000℃×1h 固溶后，记忆合金涂层 X 射线衍射图谱如图 5-109 所示。由图可知，原 Fe17Mn5Si10Cr5Ni 记忆合金涂层中的 ε 马氏体在固溶过程中产生逆相变，导致涂层组织中 ε 马氏体相消失，只存在 γ 奥氏体相。

5.5.5　记忆合金涂层的力学性能分析

5.5.5.1　记忆合金涂层的形状恢复率

经弯曲法测量可知，弹性回复角 θ_e 为 31°，记忆回复角 θ_m 为 14°，预变形量 $\varepsilon = t/d =$

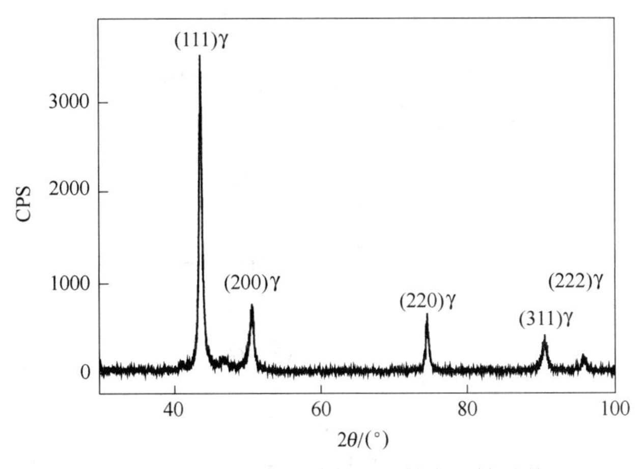

图 5-109 固溶后熔覆涂层 X 射线衍射图谱

0. 8/20 = 4%，恢复率 $\eta = \dfrac{\theta_m}{180° - \theta_e} \times 100\% = 9.4\%$。在预变形量为 4%条件下，真空冶炼 Fe-Mn-Si 系记忆合金在一定条件下的恢复率能够达到 50%以上，而 Fe17Mn5Si10Cr5Ni 记忆合金涂层的记忆效应显然要小得多，这是由于涂层各区域的实际化学成分并不是完全统一的，存在少许偏差，即使经过固溶，马氏体相全部转变为奥氏体，与真空冶炼制备的记忆合金的均匀组织存在差异，最终导致记忆合金涂层恢复率不高。

5.5.5.2 记忆合金涂层的耐磨性分析

图 5-110 为 Fe17Mn5Si10Cr5Ni 记忆合金涂层自表面至基材的显微硬度梯度，涂层显微硬度为 265HV 左右，略大于 304 不锈钢基材（220HV），且涂层厚度约为 900μm。

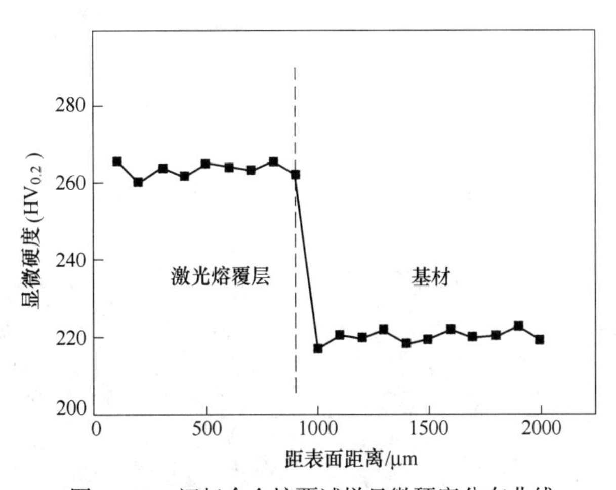

图 5-110 记忆合金熔覆试样显微硬度分布曲线

图 5-111 为记忆合金涂层与 304 不锈钢基材的摩擦系数随时间变化关系曲线。由图可知，两种材料的摩擦系数在开始磨损时均存在急剧上升区域，这是由于对磨材料均有一定的粗糙度，摩擦副之间会发生黏着，随着摩擦过程的进行，实际接触面积不断增加，导致摩擦系数急剧上升；随后进入稳定磨损区，在此区域内，304 不锈钢基材的稳定摩擦系数约为 1.05，而记忆合金涂层的稳定摩擦系数为 0.52，且记忆合金涂层的摩擦系数表现更加稳定。

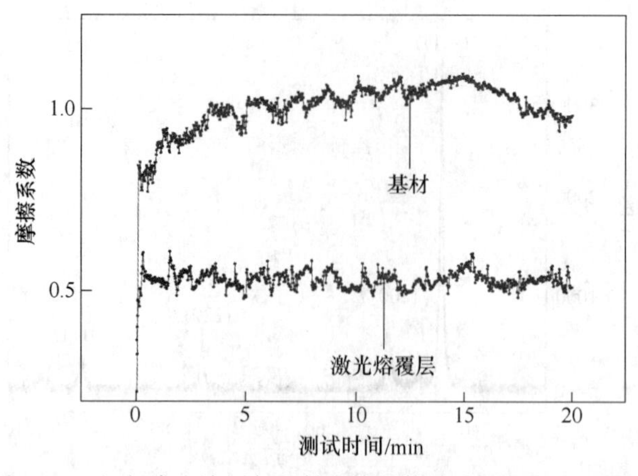

图 5-111　记忆合金涂层与基材摩擦系数随时间变化关系曲线

图 5-112a 和 b 分别为记忆合金涂层与 304 基材磨痕 3D 形貌，由图可知，在相同工作条件下得到的涂层磨痕深度及宽度均较小，磨损体积小。经测试可知，涂层 15min 磨损量为 0.2mg，小于基材 0.6mg 的磨损量。可见，Fe17Mn5Si10Cr5Ni 记忆合金涂层的耐磨性明显优于 304 不锈钢基材。图 5-113 为 Fe17Mn5Si10Cr5Ni 记忆合金涂层的磨痕显微形貌放大图。

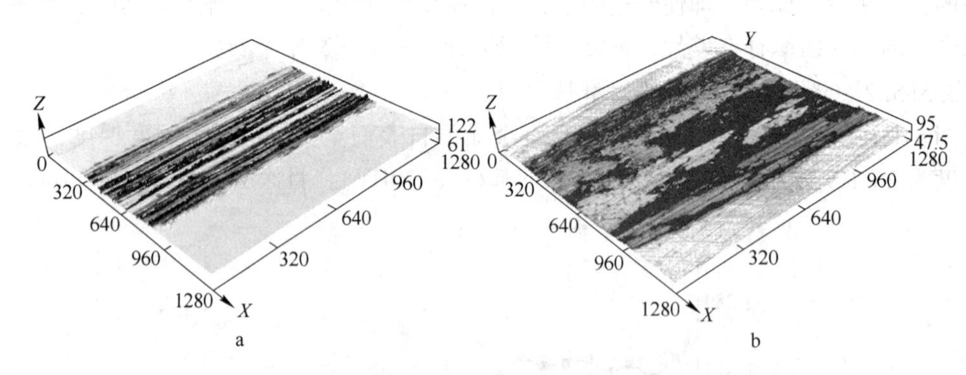

图 5-112　记忆合金涂层与基材磨痕 3D 形貌

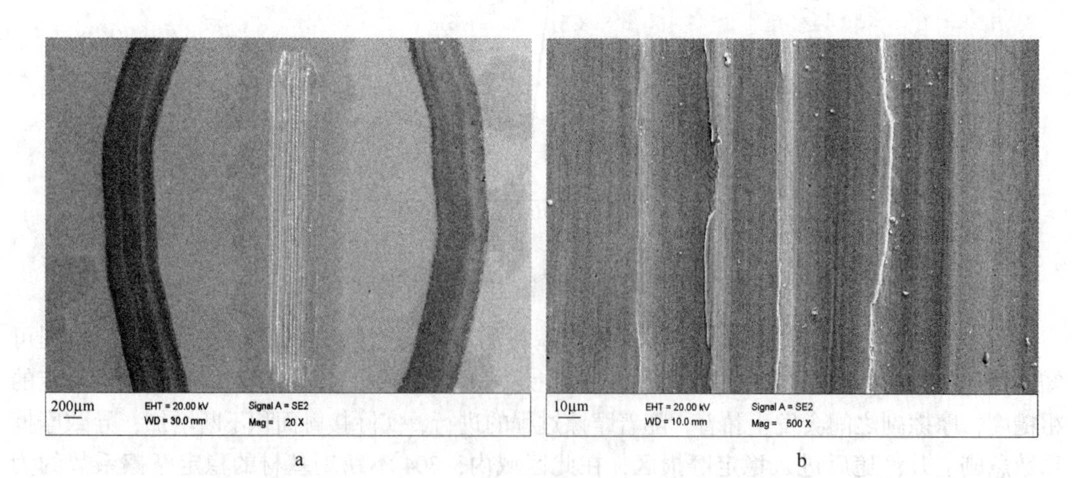

图 5-113　记忆合金涂层磨痕显微形貌

图 5-114 为 304 不锈钢基材磨痕显微形貌放大图。由图可知，记忆合金涂层磨损表面呈浅平犁沟，其磨损机制为磨粒的显微切屑，呈现磨粒磨损的特征。基材表面磨损较严重，磨损表面由于热焊和剪切造成了材料的塑变、剥落、转移和撕裂，是典型的黏着磨损。

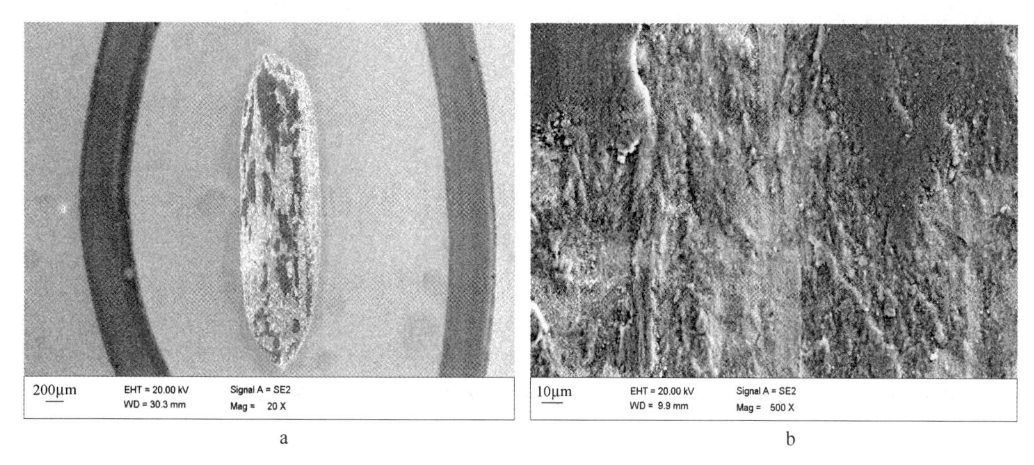

图 5-114 基材磨痕显微形貌

图 5-115 为磨损前后记忆合金激光涂层的 X 射线衍射图谱。磨损前的固溶试样由 γ 奥氏体相组成，而磨损后增添了新的 ε 马氏体相，这是由于涂层在摩擦应力作用下发生了 γ→ε 马氏体相变所致。

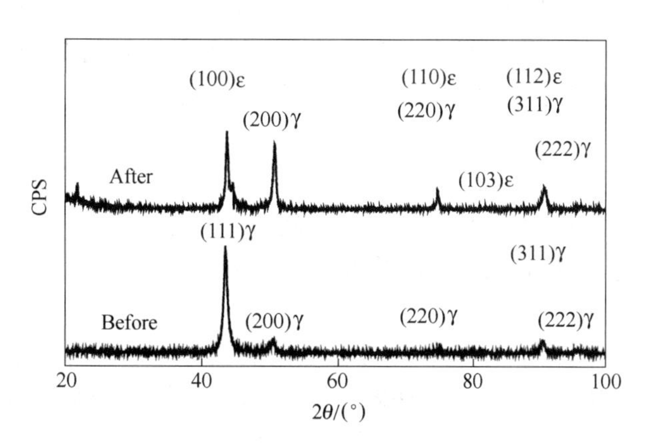

图 5-115 记忆合金涂层磨损前后 X 射线衍射图谱

由以上分析可知，Fe17Mn5Si10Cr5Ni 记忆合金涂层的耐磨性能明显优于 304 不锈钢基材。这是因为涂层在摩擦应力作用下发生了 γ→ε 马氏体相变而产生相变变形，可抑制滑移变形和位错的形成与扩展，导致局部应力松弛，使其具有较高的接触疲劳强度，从而提高合金的耐磨性。另外，摩擦表面的 ε 马氏体强化作用也是改善涂层耐磨性的一个原因。

5.5.5.3 记忆合金涂层的耐蚀性分析

为测试 Fe17Mn5Si10Cr5Ni 记忆合金涂层的耐蚀性能，以 304 不锈钢基材和真空冶炼制备的 Fe17Mn5Si10Cr5Ni 记忆合金为对比试样，测试三种材料的电化学耐腐蚀性能。将三种材料分别放入质量分数为 3.5%的 NaCl 溶液中，利用 IM-6 型三电极体系电化学工作站在室温下测得的动电位极化曲线如图 5-116 所示。

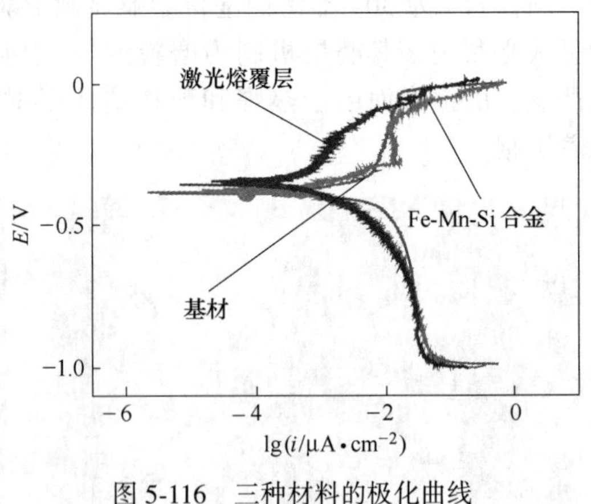

图 5-116 三种材料的极化曲线

304 不锈钢基材与真空冶炼制备的 Fe17Mn5Si10Cr5Ni 记忆合金的自腐蚀电位 E_{corr} 和自腐蚀电流密度 I_{corr} 基本一致，而 Fe17Mn5Si10Cr5Ni 记忆合金激光熔覆涂层与之相比，自腐蚀电位略高，自腐蚀电流密度略低。由于 E_{corr} 反映了材料热力学腐蚀倾向，该值越大材料的腐蚀倾向相对越小。I_{corr} 反映了材料的均匀腐蚀速率，该值越大腐蚀速率越快。因此，与 304 不锈钢基材与真空冶炼制备的 Fe17Mn5Si10Cr5Ni 记忆合金相比，Fe17Mn5Si10Cr5Ni 记忆合金激光熔覆涂层的腐蚀倾向略低、腐蚀速度略小。

5.5.5.4 记忆合金涂层的接触疲劳性能分析

将自行设计带有 GCr15 材质轴承的压头安装于牛头刨床刀具所在位置，利用牛头刨床自身对刀具向下的压力来施加载荷。通过贴于压头支架上的应变片采集工作时的应变值 ε 为 2.675×10^{-5}，Fe17Mn5Si10Cr5Ni 记忆合金涂层及 304 不锈钢基材的弹性模量 E 取值 210GPa，则根据公式 $\sigma = E \cdot \varepsilon$ 可计算得出机构对被测试样施加的应力值为 5.6MPa。

对记忆合金涂层表层进行打磨，去除黑色析出物和灰色氧化皮，使表面平整，对 304 不锈钢基材同样进行打磨，使两种试样的表面状态基本一致，对熔覆涂层及基材在 5.6MPa 加载条件下实现 48h 及 120h 往复滚动摩擦，往复频率为 20 次/min，行程为 100mm。

当往复滚动摩擦时间为 48h 时，记忆合金涂层表面较为平整，无明显磨痕。而 304 不锈钢表面出现轻微犁沟，且有明显凸起的条状带，这是疲劳裂纹在不锈钢内部生成，裂纹处金属向表层凸起产生的。

当往复滚动摩擦时间为 120h 时，记忆合金涂层及 304 不锈钢基材的表面磨痕形貌如图 5-117a 和 b 所示。由图可知，滚动往复摩擦 120h 后，涂层表面仅出现轻微的犁沟状磨痕和剥落，而 304 不锈钢表面出现了严重剥落和明显宏观疲劳裂纹，且裂纹内部出现了大量微小的疲劳裂纹，材料严重失效。因此，Fe17Mn5Si10Cr5Ni 记忆合金熔覆涂层具有较好的接触疲劳性能，304 不锈钢表面激光熔覆该涂层可大大改善其疲劳特性。

5.5.5.5 记忆合金涂层的残余应力分析

在激光熔覆过程中，由于温度梯度、材料性能之间的不匹配造成的残余应力是一个不可忽视的问题。激光熔覆造成的残余应力为拉应力，当它过大时，很可能会在涂层或基材内产生裂纹，从而导致材料的疲劳、应力腐蚀性能严重下降，同时会引起工件变形。为研究 Fe17Mn5Si10Cr5Ni 记忆合金涂层残余应力的大小，本节从定性和定量的角度加以分析。

A 记忆合金涂层残余应力的定性分析

利用 Fe17Mn5Si10Cr5Ni 记忆合金涂层配比粉末和 304 不锈钢粉末在尺寸大小为 3mm

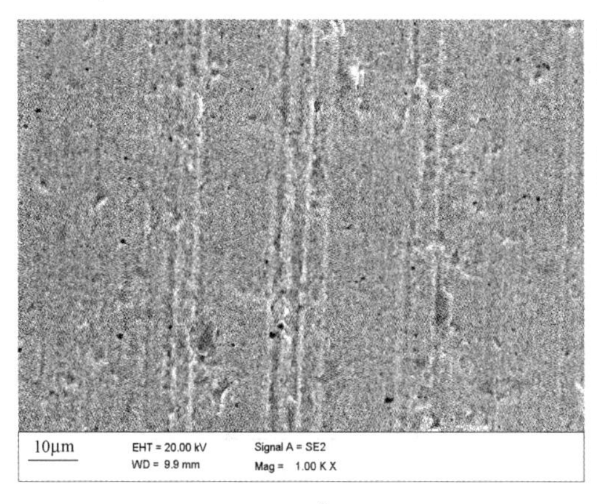

a

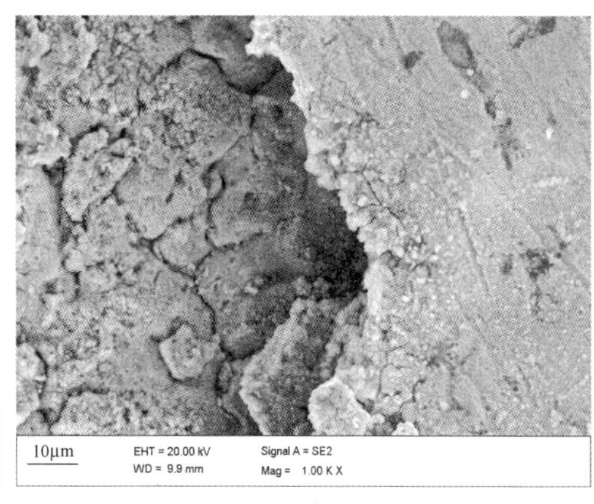

b

图 5-117 摩擦 120h 后记忆合金熔覆涂层及基材磨痕微观形貌

×20mm ×100mm 的 304 不锈钢基材上进行激光熔覆，试样变形程度如图 5-118 所示。由图 5-118a 可知，当利用 304 不锈钢粉末进行激光熔覆时，基材出现了严重的弯曲变形，而 Fe17Mn5Si10Cr5Ni 记忆合金涂层引起的基材变形却很小，见图 5-118b。表明记忆合金涂层残余应力诱发的 γ→ε 马氏体相变及其相变变形可松弛熔覆涂层的残余应力，减小工件的变形。

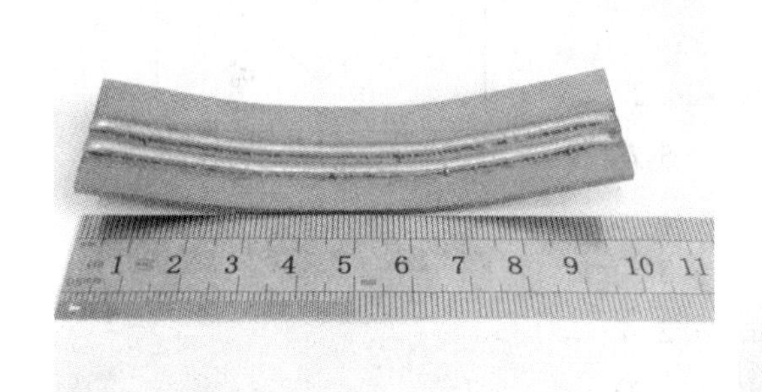

a

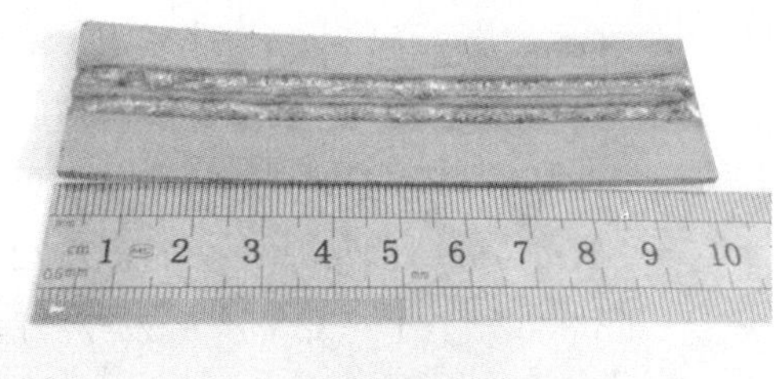

b

图 5-118 两种熔覆试样的变形程度

B 记忆合金涂层残余应力的定量分析

为进一步对残余应力进行定量表征，利用小孔法对熔覆试样进行测量。假定一块各向同性的材料中存在残余应力，若在材料上钻一盲孔，孔边的径向应力下降为零，盲孔附近的应力重新分布，这一过程中所释放的应力即为残余应力。

（1）钻孔法测残余应力应变片的布置。在试样表面布置应变片，以测量钻孔前后的应力变化值。图 5-119 为应变片的布置图，1、2、3 代表三组应变片，分别在相对于钻孔 0°、90°、135°三个位置贴。

（2）构件上 P 点的受力分析。图 5-120 为极坐标下，离钻孔距离为 r，角度为 θ 处的 P 点受力情况，σ_1 与 σ_2 为激光熔覆试样上的两个主应力。

对构件上 P 点进行受力分析，则其应力分布如图 5-121 所示。θ 为参考轴与主应力 σ_1 方向的夹角；σ_r 为径向应力；σ_θ 为切向应力；$\tau_{r\theta}$ 为剪切力。

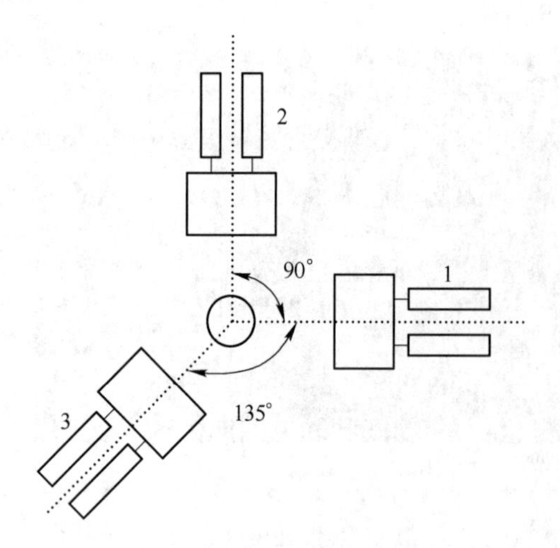

图 5-119 钻孔法应变片布置图

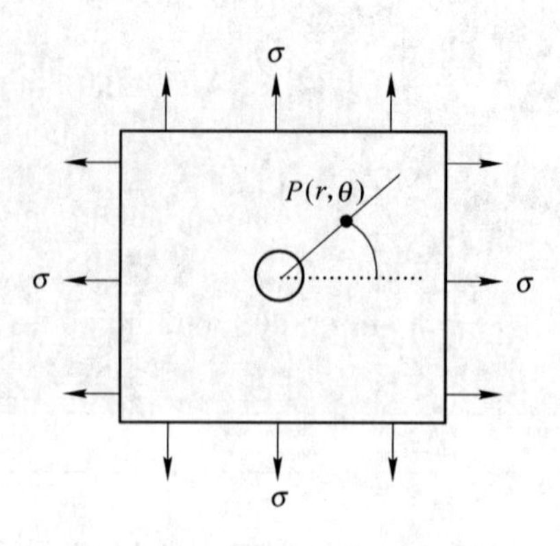

图 5-120 测量点 P 的应力状态

此时构件上 P 点的应力状态为：

$$\sigma_{r0} = (\sigma_1 + \sigma_2)/2 + (\sigma_1 - \sigma_2)\cos2\theta/2 \quad (5\text{-}4)$$

$$\sigma_{\theta0} = (\sigma_1 + \sigma_2)/2 - (\sigma_1 - \sigma_2)\cos2\theta/2 \quad (5\text{-}5)$$

$$\tau_{r\theta0} = (\sigma_1 - \sigma_2)\sin2\theta/2 \quad (5\text{-}6)$$

若钻一半径为 a 的小孔，则钻孔后应力状态为：

$$\sigma_{r1} = (\sigma_1 + \sigma_2)(1 - a^2/r^2)/2 + (\sigma_1 - \sigma_2)(1 + 3a^4/r^4 - 4a^2/r^2)\cos2\theta/2 \quad (5\text{-}7)$$

$$\sigma_{\theta1} = (\sigma_1 + \sigma_2)(1 + a^2/r^2)/2 + (\sigma_1 - \sigma_2)(1 + 3a^4/r^4)\cos2\theta/2 \quad (5\text{-}8)$$

$$\tau_{r\theta1} = (\sigma_1 - \sigma_2)(1 - 3a^4/r^4 + 2a^2/r^2)\sin2\theta/2 \quad (5\text{-}9)$$

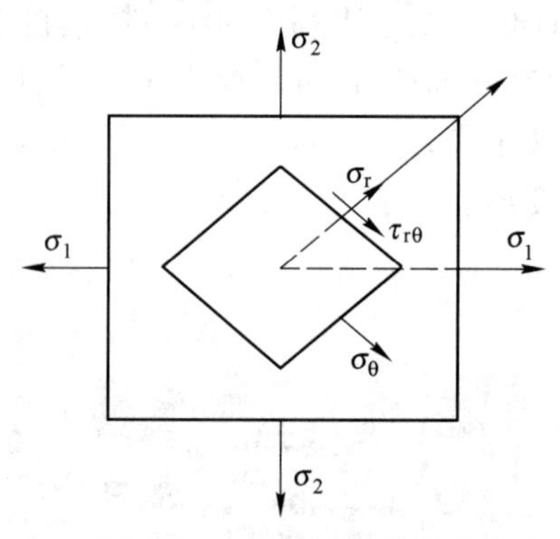

图 5-121 P 点受力分析图

钻孔前后应力变化，即为释放应力（残余应力）：

$$\sigma_r = \sigma_{r1} - \sigma_{r0} = -(\sigma_1 + \sigma_2)a^2/2r^2 + (\sigma_1 - \sigma_2)(3a^4/r^4 - 4a^2/r^2)\cos2\theta/2 \quad (5\text{-}10)$$

$$\sigma_\theta = \sigma_{\theta1} - \sigma_{\theta0} = (\sigma_1 + \sigma_2)a^2/2r^2 + (\sigma_1 - \sigma_2)(3a^4/r^4)\cos2\theta/2 \quad (5\text{-}11)$$

$$\tau_{r\theta} = \tau_{r\theta1} - \tau_{r\theta0} = (\sigma_1 - \sigma_2)(-3a^4/r^4 + 2a^2/r^2)\sin2\theta/2 \quad (5\text{-}12)$$

而根据胡克定律，沿极轴半径方向的应变为：

$$\varepsilon = (\sigma_r - \nu\sigma_\theta)/E \quad (5\text{-}13)$$

式中，E 为弹性模量，ν 为泊松比。

将式（5-10）及式（5-11）的 σ_r，σ_θ 代入式（5-13）中可得：

$$\varepsilon = \{(\sigma_1 + \sigma_2)(-1 - \nu)a^2/2r^2 + (\sigma_1 - \sigma_2)[3(1 + \nu)a^4/r^4 - 4a^2/r^2]\cos2\theta/2\}/E \quad (5\text{-}14)$$

令 $A = (-1 - \nu)a^2/2r^2$、$B = [3(1 + \nu)a^4/r^4 - 4a^2/r^2]/2$，则式（5-14）可简化为：

$$\varepsilon = [(\sigma_1 + \sigma_2)A + (\sigma_1 - \sigma_2)B\cos 2\theta]/E \tag{5-15}$$

由前文可知：$\theta_1 = \theta$，$\theta_2 = \theta + 225°$，$\theta_3 = \theta + 90°$，因而：

$$\varepsilon_1 = [(\sigma_1 + \sigma_2)A + (\sigma_1 - \sigma_2)B\cos 2\theta]/E \tag{5-16}$$

$$\varepsilon_2 = [(\sigma_1 + \sigma_2)A - (\sigma_1 - \sigma_2)B\sin 2\theta]/E \tag{5-17}$$

$$\varepsilon_3 = [(\sigma_1 + \sigma_2)A - (\sigma_1 - \sigma_2)B\cos 2\theta]/E \tag{5-18}$$

对式（5-16）~式（5-18）求解可得：

$$\sigma_1 = E(\varepsilon_1 + \varepsilon_3)/4A - E\sqrt{(\varepsilon_1 - \varepsilon_3)^2 + (2\varepsilon_2 - \varepsilon_1 - \varepsilon_3)^2}/4B \tag{5-19}$$

$$\sigma_2 = E(\varepsilon_1 + \varepsilon_3)/4A + E\sqrt{(\varepsilon_1 - \varepsilon_3)^2 + (2\varepsilon_2 - \varepsilon_1 - \varepsilon_3)^2}/4B \tag{5-20}$$

$$\tan 2\theta = (2\varepsilon_2 - \varepsilon_1 - \varepsilon_3)/(\varepsilon_3 - \varepsilon_1) \tag{5-21}$$

式中，A、B 为应力释放系数，θ 为主应力 σ_1 与 0°应变片之间的夹角。

（3）基材 A、B 应力释放系数的标定。在对 304 不锈钢基材的应力释放系数 A、B 标定过程中，在基材表面贴上三组应变片，中间应变片两侧的两组对称的应变片为监视应变片，为保证横截面上没有弯曲应力，其应变读数差应小于 5%。所施加应力应为单向应力，且应力方向与应变片方向平行，此时便在基材上施加一个已知的单一、均匀的应力场。此时，$\sigma_1=\sigma$，$\sigma_2=0$，$\theta = 0°$。随后进行钻孔，记录钻孔前后的应变差值，代入式（5-19）~式（5-21）即可求出盲孔应力释放系数 A、B 的值：

$$A = (\varepsilon_1 + \varepsilon_3)/2\sigma = -2.76e^{-7},\ B = (\varepsilon_1 - \varepsilon_3)/2\sigma = -5.7e^{-6} \tag{5-22}$$

（4）熔覆试样应变片的布置。在工艺参数为 2kW，800mm/min，光斑直径 3mm，搭接率 50%，预置粉末厚为 1mm 的条件下，在尺寸为 10mm×50mm×100mm 的 304 不锈钢基材上制备出熔覆层表面尺寸为 40mm×50mm 的试样 2 个，分别为 Fe17Mn5Si10Cr5Ni 记忆合金激光熔覆试样及 304 不锈钢熔覆试样，在熔覆试样表面平整区域贴上两组应变片，如图 5-122 所示。

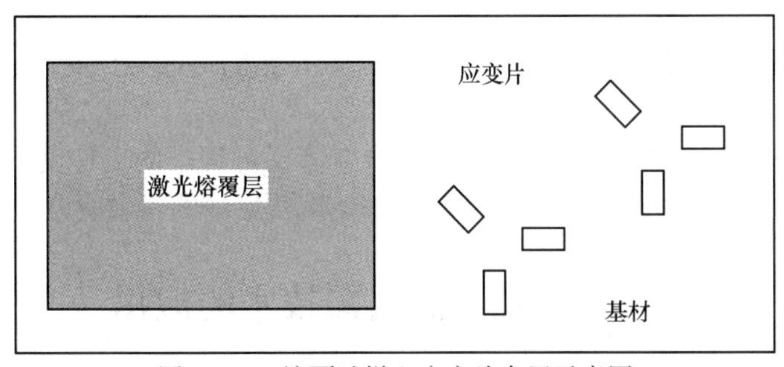

图 5-122 熔覆试样上应变片布置示意图

（5）熔覆试样的钻孔及残余应力计算。利用导线将应变片与 NI9235 应变采集模块相连，在应变花中心位置钻一个直径为 1.5mm，深度为 1.8mm 的孔，如图 5-123 所示。利用钻床钻孔过程中，轴向进给应轻而慢，以便有充足的时间散热。孔深等于或略大于孔径，当孔深为孔径的 1.2 倍，且孔深远小于板的厚度时，基材应变趋于完全释放。

经测量可得，Fe-Mn-Si-Cr-Ni 涂层钻孔前后的应变差值为：

$$\varepsilon_1 = 10.73e^{-6},\ \varepsilon_2 = 3.60e^{-6},\ \varepsilon_3 = -11.04e^{-6} \tag{5-23}$$

将式（5-21）和式（5-22）代入式（5-18）~式（5-20）中可得，Fe17Mn5Si10Cr5Ni 记忆合金激光熔覆试样的残余应力为 $\sigma_1=2.09$MPa；$\sigma_2=-1.98$MPa；$\theta=9.51°$。

图 5-123 钻孔后的熔覆试样

利用同样方式可测得 304 不锈钢激光熔覆试样钻孔前后的应变差值 $\varepsilon_1=15.88e^{-6}$，$\varepsilon_2=-65.45e^{-6}$，$\varepsilon_3=-95.44e^{-6}$，代入式（5-18）~式（5-20）可得，304 不锈钢激光熔覆涂层的残余应力 $\sigma_1=25.22$MPa；$\sigma_2=3.6$MPa；$\theta=12.38°$

由此可见，Fe17Mn5Si10Cr5Ni 记忆合金激光熔覆试样的残余应力明显小于 304 不锈钢激光熔覆试样的残余应力，记忆合金涂层能够显著降低激光熔覆过程中产生的残余热应力。

经过对 Fe17Mn5Si10Cr5Ni 记忆合金涂层的显微组织、硬度分布、微区成分、耐磨性、耐蚀性、疲劳特性及残余应力等力学性能进行详细研究，可以得出以下结论。

（1）Fe17Mn5Si10Cr5Ni 记忆合金激光熔覆层自界面到顶端分别由平面晶、胞状晶、树枝晶、等轴晶组成；涂层由 γ 奥氏体相和ε马氏体相组成，经 1000℃×1h 固溶后的涂层为单一的粗大 γ 奥氏体相。

（2）Fe17Mn5Si10Cr5Ni 记忆合金涂层的显微硬度为 260HV 左右；经极化曲线分析可知，熔覆涂层耐蚀性较好。

（3）往复滑动摩擦试验和往复滚动摩擦试验表明，Fe17Mn5Si10Cr5Ni 记忆合金涂层较 304 不锈钢具有更好的耐磨性和接触疲劳强度。涂层在摩擦应力作用下发生的 γ→ε 马氏体相变及其产生的相变变形，可抑制滑移变形和位错的形成与扩展，是导致其具有较高的接触疲劳强度和耐磨性的主要原因。

（4）在激光熔覆 Fe17Mn5Si10Cr5Ni 记忆合金涂层过程中的工件变形小，熔覆层残余应力诱发的 γ→ε 马氏体相变及其相变变形可松弛熔覆层中的残余应力。

5.6 激光表面熔覆技术的应用

5.6.1 在化工行业的应用

化工行业如贵州化肥厂、毕节化肥厂的电机转子轴，经一定时间使用后表面磨损而报废，原来采用热喷涂工艺，由于热喷涂工艺制备的涂层具有结合强度低、涂层气孔等缺陷，因此使用效果不佳。采用激光熔覆技术修复（如图 5-124 所示）后，涂层致密，与基材的结合强度高。经现场使用后，效果很好。

5.6.2 在机械行业的应用

机械设备由于长期在恶劣环境下工作，容易导致零部件的腐蚀、磨损。典型的易失效

图 5-124 电机转子轴的激光熔覆修复

零部件包括叶轮、大型转子的轴颈、轮盘、轴套、轴瓦等，其中许多零件价格昂贵，涉及的零部件品种很多，形状复杂，工况差异较大。图 5-125 为某厂的齿轮轴轴颈部位由于磨损导致无法使用而失效。考虑到更换新的成本太高增加企业负担。我们考虑采用激光熔覆技术对其进行修复。经激光熔覆修复后，其各项性能指标跟新的轮轴无差异，从而降低了企业生产成本。图 5-126 为某设备连接轴颈部部位磨损后的激光熔覆修复，经过现场使用后发现效果非常好。

图 5-125 齿轮轴轴颈部位激光熔覆修复

图 5-126 连接轴轴颈部位激光熔覆修复

5.6.3 在冶金行业的应用

图 5-127 为钢铁厂轧辊的激光表面修复。修复后的轧辊综合品质得到大幅提升。图 5-128 为拉丝卷筒的激光修复。

图 5-127 轧辊的激光表面修复

图 5-128 拉丝卷筒的激光修复

5.7 激光表面合金化

5.7.1 激光表面合金化类型

激光表面合金化是利用高能密度的激光束快速加热熔化特性，使基材表层和添加的合金元素熔化混合，从而形成以原基材为基的表面合金层。通常按合金元素的加入方式将其分成三大类，即预置式激光合金化、送粉式激光合金化和气体激光合金化。

预置式激光合金化就是把要添加的合金元素先置于基材合金化部位，然后再激光辐射熔化。预置合金元素的方法主要是：

（1）热喷涂法。包括火焰喷涂和等离子喷涂等。

（2）化学黏结法。包括粉末和薄合金片的粘结。

（3）电镀法。

（4）溅射法。

（5）离子注入法。

一般来说，前两种方法适合较厚层合金化，而最后两种适合薄层或超薄层合金化。

送粉式激光合金化就是采用送粉装置将添加的合金粉末直接送入基材表面的激光熔池中，使添加合金元素和激光熔化同步完成。送粉法除可用于激光表面合金化外，还特别适合在金属表面注入 TiC、WC 类硬质粒子，尤其是对 CO_2 激光反射很高的铝和铝合金等材料进行表面硬质粒子注入，采用此方法更显示出其优点。

气体激光合金化是将基材置于适当气氛中，使激光辐照的部位从气氛中吸收碳、氮等并与之化合，实现表面合金化。

气体激光合金化通常是在基材表面熔融的条件下进行，但有时可在基材表面仅加热到一定温度而不使其熔化的条件下进行。

激光气体合金化的典型例子就是钛及钛合金的氮化，这种激光氮化法可在毫秒级的时间内完成。生成 5~20μm 厚的薄膜，硬度超过 1000HV。

激光气体合金化中，反应气体可通过喷嘴直接吹入激光辐射表面，也可将基材置于反应室内，再通入反应性气体。

5.7.2 激光表面合金化的合金材料体系

激光合金化的成分主要是根据其性能要求，即力学性能、物理性能和化学性能选择的。由于激光合金化的熔凝过程极迅速，以及溶质元素主要是靠对流混合实现均匀化的特点。因此从理论上说，激光合金化的成分选择可远远超过通常意义上的合金化的范围，这就相应地提供了获得常规方法难以获得的、性能更为优秀的表面合金的可能性。

但是，另一方面，激光合金化层的组织与性能主要还是取决于所选择的合金。所以，在设计表面合金成分时，还必须考虑和参考已有的合金相图及有关的合金理论。

（1）按相图特点分组的合金系列，见表 5-28。

（2）铁系列激光合金化，见表 5-29。

（3）有色金属激光表面合金化，见表 5-30。

（4）气体激光合金化，见表5-31。

表5-28 激光合金化所研究的二元合金系和三元合金系

（1）固相互溶系						
Cr-Fe	Au-Pd	W-V				
V-Fe	Zr-Ti	Au-Ag-Pd				
Pd-Ni						
（2）液相互溶但固相有限互溶或不互溶系						
Cu-Ag	Si-Al	Cr-Cu	Ni-Nb	Zr-Ni	Rh-Si	Co-W
Cr-Al	Sn-Al	C-Fe	Au-Ni	Co-Si	Au-Sn	Cd-Zr
Cu-Al	Zn-Al	Mo-Fe	Eu-Ni	Nb-Ti	Pd-Ti	
Mo-Al	Zr-Al	Nb-Fe	Hf-Ni	Ni-Si	Pt-Ti	
Ni-Al	Ni-Be	Ni-Fe	Sn-Ni	Pd-Si	Sn-Ti	
Sb-Al	W-Cr	W-Fe	Td-Ni	Pt-Si	Zr-V	
	Co-Cu	Zr-Fe	Td		Ni-Cr-Cu	
		Al-Nb				
（3）液相和固相不互溶						
Cd-Al	Pb-Cu	Au-Ru				
Pd-Al	Pb-Fe	Cu-W				
	Cu-Mo					
	Ag-Ni					

表5-29 系列激光合金化研究结果

基体材料	添加的合金元素	硬 度
Fe、45钢、40Cr	B	1950~2100
45钢、GCr15钢	MoS_2、Cr、Cu	耐磨性提高2~5倍
T10钢	Cr	900~1000
Fe、45钢、T8A钢	Cr_2O_3 TiO_2	≤1080
Fe、GCr15	Ni、Mo、Ti、Ta、Nb、V	≤1650
1Cr12Ni12WMoV钢	胺盐B	1225 950
Fe、45钢、T8钢	C、Cr、Ni、W、YG8硬质合金	≤900
Fe	石墨	1400
Fe	TiN、Al_2O_3	≤2000
45钢	WC+Co WC+ Ni+Cr WC+ Co+Mo	1450 700 1200
铬钢	WC TiC B	2100 1700 1600
铸铁	FeTi、FeCr、FeV、Fe Si	300~700
AISI304（不锈钢）	TiC	58HRC
低碳钢	SiC	900~1160HV

续表 5-29

基体材料	添加的合金元素	硬　度
45 钢	Cr、Mo	提高热疲劳寿命
20 钢	C、B	$1240HV_{200}$
20 钢	C、N	$1100HV_{200}$
45 钢	Ni-Cr-B-Si-Co	200~1150HV
高磷铸铁	—	900HV

表 5-30　几种有色金属基激光合金化研究结果

基　体	合金元素或硬质粒子	合金化层特性
5052 铝合金（2.2%~2.8%Mg）	TiC 粒子	TiC 达 50%（体积分数），耐磨性与标注抗磨材料相当
5052 铝合金	Si 粉	Si 含量可达 38%（体积分数）
Al-Si 合金	碳化物粒子	耐磨性提高 1 倍
ZL101	$Si+MoS_2$粉	硬度可达 210HV 为基体硬度 3.5 倍，含 MoS_2还有减磨作用
Al-Si 合金	Ni 粉	合金层生成 Al_3Ni 硬化相，硬度 $300HV_{0.05}$
Ti	化合物粒子	显微硬度 1500~2200HV
Ti-6Al-4V	粒子	合金层中碳化物的体积分数可达约 50%
Ti-6Al-4V	石墨粉	合金层中生成 TiC 相提高耐磨性
Ti 合金	B、C 涂料	Ti_2B、TiB、TiB_2、TiC 等，耐磨性可提高两个数量级
Ti 合金	C、Si	4% H_2SO_4 溶液中的耐蚀性提高了 0.4~0.5 倍
镍铬钛耐热合金	碳化物粒子	耐磨性提高 10 倍

表 5-31　激光气体合金化常用的气体

用　途	气　体	基　材
表面氮化	N_2、N_2+Ar	Ti 及 Ti 合金等
表面氧化	O_2+Ar	Ti 及 Ti 合金等，Al 及 Al 合金等
生成碳化物	C_2H_2、CH_4+Ar	低碳钢、Ti 及 Ti 合金等
生成 C、N 化合物	N_2+CH_4+Ar	Ti 及 Ti 合金

5.7.3　激光表面合金化的应用

（1）中碳低合金钢+（Cr-Mo）激光合金化。

1）Cr-Mo 的加入方法：180~250 目 Cr 粉按 Cr：Mo=4：1 混合均匀，等离子喷涂，层厚约 200μm。基材料化学成分（质量分数，%）为：0.38C、0.38Mn、0.25Si、1.08Cr、2.96N、0.36Mo、0.02S、0.0089P。

2）激光工艺参数如下：CW-CO_2激光器，输出功率2kW，光斑直径1.75mm，功率密度为$6.25\times10^4W/cm^2$，扫描速度5~45mm/s，扫描方式为多道搭接。

3）合金化层的组织与性能：合金化学区的Cr和Mo含量主要取决于光束的扫描速度。扫描速度增大，熔深变浅，合金元素含量增高。

（2）60钢+（C-N-B）激光合金化。

1）C-N-B的加入方法：按C∶B_4C∶$CO(NH_2)_2$=1∶2∶4，层厚约0.2mm。

2）激光工艺参数如下：CW-CO_2激光器，输出功率1.4kW，光斑直径3mm，功率密度为$1.98\times10^{14}W/cm^2$，扫描速度2~10mm/s。

（3）20钢+（C-N）激光合金化。

1）C-N的加入方法：按C∶$CO(NH_2)_2$=1∶2，层厚约0.2mm。

2）激光工艺参数如下：CW-CO_2激光器，输出功率1350W，光斑直径3mm，扫描速度7mm/s。

（4）20钢+(C-B）激光合金化。

1）C-B的加入方法：按C∶B_4C=1∶2，层厚约0.2mm。

2）激光工艺参数如下：CW-CO_2激光器，输出功率1.4kW，光斑直径3mm，扫描速度2~10mm/s。

（5）Al-Li合金+（Co-Fe-B）激光合金化。

1）Co-Fe-B的加入方法：Co-Fe-B以Co粉和Fe-B粉的形式加入。配比为61.1Co、18.9Fe、20B，层厚约0.1mm。

2）激光工艺参数如下：CW-CO_2激光器，功率密度为$5.4\times10^4W/cm^2$，扫描速度20~80mm/s。

5.8　激光选区熔化增材制造技术（激光3D打印技术）

5.8.1　激光选区熔化增材制造技术

激光选区熔化（selective laser melting，SLM）是金属增材制造的重要技术之一，它采用高能量密度的激光作为热源，激光光斑集中在20~100μm的范围内，选择熔化颗粒直径在5~50μm之间的球形金属粉末，可以得到任意高自由度的复杂金属构件，生成近乎100%的高致密度零件，表面粗糙度可达20~30μm，尺寸精度20~50μm，因此激光选区熔化在未来的工业应用中很可能居于金属增材制造技术的主导地位。

激光3D打印技术也被称为激光增材制造技术，它是根据一个数字三维文件，在一个完全没有任何材料的平面上，一点点逐层打印、添加材料，最终形成一个三维整体。3D打印作为一项前沿性的先进制造技术，已经成为全球新一轮科技革命和产业革命的重要推动力。

5.8.2　激光选区熔化增材制造技术的应用

5.8.2.1　航空航天领域应用

传统的航空航天组件加工从设计到制造完成需要耗费很长的时间，在铣削的过程中移除了高达近95%的昂贵材料。采用SLM制造航空金属零件可以极大地节约成本并提高生产效率，对于一些传统加工需要后期组装的部件利用激光选区熔化可以快速直接成型。Ti-6Al-4V（Ti64）具有密度低、强度高、可加工性好、力学性能优异、耐腐蚀性好的特点，是航空零部件中最为广泛使用的材料之一。

西北工业大学和中国航天科工集团公司所属北京动力机械研究所于2016年联合突破了激光选区熔化技术在航天发动机涡轮泵上的应用，实现了盘轴叶片一体化主动冷却结构设计、转子类零件激光选区熔化等关键技术，该项目在国内首次实现了3D打印技术在转子类零件上的应用。图5-129为M. Brandt等人采用激光选区熔化直接制造经过几何结构优化后的一个航天转轴结构组件，图5-130为美国GE/MOrris公司采用激光选区熔化技术制造的一系列复杂航空部件，此外，美国NASA公司从2012年也开始采用激光选区熔化技术制造的航天发动机中的复杂部件。

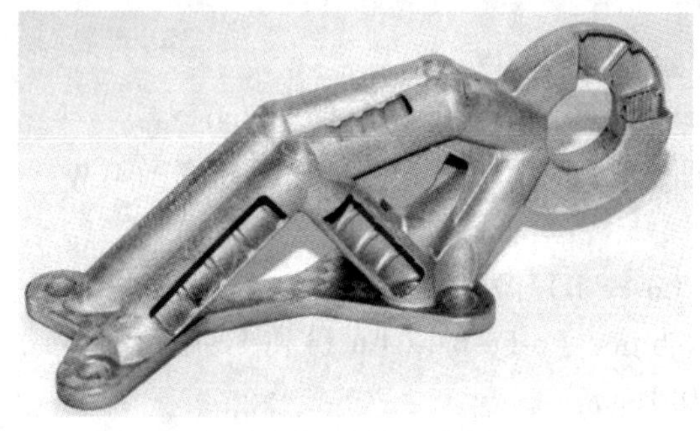

图5-129 SLM制造的航天转轴结构组件

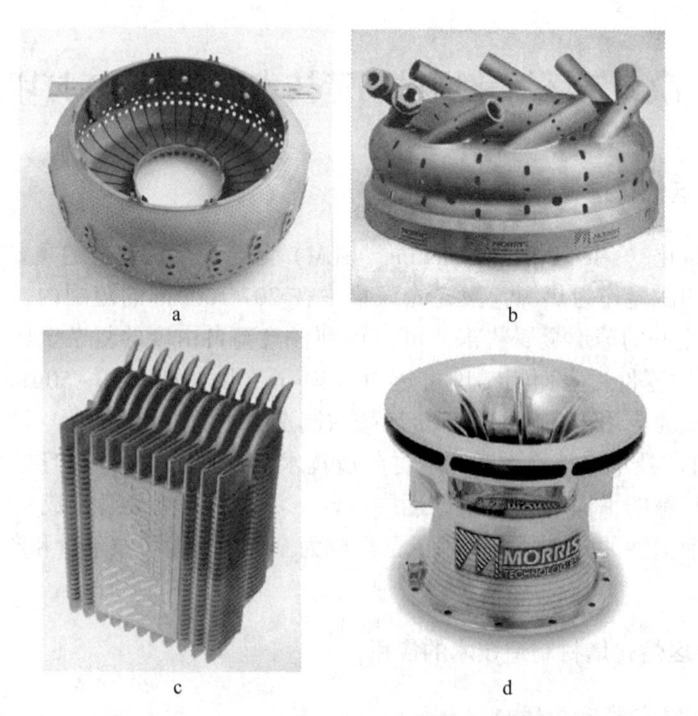

a b c d

图5-130 GE公司用SLM制备的复杂航空部件

a—航空发动机燃烧室；b—航空发动机喷嘴；c—薄壁散热器；d—薄壁夹层喷嘴

5.8.2.2 生物医学领域应用

国内医疗行业对增材制造（3D打印）技术的应用始于20世纪80年代后期，最初主要用于快速制造3D医疗模型。近几年，伴随着增材制造（3D打印）技术的发展和精准化、个性化医疗需求的增长，SLM增材制造（3D打印）技术在医疗行业的应用也持续深入，逐渐用于直接制造骨科植入物、定制化的假体和假肢、个性化定制口腔正畸托槽和口腔修复体等。图5-131为Wang Di等人用激光选区熔化技术制造的316L不锈钢脊柱外科手术导板。图5-132为Song Changhui等人用激光选区熔化制造的个性化膝关节假体。

国外Demir A G等人用激光选区熔化技术制作钴铬合金心血管支架（如图5-133所示），传统心血管支架制作工艺是基于微管生产和连续激光显微切削，结果表明激光选区熔化方法制作心血管支架是可行的。图5-134为Amir Mahyar Khorasani等人采用激光选区熔化技术制作的Ti-6Al-4V人工髋臼外壳，其研究目的为通过分析激光选区熔化过程中的影响因子来改进假体髋臼壳的制造，然后对表面质量、机械性能和微观结构进行探讨并提出制造过程中可能的局限性。研究结果表明，激光选区熔化制造的假体髋臼壳主要问题有表面不稳定造成的裂纹、送粉不均匀造成内部缺陷问题和表面质量较差，但是通过优化工艺参数提高假体髋臼壳的机械性能、质量和使用寿命是可行的。

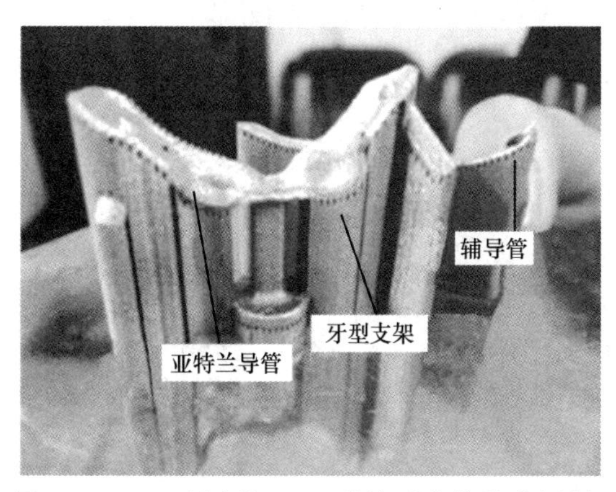

图5-131 SLM制造的316L不锈钢脊柱外科手术导板

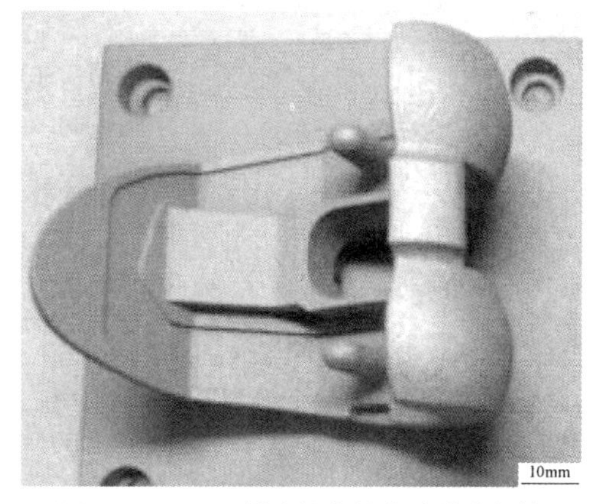

图5-132 SLM制造的个性化膝关节假体

5.8.2.3 汽车领域应用

在汽车行业中，汽车制造大致可分为三个环节：研发、生产以及使用。目前激光选区熔化技术在汽车制造中的应用主要包括两个方面：汽车发动机及关键零部件直接成型制造和发动机复杂铸型制备。但由于各方面技术难题尚未解决，增材制造技术制造的汽车零部件只是用于汽车制造中研发环节的试验模型和功能性原型制造，在生产和使用环节相对较少。

不过随着增材制造技术不断发展、车企对增材制造技术的认知度提高以及汽车行业自身的发展需求，增材制造技术在零部件生产、汽车维修、汽车改装等方面的应用会逐渐成熟。

5.8.2.4 模具行业应用

激光选区熔化技术在模具行业中的应用主要包括冲压模、锻模、铸模、挤压模、拉丝

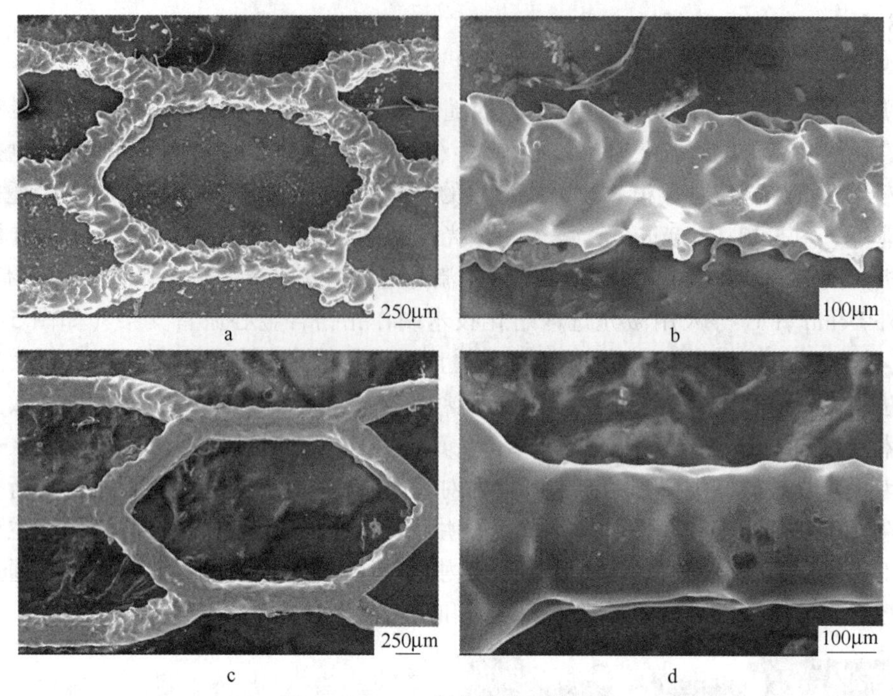

a b c d

图 5-133 SLM 制作的心血管支架

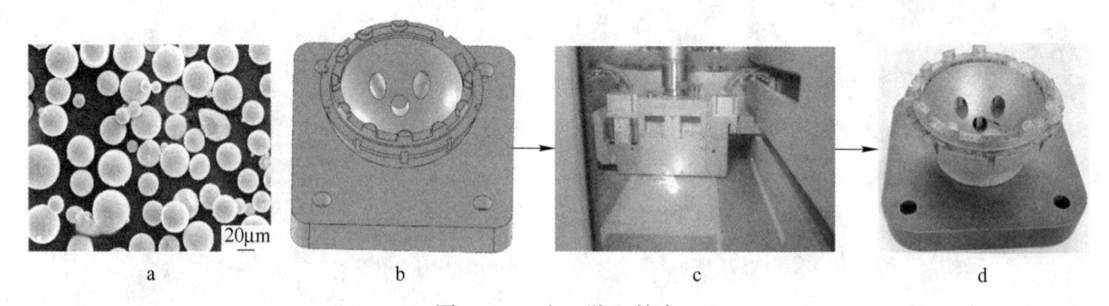

a b c d

图 5-134 人工髋臼外壳

a—Ti-6Al-4V 粉；b—CAD；c—SLM 加工；d—产品

模和粉末冶金模等。在所有模具分类中，压铸模具对型腔模温要求不高，对 3D 打印的要求不是很高，在五金模具中，也仅仅热冲压模具对温度有所要求。

Rasoul Mahshid 等人采用激光选区熔化技术制造了一个带有随形冷却通道的结构件，并研究添加细胞的晶格结构对工件强度的影响。实验设计了四种结构：实体、空心、晶格结构和旋转的晶格结构（如图 5-135 所示）分别进行压缩试验，结果显示：相对实体结构，带有晶格结构显著降低了样件的强度；相对于中空结构，强度也没有明显增加。A. Armillotta 等人用激光选区熔化技术制造了一个带有随形冷却通道的压铸模具（如图 5-136 所示），实验结果表明：随形冷却的存在减少了喷雾冷却次数，提供了一个更高和更均匀的冷却速率，提高了铸件的表面质量，并且缩短了周期时间和避免了缩孔现象发生。

5.8.2.5 其他领域应用

激光选区熔化技术除了应用在航空航天、汽车工业、生物医疗和模具制造领域内，在

图 5-135 SLM 制造的带有随形冷却通道的结构件

图 5-136 SLM 制造的带有随形冷却通道的压铸模具

珠宝、家电、文化创意、创新教育等领域的应用也在逐渐深化。SLM 技术打印的珠宝首饰致密度好、几何形状复杂，且具有多自由度设计的优势，更能突显珠宝首饰设计的个性化和定制化，能给消费者提供更多的选择。在文化创意、创新教育方面也将会有广阔的发展空间。

复 习 题

5-1 阐述激光合金化与激光熔覆的区别与联系。

5-2 在高碳钢表面激光熔覆时为什么容易出现开裂现象？

5-3 如要在 45 钢表面获得含有 WC、W_2C、TiC 的复合涂层，如何选用激光加工工艺和涂层材料？

5-4 煤矿采掘机上的掘进刃口要求有很高的耐磨性，如何将铸造 WC 熔覆在刃口？

5-5 如何在钛合金表面制备具有生物活性与生物相容性的陶瓷涂层？

5-6 结合贵州的产业特点，论述激光熔覆或者合金化能为贵州解决什么实际问题。

5-7 什么是激光 3D 打印技术？

5-8 简述激光增材制造与激光选区熔化（激光熔覆）的内在关联。

5-9 激光 3D 打印技术有什么实际应用？

参 考 文 献

[1] 王家金. 激光加工技术 [M]. 北京：中国计量出版社，1993.
[2] 李力钧. 现代激光加工及其装备 [M]. 北京：北京理工大学出版社，1993.
[3] 刘江龙，邹至荣，苏宝熔. 高能束热处理 [M]. 北京：机械工业出版社，1997.
[4] 阎毓禾，钟敏霖. 高功率激光加工及其应用 [M]. 天津：天津科技出版社，1997.
[5] 关振中. 激光加工工艺手册 [M]. 北京：中国计量出版社，2001.
[6] 左铁钏. 高强铝合金的激光加工 [M]. 北京：国防工业出版社，2002.
[7] 郑启光. 激光先进制造技术 [M]. 武汉：华中科技大学出版社，2002.